Photoshop CS4 中文版从入门到精通

思维数码　编著

电子工业出版社

Publishing House of Electronics Industry

北京·BEIJING

内 容 简 介

本书以初级平面课程培训班及 Photoshop 软件的自学人员为读者对象，全面、深入地讲解了 Photoshop CS4 中文版这一功能强大、应用广泛的图像处理软件。全书介绍了 Photoshop 的基本功能及其常用工具，并对路径、通道、蒙版、滤镜、文本等重点和难点内容进行了系统讲解。与市场上的同类图书相比，本书具有讲解全面、重点突出、示例精美、内容新颖、结构合理、信息量大等特点。

受内容所定，本书可供各类培训学校作为 Photoshop 的培训教材使用，也可供平面设计人员及大学和高等专业学校相关专业的学生自学参考。

图书在版编目（CIP）数据

Photoshop CS4 中文版从入门到精通 / 思维数码编著.—北京：电子工业出版社，2009.5

ISBN 978-7-121-08521-5

I. P… Ⅱ.思… Ⅲ.图形软件，Photoshop CS4 Ⅳ.TP391.41

中国版本图书馆 CIP 数据核字（2009）第 039541 号

责任编辑：李红玉 李 荣 wuyuan@phei.com.cn

印　　刷：北京天竺颖华印刷厂

装　　订：三河市鑫金马印装有限公司

出版发行：电子工业出版社

　　　　　北京市海淀区万寿路 173 信箱　邮编：100036

　　　　　北京市海淀区翠微东里甲 2 号　邮编：100036

开　　本：787×1092　1/16　印张：26.25　字数：670 千字

印　　次：2009 年 5 月第 1 次印刷

定　　价：55.00 元（含 DVD-ROM 一张）

凡所购买电子工业出版社图书有缺损问题，请向购买书店调换。若书店售缺，请与本社发行部联系。联系及邮购电话：(010) 88254888。

质量投诉请发邮件至 zlts@phei.com.cn，盗版侵权举报请发邮件至 dbqq@phei.com.cn。

服务热线：(010) 88258888。

前　　言

可以说本书的写作对于笔者而言，是一项不小的工程，"从入门到精通"这个名称赋予了本书太多的内涵，也对笔者提出了很高的要求，使笔者在撰写时不敢懈怠和马虎。

电子工业出版社出版从国外引进版权的"从入门到精通"是一个很成功的图书品牌，笔者也是其中许多图书的读者与受益者，这些书的作者基本上都是国外在相关领域的专家学者，即便如此，这些专家学者所撰写的图书也是经过了专业编辑严格细致的编辑后方才出版的，这从很大程度上保证了这一系列图书中的绝大多数都是能够经得起时间考验的优质图书。

本书作为从入门到精通系列中的国内版本的图书，在笔者的努力下也基本保持了与外版图书相一致的风格与品质，与市场上的同类图书相比，本书具有以下特点：

讲解全面

本书讲解了 Photoshop CS4 软件 90%的功能，所讲解的内容相当全面，这在一定程度上保证了读者跟随本书学习能够从较初级的水平，上升至对软件有较全面认识的层次，也使本书能够作为一本案头备查的工具书使用。

由浅入深

由于本书定位于基本上没有 Photoshop 软件基础的初级学习者，因此特别对章节结构进行了优化，从而保证了读者循序渐进的学习进度。

重点突出

针对初学者在学习中较难掌握的知识重点与难点，加大了讲解篇幅，以对这些知识点进行较为深入全面的讲解，这些知识点包括图层、路径、形状、通道等。

示例精美

为了保证本书的视觉效果，无论是知识点示例还是综合案例，均经过笔者精心选择，力求将本书打造成为欣赏性较强的图书。

内容新颖

本书较为全面地讲解了 CS4 版本的数十个新功能，尤其对其最新增加的 3D 功能进行了全面彻底的讲解，因此绝非新瓶旧酒型图书。

本书附带一张 DVD-ROM 光盘，其中包括了所有本书讲解过程中用到的素材图片及案例最终效果文件，读者可以调用这些素材，跟着书中的讲解进行操作，从而达到事半功倍的效果。

本书的主要撰写者包括以下人员：吴腾飞、李静、肖辉、雷波、郭朝强、左福、夏暾、范玉婵、刘志伟、李国斌、朱迎阳、李海娥、王松坡、李美、李倪、杜玉彦、潘陈锡、邓冰峰、范玉祥、雷剑、孟祥印、孙雅丽。

另外，虽然本书为多位作者的倾心之作，但由于水平有限，不敢确保书中所述技巧与经验皆属最佳，因此如对本书有任何建议与意见，敬请指正。

<Ⅲ>

目 录

<VIII>

<IX>

<X>

第 1 章 准 备 知 识

导读

有言道：万丈高楼平地起。如果将此话比做学习 Photoshop 的过程，则意味着如果没有很好的基础知识，很难有较高的造诣。

因此，本章重点介绍学习 Photoshop 应该掌握的一些基础知识，其中包括 Photoshop 的简介、Photoshop CS4 新功能及 Photoshop 的基本操作常识，例如界面的操作、如何设置环境变量等相关知识。

1.1 Photoshop 应用领域

Photoshop 是美国 Adobe 公司开发的位图处理软件，主要用于平面设计、照片修复、影像创意设计、艺术文字设计、网页创作、建筑效果图后期调整、绘画模拟、绘制或处理三维贴图、婚纱照片设计及界面设计等领域。

在该软件十多年的发展历程中，它始终以强大的功能和梦幻般的效果征服了一批又一批用户。现在，Photoshop 已经成为全球专业图像设计人员必不可少的图像设计软件，而使用此软件的设计者也以此为人类创造了数之不尽的精神财富。

在图形图像处理技术飞速发展的今天，Photoshop 得到了越来越广泛的应用，下面是此软件主要应用的若干个领域。

1.1.1 平面广告设计

通常我们见到的灯箱广告、公益广告、电影海报，以及杂志报刊上的各类广告，都可以称为平面广告。

图 1.1 所示是一则典型的化妆品类的平面广告，其制作难度也较低，使用 Photoshop 进行图像处理并添加说明文字即可。图 1.2 所示为一则视觉作品，图中的主体图像应用三维软件进行了处理，从中我们了解到平面广告设计并非单纯只依赖于 Photoshop、Illustrator、CorelDRAW 等平面图形图像处理软件，它需要结合其他应用领域的软件共同创造出更为经典、震撼的平面广告作品。

图 1.1　化妆品广告

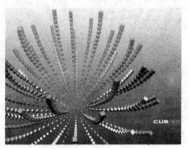

图 1.2　视觉作品

<1>

1.1.2　包装与封面设计

在早期，包装与封面的主要目的是保护产品不受损害，时至今日，它们又具有了另外一个非常重要的作用，即广告宣传，在此领域 Photoshop 是当之无愧的主角。

图 1.3 所示为几个优秀的封面设计作品，图 1.4 所示为几个优秀的包装设计作品。

图 1.3　封面设计作品

图 1.4　包装设计作品

1.1.3　建筑表现

建筑表现也是 Photoshop 应用非常多的领域，其中较常见的应用是为建筑效果进行后期加工，以实现三维软件无法实现或难以实现的效果。

图 1.5 所示为使用 Photoshop 进行后期加工前后的室内效果图。

图 1.6 所示为使用 Photoshop 进行后期加工前后的室外效果图。

图 1.5　室内效果图进行后期制作前后的效果

<2>

图 1.6　室外效果图进行后期制作前后的效果

1.1.4　电视栏目包装静帧设计

Photoshop 也被广泛应用于电视栏目的包装当中，用于设计电视栏目的静帧，如图 1.7 和图 1.8 所示分别为中国电视频道，以及中国电影报道节目的静帧设计。

图 1.7　中国电视频道的静帧设计　　　　　　图 1.8　中国电影报道节目的静帧设计

1.1.5　概念设计

概念设计是一个新兴的设计领域，与其他领域不同，概念设计注重设计内容的表现效果，而不像工业设计那样还需要注重所设计的产品是否能够从流水线上生产出来。

在产品设计的前期通常要进行概念设计，除此之外，在许多电影及游戏中都需要进行角色或道具的概念设计。

图 1.9 所示为概念自行车的设计稿。

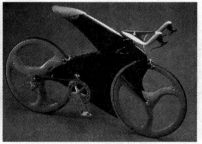

图 1.9　概念自行车设计

<3>

图 1.10 所示为电影中飞行器及汽车的概念设计稿。

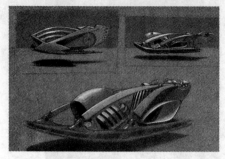

图 1.10　飞行器及汽车的概念设计稿

1.1.6　游戏设计

游戏设计与角色动画是当今图形图像制作最为活跃的领域之一，在游戏策划及开发阶段都要使用大量的 Photoshop 技术来设计游戏的人物、场景、道具、装备及操作界面。图 1.11 所示为使用 Photoshop 设计的游戏角色造型。

图 1.11　游戏人物设计

1.1.7　数码相片

随着电脑及数码相机的普及，数码相片的处理与修饰工作也成为越来越多的数码爱好者希望掌握的技术。

例如图 1.12 所示为原数码相片图像，图 1.13 所示为使用 Photoshop 处理后的照片。

图 1.12　原图像　　　　　　　　　　　　　　图 1.13　处理后的效果

<4>

数码婚纱照片及数码儿童相片的设计与制作也是一个新兴的数码相片制作领域，在此领域中 Photoshop 起到了举足轻重的作用，图 1.14 所示为使用 Photoshop 制作的婚纱及儿童数码相片。

图 1.14　儿童及婚纱数码照片设计

1.1.8　网页制作

网页设计与制作是一个比较成熟的行业，互联网中每天诞生上百万个网页，大多数都遵循了使用 Photoshop 进行页面设计和使用 Dreamweaver 进行页面生成的基本流程。图 1.15 所示为一些使用 Photoshop 设计的比较优秀的网页作品。

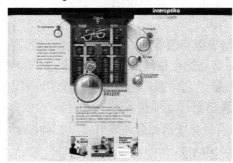

图 1.15　网页作品

1.1.9　插画绘制

插画绘制是近年来才慢慢走向成熟的行业，随着出版及商业设计领域工作的逐步细分，商业插画的需求不断扩大，从而使许多以前将插画绘制作为个人爱好的插画艺术家开始为出版社、杂志社、图片社及商业设计公司绘制插画，图 1.16 所示为铅笔绘制的草图，以及使用 Photoshop 完成的成品插画作品。

图 1.16　优秀的插画作品

1.1.10 界面设计

随着计算机硬件设备性能的不断加强和人们审美情趣的不断提高，以往古板单调的操作界面早已无法满足人们的需求，一个网页、一个应用软件或一款游戏的界面设计得优秀与否，已经成为人们对它进行衡量的标准之一。在此领域中 Photoshop 也扮演着非常重要的角色，目前在界面设计领域 90%以上的设计师正在使用此软件进行设计。

图 1.17 所示为几款优秀的界面设计作品。

图 1.17　优秀的界面设计作品

1.1.11 **Matte Painting**

Matte Painting 是一种近年来开始流行的应用于电影或特效广告中的技术手段，是指在电影后期制作时，通过为抠像后的人物合成背景并对背景进行描绘的工作，通常进行此项工作的人都是手绘功底非常好而且具有很高的软件使用技能的艺术家。在我们所看过的许多电影，例如魔戒、终结者 III、加勒比海盗、星战前传都大量使用了此项技术。

图 1.18 及图 1.19 都展示了电影在实拍后的效果及经过抠像，然后运用 Matte Painting 技术处理后的效果，这些背景中的大部分是使用 Photoshop 绘制的。

图 1.18　实拍时的效果及经过 Matte Painting 处理后的效果

图 1.19　实拍时的效果及经过 Matte Painting 处理后的效果

<6>

1.2 界面基本操作知识

在 Photoshop CS4 版本中，其操作的界面变得更加艺术化了，这也是继 Photoshop CS 版本中增加了泊窗界面功能后的又一次重大变革，其界面如图 1.20 所示。

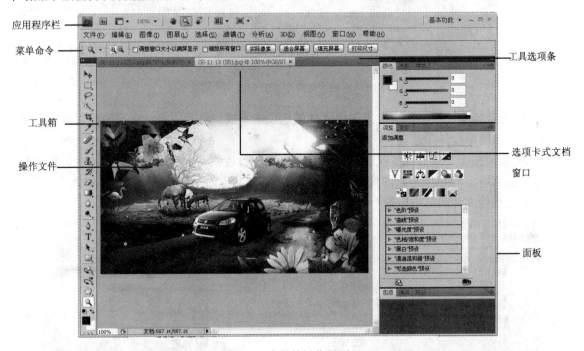

图 1.20 完整的操作界面

通过图 1.20 可以看出，完整的操作界面由应用程序栏、菜单命令、工具箱、操作文件、工具选项条、选项卡式文档窗口与面板组成。由于在实际工作中，主要使用的是工具箱中的工具与面板，因此下面重点讲解各工具与面板的使用方法。

1.2.1 掌握选项卡式文档窗口的使用方法

以选项卡式文档窗口排列当前打开的图像文件，是 CS4 版本的新功能特色，使用这种排列方法可以使我们对打开的多个图像一目了然，并通过单击所打开的图像文件的选项卡名称快速将其选中。

如果打开了多个图像文件，可以通过单击选项卡式文档窗口右上方的展开按钮 >>，在弹出的文件名称选择列表中选择要操作的文件，如图 1.21 所示。

技 巧

按 Ctrl+Tab 组合键，可以在当前打开的所有图像文件中，从左向右依次进行切换，如果按 Ctrl+Shift+Tab 组合键，则可以逆向切换这些图像文件。

使用这种选项卡式文档窗口管理图像文件，可以使我们对这些图像文件进行如下各类操作，以便更加快捷、方便地对图像文件进行管理。

<7>

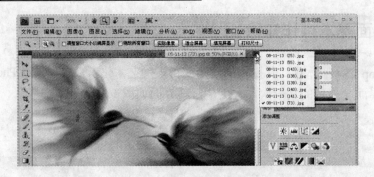

图 1.21　在列表菜单中选择要操作的图像文件

　　◆　改变图像的顺序：点按某图像文件的选项卡不放，将其拖至一个新的位置后再释放，可以改变该图像文件在选项卡中的顺序。

　　◆　取消图像文件的叠放状态：点按某图像文件的选项卡不放，将其从选项卡中拖出来，如图 1.22 所示，可以取消该图像文件的叠放状态，使其成为一个独立的窗口，如图 1.23 所示。再次点按图像文件的名称标题不放，将其拖回选项卡组，可以使其重回叠放状态。

图 1.22　从选项卡中拖出来

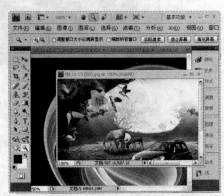

图 1.23　成为独立的窗口

1.2.2　掌握工具的使用方法

　　工具箱中的大多数工具的使用频率都非常高，因此掌握工具箱中工具的正确、快捷的使用方法有助于加快操作速度。

1. 伸缩工具箱

　　Photoshop CS4 界面中的工具箱具备伸缩性——可以根据需要在单栏与双栏状态之间进行切换。该功能主要是由位于工具箱顶部的伸缩栏所决定的，所谓的伸缩栏，就是工具箱顶部带有两个三角块的区域，如图 1.24 所示。

伸缩栏

图 1.24　工具箱的伸缩栏

<8>

当它显示为双栏时，我们单击顶部的伸缩栏收起图标 即可将其收缩为单栏状态，如图 1.25 所示，反之，单击展开图标 ，可以将其恢复至早期的双栏状态，如图 1.26 所示。

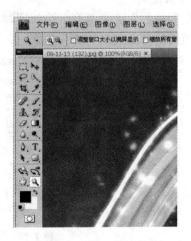

图 1.25　单栏工具箱状态　　　　　图 1.26　双栏工具箱状态

2．激活工具

工具箱中的每一种工具都有两种激活方法，即在工具箱中直接单击工具或直接按要选择的工具的快捷键。

3．显示工具的热敏菜单

Photoshop 的所有工具都具有热敏菜单，通过观察热敏菜单可以查看此工具的快捷键及正确名称，要显示热敏菜单只需要将光标放于工具上停留片刻即可，例如历史记录画笔工具的热敏菜单，如图 1.27 所示。

4．显示隐藏的工具

工具图标右下角的黑色三角形表明有隐藏工具。要显示隐藏的工具，可以点按此类工具，并停留片刻，图 1.28 所示为渐变工具所显示出的隐藏工具。

图 1.27　显示工具的热敏菜单　　　　图 1.28　显示隐藏的工具

1.2.3　掌握面板的使用方法

1．显示和隐藏面板

要显示面板，可以在【窗口】菜单中选择相对应的命令，再次选择此命令可以隐藏面板。

<9>

除此之外，按 Tab 键可以隐藏工具箱及所有显示的面板，再次按 Tab 键可全部显示。如果仅需要隐藏所有显示的面板，可以按 Shift+Tab 组合键，同样再次按 Shift+Tab 组合键可全部显示。

2. 面板弹出菜单

在大多数面板的右上角都有一个按钮 ，单击该按钮即可显示此面板的命令菜单，如图 1.29 所示，面板的弹出菜单中的大多数命令与菜单命令重复。

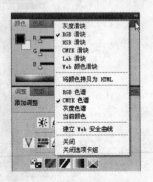

图 1.29 显示面板弹出菜单

因此，在操作时可以根据个人喜好，或选择菜单命令中的命令，或选择面板弹出菜单中的命令完成操作。

3. 伸缩面板

除了工具箱外，面板也同样可以进行伸缩，对于最右侧已展开的一栏面板，单击其顶部右侧的收起图标 ，可以将其收缩成为图标状态，如图 1.30 所示。反之，如果我们单击未展开的面板顶部右侧的展开图标 ，则可以将该栏中的全部面板都展开，如图 1.31 所示。

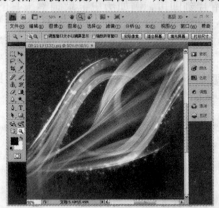

图 1.30 收缩所有面板时的状态

图 1.31 展开面板时的状态

如果要切换至某个面板，可以直接单击其标签名称，如果要隐藏某个已经显示出来的面板，可以双击其标签名称。

4. 拆分面板

当我们要单独拆分出一个面板时，可以直接按住鼠标左键选中对应的图标或标签，然后将其拖至工作区中的空白位置，如图 1.32 所示，图 1.33 所示就是被单独拆分出来的面板。

<10>

图 1.32　向空白区域拖动面板　　　　　　　　　图 1.33　拖出后的面板状态

5．组合面板

可以将两个或多个面板合并到一个面板栏中，当需要调用其中某个面板时，只需要单击其标签名称即可，否则，如果每个面板都单独占用一个窗口，那么用于进行图像操作的空间就会大大地减少，甚至会影响到我们的工作。

要组合面板，可以按住左键拖动面板标签至面板栏中，直至该位置出现蓝色反光时，如图1.34 所示，释放鼠标左键，即可完成面板的拼合操作，如图 1.35 所示。

图 1.34　拖动位置　　　　　　　　　　　　图 1.35　合并面板后的状态

6．组合面板栏

如果某一个面板栏中有多个面板，可以通过同样的操作，将面板栏相互组合起来。

图 1.36 所示为有【动作】和【历史记录】两个面板的独立面板栏，图 1.37 所示为将该面板拖至展开的面板栏中的状态，当该位置出现蓝色的高光时释放鼠标左键后【动作】和【历史

<11>

记录】两个面板就将与【调整】和【蒙版】两个面板组合在一起。

图 1.36 原面板栏状态

图 1.37 组合时的状态

7. 创建新的悬挂面板栏

可以拖动一个面板栏至悬挂在窗口右侧的面板栏的最左侧边缘位置，当该边缘出现灰蓝相间的高光显示条，如图 1.38 所示，此时释放鼠标即可创建一个新的悬挂面板栏，如图 1.39 所示。

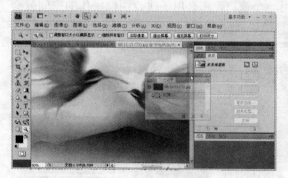

图 1.38 拖动面板

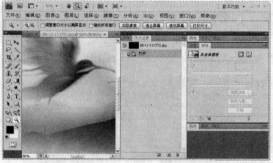

图 1.39 增加面板栏后的状态

使用悬挂面板栏的好处是位置固定，使窗口面板的管理更容易一些，图 1.40 所示为所有悬挂面板收缩后的状态，可以看出窗口更整洁了。

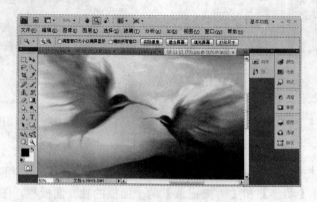

图 1.40 收缩起来的悬挂面板栏

<12>

1.2.4 关于菜单

Photoshop CS4 有 11 个菜单，其中包括【文件】、【编辑】、【图像】、【图层】、【选择】、【滤镜】、【分析】、【3D】、【视图】、【窗口】和【帮助】，在每个菜单中又包含数十个子菜单和命令，因此当这些菜单出现在一个初学者面前时，很容易使初学者产生畏难情绪，但实际上每一类菜单都有独特的作用，只要熟记菜单类型后再对照性地应用各命令，就能够很快得心应手了。

1. 子菜单命令

Photoshop 中的一些命令从属于一个大的菜单命令项之下，但其本身又具有多种变化或操作方式，为了使菜单的组织更加有效，Photoshop 使用了子菜单模式以细化菜单。在菜单命令下拉菜单中右侧有三角标识的，表示该命令下面包含子菜单，如图 1.41 所示。

图 1.41　子菜单命令

2. 灰度显示的菜单命令

许多菜单命令有一定的运行条件，如果当前操作文件没有达到某个菜单命令的运行条件，此菜单命令就呈灰度显示。

3. 包含对话框的菜单命令

在菜单命令的后面显示有 3 个小点的，表示选择此命令后，会弹出参数设置的对话框。

1.2.5 显示、隐藏或突出显示菜单命令

在 PhotoShop CS4 中新增了显示或隐藏菜单的功能，即我们可以根据需要显示或隐藏指定的菜单命令，以使每一位设计者自定义出自己最常用的菜单命令显示方案，以方便设计工作。

突出显示菜单命令也是 PhotoShop CS4 中新增的功能，使用此功能我们能够指定菜单命令的显示颜色，以方便我们辨认不同的菜单命令。

1. 显示或隐藏菜单命令

选择【编辑】|【菜单】命令或按 Shift+Ctrl+Alt+M 组合键调出【键盘快捷键和菜单】命令对话框，如图 1.42 所示。

显示或隐藏菜单的具体操作步骤如下所述：

①选择【编辑】|【菜单】命令，弹出【键盘快捷键和菜单】对话框。

<13>

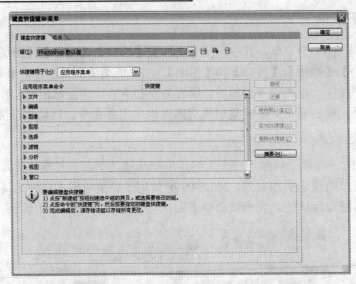

图 1.42 【键盘快捷键和菜单】对话框

②我们可以在某一种菜单显示类型的基础上增加或减少菜单命令的显示，单击【组】下拉列表菜单中弹出的下拉菜单，在该下拉表中选择一种工作类型，例如选择【Web 设计】选项，则可以在其基础上再对菜单命令进行显示或隐藏方面的设置。

③在【菜单类型】下拉列表菜单中如果选择要显示或隐藏的菜单命令所在的菜单类型，可以对应用程序菜单中的命令进行操作，也可以选择【面板菜单】命令对面板菜单中的命令进行显示或隐藏操作，在此我们选择【应用程序菜单】选项，如图 1.43 所示。

④ 单击【应用程序菜单命令】栏下方的命令左侧的三角按钮▶，展开显示各个详细菜单命令，如图 1.44 所示。

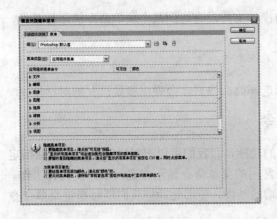

图 1.43 选择【应用程序菜单】选项时的对话框　　图 1.44 单击【应用程序菜单命令】和【面板菜单命令】

左侧小三角形展开的选项

⑤单击【可见性】下方的眼睛图标按钮即可显示或隐藏该菜单命令，在此笔者按图 1.45所示隐藏了若干个命令，隐藏前后的菜单显示如图 1.46 所示。

可以看出使用此功能可以大大减化菜单命令，使菜单按照用户的工作喜好进行显示。

<14>

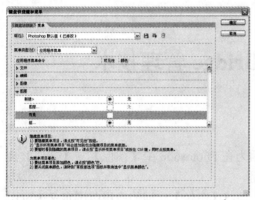

图 1.45　隐藏了若干个命令后的对话框设置　　　图 1.46　菜单栏命令设置前后的对比效果

提　示

当菜单中将部分内容设置为隐藏后，在以前的版本中按住 Shift 键的同时单击菜单名称可显示所有的菜单项目，例如，按住 Shift 键的同时单击【文件】菜单，则可以显示该菜单中所有被隐藏的菜单命令，但在此版本中变为 Ctrl 键了。

2. 突出显示菜单命令

通过突出显示菜单命令，可以使特定的菜单命令以某种颜色显示于菜单中，以达到在菜单上突出显示特定的命令的效果。

突出显示菜单命令的操作与显示或隐藏菜单命令的操作基本相同，只是执行第5步操作时，需要在【键盘快捷键和菜单】对话框中要突出显示的命令左侧单击【无】选项或颜色名称，在【颜色】下拉列表中选择需要的颜色。

图 1.47 所示为笔者设置的突出显示示例，图 1.48 所示为按此设置突出显示的菜单命令。

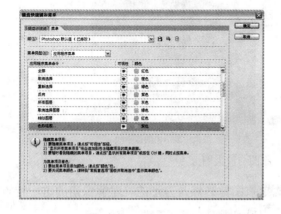

图 1.47　突出显示菜单命令的对话框设置　　　图 1.48　突出显示的菜单效果

<15>

第 2 章　图像概述及 Bridge 管理技术

导读

　　将【图像】与【文件】分述成为两个主题，是因为在 Photoshop 中【图像】与【文件】具有不同的含义，虽然【图像文件】一词已被广泛应用。

　　本章重点讲解了位图图像与矢量图形的区别，从而将【图像】一词的应用范围定义为位图类的图像，并通过讲解图像尺寸与分辨率，分析了应用于不同领域的图像应该具有的不同分辨率。除此之外，本章讲解了 Photoshop 的基本文件操作，其中包括创建新文件、保存文件、另存文件及文件信息。

2.1　位图图像与矢量图形

　　位图图像和矢量图形是计算机图形图像的两种主要形式，理解两者的区别对深入掌握图形图像类的软件，尤其是 Photoshop 十分有帮助。

2.1.1　位图图像

　　位图图像也叫做栅格图像，其原因是由于位图图像用像素来表现图像，在放大到一定程度时此类图像表现出明显的栅格化现象。大量不同位置和颜色值的像素构成了完整的图像，此类图像在放大观察时都能够看到清晰的方格形像素，如图 2.1 所示。

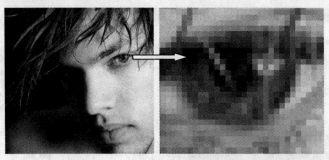

原图像　　　　　　　　　　放大后显示出的像素块

图 2.1　原图与放大图像

　　因为图像是由方格形像素组成的，这就导致图像必然是方形的，理解像素的这一特点有助于我们理解深入到像素级别进行编辑操作的方式。

　　另外，当我们使用任何一种选择工具制作选择区域时，应该理解其选择的形状实际上是由细小的方格所构成的，如图 2.2 所示。

　　由于位图图像的构成特点，决定了它很适合表现细节丰富、细腻的效果，如照片及在阴影和色彩方面有细微变化的效果。

<16>

　　位图图像的不足之处是，因为每一幅图像包含固定的像素信息，因此无法通过处理得到更多细节，而且要得到的图像品质越高，文件的大小也越大。

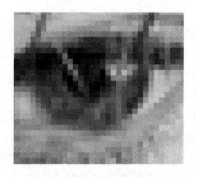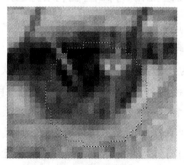

像素及编辑状态　　　　　　　　　　以小方格构成的选择区域

图 2.2　选择位图状态

2.1.2　矢量图形

　　矢量图形是图像的另一种表现形式，矢量图形是以数学公式的方式记录的，因此在缩放时没有失真现象，而且其文件尺寸较小。

　　如图 2.3 左图所示为 100％显示状态下的矢量图形，右图所示为将其放大至 500％时的效果，可以看出构成图形的线条仍然非常光滑。

100％显示状态下的矢量图形　　　　　　500％时的效果

图 2.3　不同显示比例的矢量图对比

　　如前所述，矢量图形的优点是与分辨率无关，我们可以根据需要进行缩放，不会遗漏任何细节或降低其清晰度。因此，矢量图形常用于表现具有大面积色块的卡通、文字或公司 LOGO，如图 2.4 所示。

图 2.4　矢量卡通及 LOGO

<17>

在 Photoshop 中使用钢笔工具 及形状工具绘制的路径属于矢量图形的范畴。

2.1.3 矢量图形与位图图像的关系

尽管图形与图像有着本质上的区别，但二者之间仍有着密切的可转换性联系：

◆ 将图形转换为图像：很多图形处理软件都具有渲染功能，该功能的主要作用就是将矢量图形转换成为图像，供打印或者图像处理软件使用。

◆ 将图像转换为图形：很多时候我们希望将图像转换为图形，以便于缩放和编辑。但迄今为止仍没有一个成熟的技术可以将图像完美地转换为图形。如果对图形质量要求不高，可以在很多图形处理软件中完成从图像到图形的转换操作。

虽然，我们将处理位图的软件称为图像处理软件，将绘制矢量图形的软件称为矢量软件，但实际上两者之间的界限并不是非常严格，因为现在很多图像处理软件都包含了一定的图形绘制功能，而图形绘制矢量软件也包含了一定的图像处理功能。

实际上，如果使用矢量软件的水平够高，一样能够绘制出有如照片般逼真的位图图像效果，例如图 2.5 所示为国外艺术家使用 Illustrator 绘制的作品，图 2.6 所示为此作品在矢量线条显示状态下的效果，可以看出该作品表现出了只有位图图像才适合表现的逼真质感与丰富的细节。

图 2.5 使用 Illustrator 绘制的作品　　　　图 2.6 在矢量线条显示状态下的作品

而如果能够灵活掌握 Photoshop 中的钢笔工具 也一样能够绘制出只有矢量软件才合适表现的矢量感觉的作品，图 2.7 所示的作品均为 Photoshop 作品。

图 2.7 使用 Photoshop 绘制的矢量感觉的作品

<18>

2.2　文件操作

文件操作是一类在 Photoshop 中的使用频率非常高的操作类型，其中包括常用的新建文件、保存文件、关闭文件等，下面我们分别一一讲述。

2.2.1　创建新文件

选择【文件】|【新建】命令弹出如图 2.8 中左图所示的对话框。在此对话框内，可以设置新建文件的名称、宽度、高度、分辨率、颜色模式和背景颜色等属性。

如果需要创建的文件尺寸属于常见的尺寸，可以在该对话框的【预设】下拉列表菜单中选择相应的选项，并在【大小】下拉列表菜单中选择相对应的尺寸，如图 2.8 中右图所示，从而简化新建文件操作。

图 2.8　【新建】对话框

如果在新建文件之前曾执行【拷贝】操作，则对话框的宽度及高度的数值自动匹配所拷贝的图像的高度与宽度的尺寸。

2.2.2　打开旧文件

选择【文件】|【打开】命令可以打开需要处理的旧文件，Photoshop 支持的图像格式非常多，图 2.9 所示为默认情况下的【打开】对话框。

图 2.9　【打开】对话框

<19>

2.2.3 使用【打开为】命令

【文件】|【打开为】命令与【打开】命令的不同之处在于，前者可以打开一些使用【打开】命令无法辨认的文件，例如某些图像从网络下载后在保存时如果以错误的格式保存，使用【打开】命令则有可能无法打开，此时可以尝试使用【打开为】命令。

2.2.4 使用【打开为智能对象】命令

使用【文件】|【打开为智能对象】命令打开所支持的文件后，该文件将自动创建一个智能对象图层，该图层中包括了全部所打开文件中的内容（含图层、通道等信息）。

图 2.10 所示为笔者使用此命令打开一个 PDF 格式的文件时弹出的对话框，图 2.11 所示为打开后的状态，可以看出该矢量文件已经被转换成为一个智能对象图层打开在 Photoshop 中。

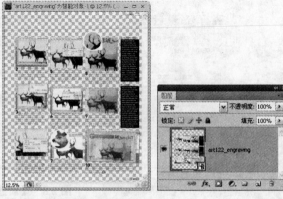

图 2.10 【打开为智能对象】对话框   图 2.11 打开后的状态

注 意 ▓▓▓

关于智能对象更详细的讲解，请参见本书第 8 章的相关内容。

2.2.5 关闭文件

完成对图像的操作以后，可以关闭图像。

最简单的方法是直接单击图像窗口右上角的关闭图标，也可通过按快捷键 **Ctrl+W** 来关闭文件。

2.2.6 保存文件

选择【文件】|【储存】命令可以保存当前操作的文件，此对话框如图 2.12 左图所示。

注 意 ▓▓▓

只有当前操作的文件具有【通道】、【图层】、【路径】、【专色】和【注解】选项，而且在【格式】下拉列表框中选择支持保存这些信息的文件格式时，对话框中的【Alpha 通道】、【图层】和【专色】选项才会被激活，否则【存储】对话框将如图 2.12 右图所示。如果上述选项被激活，可以根据需要选择是否需要保存这些信息。

<20>

图 2.12　【存储】对话框

2.2.7　使用【存储为】命令

选择【文件】|【存储为】命令可以改变图像的格式、名字和保存路径来保存图像，并开始操作新存储的文件。

2.2.8　文件简介

使用【文件简介】功能，可以对一些比较重要的文件进行标注，这样当处于不同地域或不同工作时间的其他操作者对此文件进行处理时，可以查看该文件的文件信息，以了解前一操作者的相关信息。

选择【文件】|【文件简介】命令，将弹出图 2.13 所示的对话框，在此可以对文件的内容、作者、注解、工作项目名称、版权类型、网址等信息进行标注。此外，还可以选择【相机数据】、【视频数据】、【音频数据】等选项卡在其中为不同类型的文件填写不同的信息内容。

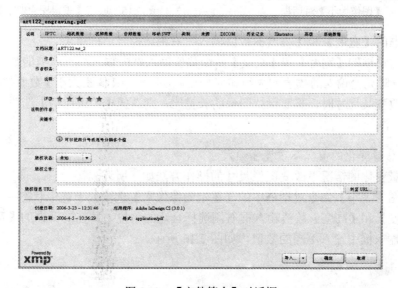

图 2.13　【文件简介】对话框

<21>

2.3 图像尺寸及分辨率

图像的尺寸及其分辨率对于一幅图像而言非常重要，因为无论尺寸大小还是图像的分辨率不符合要求，都可能导致最终得到的图像无法使用。

2.3.1 图像尺寸

如果需要改变图像尺寸，可以使用【图像】|【图像大小】命令，其对话框如图 2.14 所示。在此分别以像素总量不变的情况下改变图像尺寸，及像素总量变化的情况下改变图像尺寸为例，讲解如何使用此命令。

1. 在像素总量不变的情况下改变图像尺寸

在像素总量不变的情况下改变图像尺寸的操作方法如下所述。

①在【图像大小】对话框中取消【重定图像像素】复选项，此时对话框如图 2.15 所示。

图 2.14 【图像大小】对话框

图 2.15 取消【重定图像像素】复选项

②在对话框的【宽度】和【高度】数值输入框右侧选择合适的单位。

③分别在对话框的【宽度】和【高度】两个数值输入框中输入小于原值的数值，即可降低图像的尺寸，此时无论输入的数值的大小如何变化，对话框中【像素大小】数值都不会有变化。

④如果在改变其尺寸时，需要保持图像的长宽比，则选择【约束比例】选项，否则取消其选中状态。

2. 在像素总量变化的情况下改变图像尺寸

在像素总量变化的情况下改变图像尺寸的操作方法如下所述。

①保持【图像大小】命令对话框中的【重定图像像素】选项处于选中状态。

②在【宽度】和【高度】数值输入框右侧选择合适的单位，并在对话框的【宽度】和【高度】两个数值输入框中输入不同的数值，如图 2.16 所示。

注　意

此时对话框上方将显示两个数值，前一数值为以当前输入的数值计算时图像的大小，后一

<22>

数值为原图像大小。如果前一数值大于后一数值，表明图像经过了插值运算，像素量增多了；如果前一数值小于原数值，表明图像的总像素量减少了。

图 2.16　图像尺寸变大时的对话框

如果在像素总量发生变化的情况下，将图像的尺寸变小，然后以同样的方法将图像的尺寸放大，不会得到原图像的细节，因为 Photoshop 无法找回损失的图像细节。

图 2.17 所示为原图像，图 2.18 所示为在像素总量发生变化的情况下，将图像的尺寸变为原图大小的 40% 的效果，图 2.19 所示为以同样的方法将尺寸恢复为原图大小后的效果，比较缩放前后的图像，可以看出恢复为原来的图像后没有原图像清晰。

图 2.17　原图像　　　　图 2.18　缩小后的图像　　　　图 2.19　再次放大后的图像

2.3.2　理解插值

插值是在两件事物之间进行估计的一种数学方法。例如，要在 2 与 4 之间取一个数，很可能选 3，这就是插值。在需要对图像的像素进行重新分布，或改变像素数量的情况下，Photoshop 使用插值的方法对像素进行重新估计。

例如如果要在黑色和白色之间确定一个中间值，Photoshop 可能选择 50% 的灰色，也可能是其他灰色。

例如，图 2.20 左图所示为一条黑白分明锯齿状的线，如果对此锯齿线进行模糊，使像素重新分布，则可以得到图 2.20 右图所示效果，可以看出在黑与白之间出现了第三种像素，即灰色。

图 2.20 说明如果原图是清晰的，在增加了图像分辨率使图像的像素总量增大后，图像有可能会变得更加模糊，使原本较清晰、锐度较好的图像变得不清晰、模糊。因此 Photoshop 的插

<23>

值运算并非是万能的，仅在有限的情况下使用插值运算的方法可以得到较好的效果。

Photoshop 提供了 5 种插值运算方法，我们可以在【图像大小】对话框中的【重定图像像素】下拉列表菜单中进行选择，如图 2.21 所示。

　原图　　　　　　像素重新分布时出现第三种像素

图 2.20　原图与像素重新分布后的图像相比　　　　　图 2.21　【图像大小】对话框

在 5 种插值运算方法中，【两次立方】是最通用的一种，其他方法的特点如下：

◇【邻近（保留硬边缘）】：此插值运算方法适用于有矢量化特征的位图图像。

◇【两次线性】：对于要求速度不太注重运算后质量的图像，可以使用此方法。

◇【两次立方（适用于平滑渐变）】：最通用的一种运算方法，在对其他方法不够了解的情况下，最好选择此种运算方法。

◇【两次立方较平滑（适用于扩大）】：适用于放大图像时使用的一种插值运算方法。

◇【两次立方较锐利（适用于缩小）】：适用于缩小图像时使用的一种插值运算方法，但有时可能会使缩小后的图像过锐。

2.3.3　图像的分辨率

分辨率是图像中每单位打印长度所显示的像素数目，通常用像素／英寸来表示。

高分辨率的图像比相同打印尺寸的低分辨率图像包含的像素要多，因而图像显得较细腻。

要确定图像的分辨率，首先必须考虑图像的最终用途。如果制作的图像仅用于网上显示，图像分辨率只需满足典型的显示器分辨率（72 像素或 96 像素）就可以了。如果图像用于印刷，应该具有 300 像素。

使用太高或者太低的分辨率都不恰当，使用太低的分辨率打印图像会导致输出时图像显示有粗糙的像素效果，而使用太高的分辨率会增加文件大小，并降低图像的打印速度。

许多图片都来源于扫描已有的出版物，对于印前人员而言，在扫描时确定图像的用途并进一步确定扫描时的分辨率非常必要，因为如果图像的最终用途不要求过高的分辨率则无需使用 300 像素甚至更高的分辨率进行扫描，那样只会浪费时间，反之如果图像用于专业印刷则需要将分辨率定于 300 像素或更高。

在印刷时往往使用线屏而不是分辨率来定义印刷的精度，在数量上线屏是分辨率的 2 倍，因此当我们听到一份以 175 线屏印刷的出版物，则意味着出版物中的图像必须具有 350 像素。

<24>

了解这一点，有助于我们在知道图像的最终用途后，确定图像的扫描分辨率。

例如，如果一个出版物以 85 线屏做印刷，则意味着出版物中的图像分辨率应该具有 170 像素，换言之在扫描时应该将扫描分辨率定于 170 像素或者更高。

下面列出一些常见印刷品印刷时所用的线屏，以便估算在扫描用于制作这些出版物的图像是所使用的分辨率。

◇ 报纸印刷常用低线屏（85～150）的图像。
◇ 普通杂志常用中等范围值线屏（135～175）的图像。
◇ 高品质的印刷品会使用更高的线屏值，这往往需要咨询印刷商。

2.4　裁切图像

如果一幅图像的主体对象周围有许多其他对象，从而喧宾夺主而造成主体对象不突出、不鲜明，则需要对图像进裁切操作。另外，对于图像中可有可无的部分，也需要进行裁切操作，以降低文件大小。

在 Photoshop 中可以使用下面的 2 种方法做裁切操作。

2.4.1　使用裁剪工具

裁剪工具 可以裁切选定的图像区域，下面通过一个实例讲解如何使用裁剪工具 。

①打开随书所附光盘中的文件【d2z\2.4.1-素材.tif】，在工具箱中选择裁剪工具 ，在图像中拖动，得到一个裁切控制框，此时裁切控制框外部的图像将变暗显示，如图 2.22 右图所示。

原图像　　　　　　　　　　　　得到的裁切控制框

图 2.22　图像裁切前与裁切后对比

②裁切控制框的控制句柄，使其旋转至与图像的倾斜角度相同，如图 2.23 所示。

③拖动裁切控制框的控制句柄，使其大小与我们希望在裁切后得到的图像的大小相同，如图 2.24 所示。

④双击裁切控制框，得到图 2.25 所示的效果。

如果希望获得准确的裁切效果，可以在使用此工具之前，在图 2.26 所示的工具选项条上设置具体的参数。

例如，如果希望在进行裁切后，得到一个宽度与高度都是 20mm、分辨率为 100 像素/英寸的图像，可以将此工具选项条设置为图 2.27 所示的状态，再进行裁切操作。

<25>

图 2.23　旋转控制句柄

图 2.24　拖动控制句柄改变大小

图 2.25　最终效果

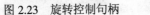
图 2.26 裁剪工具选项条

图 2.27 裁剪工具选项条

2.4.2　使用【裁剪】命令

使用选择工具配合【图像】|【裁剪】命令也可以对图像进行裁切，具体操作步骤如下。

①在工具箱中选择矩形选框工具 。

②围绕图像中需要保留的部分，制作一个选择区域，如图 2.28 所示。

③选择【图像】|【裁剪】命令，即可完成裁切操作，按 Ctrl+D 组合键取消选区，得到图 2.29 所示的效果。

2.4.3　使用【裁切】命令

选择【图像】|【裁切】命令也可以对图像进行快速裁切，选择此命令后弹出如图 2.30 所示的对话框。

◇ 【基于】：在此选项区域中选择裁切图像所基于的准则。如果当前图像的图层为透明，则选中【透明像素】选项。

◇ 【裁切掉】：在此区域中选择裁切的方位。

图 2.28　选择需要保留的部分

图 2.29　裁切后的效果

图 2.30　【裁切】对话框

<26>

2.5　画布操作

在 Photoshop 中画布的大小及其方向并非一成不变，反之我们可以在任何情况下按自己需要的方式改变画布的大小及其方向。

2.5.1　改变画布尺寸

如果需要扩展图像的画布，可以选择【图像】|【画布大小】命令。如果在图 2.31 所示的对话框中输入的数值大于原数值，则可以扩展画面，反之将裁切画面。

图 2.32 所示是使用此命令扩展画布前后的对比图，新的画布将会以背景色填充扩展得到的区域。

图 2.31　【画布大小】对话框　　　　　　　　图 2.32　操作前后效果对比

此对话框中的【定位】选项非常重要，它决定了新画布和原来图像的相对位置。图 2.33 左图所示为单击█定位块所获得的画布扩展效果，右图所示为单击█定位块所获得的画布扩展效果。

如果需要在改变画面尺寸时参考原画面的尺寸数值，可以选择对话框中的【相对】选项，例如在此选项被选中的情况下，在两个数值输入框中输入数值 2，则可以分别在宽度与高度方向上扩展 2 个单位，输入-2，则可以分别在宽度与高度方向上向内收缩 2 个单位。

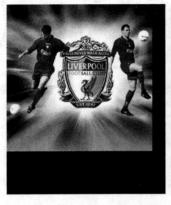

图 2.33　使用不同定位选项得到的不同效果

2.5.2 改变画布方向

在需要旋转图像的时候，可以选择【图像】|【图像旋转】命令，此命令下的子菜单命令如图 2.34 所示。

◆ 以图 2.35 为原图，选择【180 度】命令将图像旋转 180°，如图 2.36 所示。

图 2.34 【图像旋转】子菜单命令　　　图 2.35 原图　　　图 2.36 旋转 180° 后的效果

◆ 选择【90 度（顺时针）】命令将图像顺时针旋转 90°，如图 2.37 所示。
◆ 选择【90 度（逆时针）】命令将图像逆时针旋转 90°，如图 2.38 所示。

图 2.37 顺时针旋转 90°　　　　　　　　图 2.38 逆时针旋转 90°

◆ 选择【任意角度】命令按指定方向和角度旋转图像，选择该命令将弹出【旋转画布】对话框，如图 2.39 所示。
◆ 选择【水平翻转画布】命令将图像在水平方向上镜像翻转，如图 2.40 所示。
◆ 选择【垂直翻转画布】命令将图像在垂直方向上镜像翻转，如图 2.41 所示。

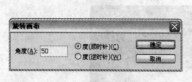

图 2.39 【旋转画布】对话框　　　图 2.40 水平镜像　　　图 2.41 垂直镜像

上述命令对整幅图像进行了操作，包括图层、通道、路径。在学习此操作时注意与 6.3.2 节所讲述的旋转图像进行对比学习，在进行对比学习时应该使用带有至少两个以上图层的图像文件进行对比练习，以区分两者之间的异同。

<28>

2.6　使用 Adobe Bridge CS4 管理图像

Adobe Bridge 的功能非常强大，可用于组织、浏览和寻找所需的图形图像文件资源，使用 Adobe Bridge 可以直接预览并操作 PSD、AI、INDD 和 PDF 等格式的文件。

Adobe Bridge 既可以独立使用，也可以从 Photoshop CS4、Illustrator CS4、InDesign CS4 等软件中启动。换言之，我们可以单独运行 Adobe Bridge，也可以在上述软件中启动该程序。

详细说起来，使用 Adobe Bridge 可以完成以下操作：

◇　浏览图像文件：在 Bridge 中可以查看、搜索、排序、管理和处理图像文件，可以对文件进行重命名、移动和删除、旋转图像，以及运行批处理命令等操作。

◇　打开和编辑相机原始数据：可以从 Bridge 中打开和编辑相机原始数据文件，并将其保存为与 Photoshop 兼容的格式。

◇　进行色彩管理：可以使用 Bridge 在不同应用程序之间同步设置颜色。这种操作方法可以确保无论使用哪一种 Creative Suite 套件中的应用程序来查看文件，颜色效果都相同。

2.6.1　选择文件夹进行浏览

在 Photoshop 的顶部程序启动栏中单击 按钮，则可弹出如图 2.42 所示的 Adobe Bridge 窗口。

如果希望查看某一保存有图片的文件夹，可以在图 2.43 所示的【文件夹】面板中单击要浏览的文件夹所在的盘符，并在其中找到要查看的文件夹，这一操作与使用 Windows 的资源浏览器并没有太大的不同。

图 2.42　Adobe Bridge 窗口

图 2.43　【文件夹】面板

注　意

如果【文件夹】面板没有显示出来，可以选择【窗口】|【文件夹面板】命令。

与使用【文件夹】面板一样，我们也可以使用【收藏夹】面板浏览某些文件夹中的图片，

<29>

在默认情况下，【收藏夹】面板中仅有【我的电脑】、【桌面】、【My Documents】等几个文件夹，但我们可以通过下面所讲述的操作步骤，将自己常用的文件夹保存在【收藏夹】面板中。

1．选择【窗口】|【文件夹面板】命令显示【文件夹】面板，选择【窗口】|【收藏夹】面板命令显示【收藏夹】面板。

2．通过拖动【文件夹】面板的名称，使其成为在窗口中被组织成与【收藏夹】面板上下摆放的状态，如图 2.44 所示。

3．在【文件夹】面板选择要保存在【收藏夹】面板中的文件夹。

4．将被选择的文件夹直接拖至【收藏夹】面板中，直至出现一个粗直线，如图 2.45 所示。

图 2.44　摆放两块面板的位置　　　　　图 2.45　拖动文件夹的状态

5．释放左键后，即可在【收藏夹】面板中看到上一步操作拖动的文件夹，按上述方法操作后，我们就能够直接在【收藏夹】面板中快速选中常用的文件夹，如图 2.46 所示。

注　意

如果要从【收藏夹】面板中去除某一个文件夹可以在其名称上单击右键，在弹出的菜单中选择【从收藏夹中移去】命令。

除上述方法外，还可以在窗口上方单击下拉列表按钮 🔽，在弹出的下拉列表菜单中选择【收藏夹】面板中的文件夹与最近访问过的文件夹，如图 2.47 所示。

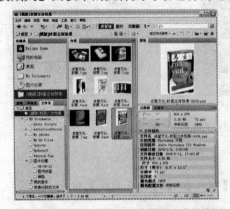 

图 2.46　文件夹被保存在【收藏夹】面板中　　　图 2.47　最近访问过的文件夹

<30>

单击下拉列表框旁边的【返回】按钮 ← 和【前进】按钮 → 可以分别返回上一步操作和进行下一步操作，如果单击【反回父级】按钮 ▼，则可以在菜单中选择并访问当前文件夹的父级文件夹。

2.6.2　改变 Adobe Bridge 窗口显示颜色

Bridge 窗口的底色可以根据操作者的喜好进行更改，图 2.48 所示为几种不同的窗口效果。

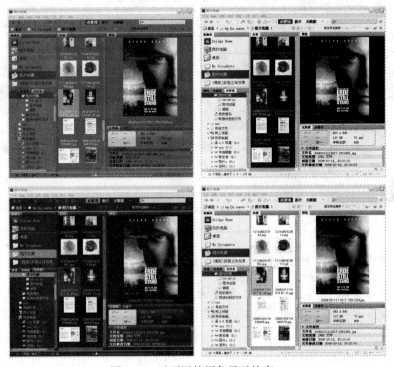

图 2.48　以不同的颜色显示的窗口

选择【编辑】|【首选项】命令，在弹出的图 2.49 所示的对话框中拖动【用户界面亮度】和【图像背景】滑块，即可改变窗口的显示颜色。

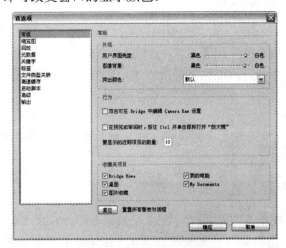

图 2.49　【首选项】对话框

<31>

2.6.3 改变 Bridge 窗口中的面板

Bridge 窗口中的面板均能够自由拖动组合，这一点类似于 Photoshop 的面板，两者的操作也完全一样，即在 Bridge 窗口中可以通过拖动面板的标题栏随意组合不同的面板。图 2.50 所示为笔者通过组合面板得到的不同显示状态。

图 2.50　不同的面板组合状态

2.6.4 改变 Adobe Bridge 窗口显示状态

Bridge 提供了多种窗口显示方式，来适应于不同的工作状态，例如可以在查找图片时采取能够显示大量图片的窗口显示方式，在观赏图片时采用适宜于展示图片的幻灯片的显示状态。

要改变 Adobe Bridge CS4 的窗口显示状态，可以在其窗口的顶部单击用于控制其窗口显示模式的按钮 `必要项 胶片 元数据 输出 关键字 预览 看片台 文件夹　▼`，图 2.51 展示了四种不同的窗口显示状态。

2.6.5 改变图片预览模式

选择【视图】菜单下的命令，可以改变图片的预览状态，图 2.52、图 2.53 所示分别为选择【视图】|【全屏预览】和【视图】|【幻灯片放映】2 个命令时图片的不同预览效果，如果选择【视图】|【审阅模式】命令，可以获得类似于 3D 式的图片预览效果，如图 2.54 所示。

`注　意`

进入全屏、幻灯片或审阅模式状态后可以按 H 键显示操作帮助提示信息，要退出显示模式可以按 ESC 键。

2.6.6 改变【内容】窗口显示状态

在窗口的右下角直接单击 `田 ░░ ▬ ▤` 4 个按钮，即可以使 Bridge 改变【内容】窗口显示状态，图 2.55 所示分别为单击 `田 ░░ ▬ ▤` 4 个按钮后的显示状态。

预览模式　　　　　　　　　　　　　　　看片台模式

关键字模式　　　　　　　　　　　　　　　输出模式

图 2.51　四种不同的窗口显示状态

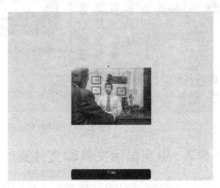

图 2.52　全屏预览模式　　　　　　　　图 2.53　幻灯片预览模式

图 2.54　审阅预览模式

<33>

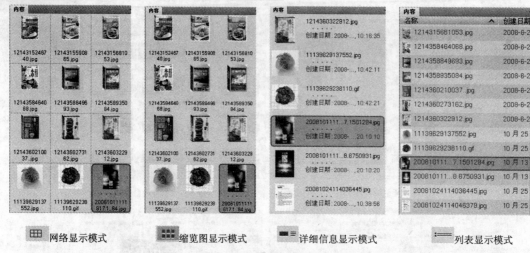

网络显示模式　　　缩览图显示模式　　　详细信息显示模式　　　列表显示模式

图 2.55　四种不同的窗口显示状态

要改变【内容】窗口的缩览图尺寸，可拖动窗口下方的
滑块条，图 2.56 所示为选择不同的滑块位置改变缩览图尺寸的状态。

图 2.56　选择不同的滑块位置改变缩览图尺寸的状态

2.6.7　指定显示文件和文件夹的方法

当指定了当前浏览的文件夹后，我们可以指定当前文件夹中的文件及文件夹的显示方式和显示顺序。

要指定文件或文件夹的显示方式，可以从【视图】菜单中选择以下任一命令：

◆　要显示文件夹中的隐藏文件，选择【视图】|【显示隐藏文件】命令。

◆　要显示当前浏览的文件夹中的子级文件夹，选择【视图】|【显示文件夹】命令。

◆　要显示当前浏览的文件夹中的子级文件夹中的所有可视图片，选择【视图】|【显示子文件夹中的项目】命令。

2.6.8　对文件进行排序显示的方法

在预览某一文件夹中的图像文件时，Bridge CS4 可以按多种模式对这些图像文件进行排序

<34>

显示，从而使浏览者快速找到自己需要的图像文件。

　　要完成排序显示操作，可以在 Bridge CS4 窗口的右上方单击下拉列表按钮 ▼，在弹出的菜单中选择一种合适的排序方式，如图 2.57 所示。

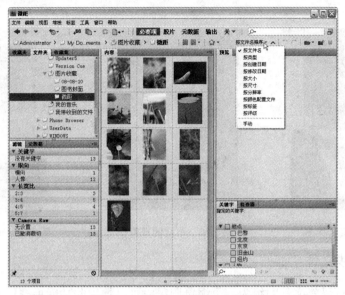

图 2.57　选择显示排序模式菜单

　　如果单击 ▼ 按钮，则可以降序排列文件。如果单击 ▲ 按钮，则可以升序排列文件。

2.6.9　查看照片元数据

　　使用 Bridge CS4 可以轻松查看数码照片的拍摄数据，这对于希望通过拍摄元数据学习摄影的爱好者而言很有作用，图 2.58 所示为笔者分别选择不同的照片显示的拍摄元数据，可以看出，通过此面板，可以清晰地了解到该照片在拍摄时所采用的光圈、快门时间、白平衡及 ISO 数据。

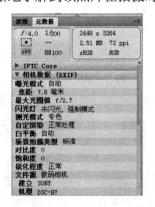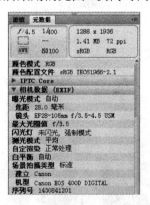

图 2.58　不同照片的元数据

2.6.10　放大观察图片

　　Bridge CS4 提供了放大观察预览图的功能，使用此功能能够使我们更好地观察图片的细节。在【预览】面板中将光标放于图片上，当放大镜图标出现时，单击图片即可显示一个小型

<35>

的放大观察窗口，如图 2.59 所示，拖动此观察窗口，即可通过放大观察的方式观察图片的不同部分，如图 2.60 所示。

如果当前预览的是一个堆栈，则其中的每一个图像文件都可以独立进行放大观察，如图 2.61 所示。

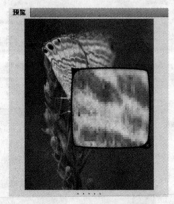

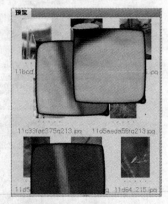

图 2.59　放大观察的状态　　　　　图 2.60　不同的观察位置　　　　　图 2.61　放大观察堆栈文件

2.6.11　堆栈文件

使用堆栈功能可以将文件归组为一个缩览图组，可以使用此功能堆叠任何类型的文件。

使用堆栈的优点在于，我们可以像标记单个文件一样来标记堆栈，而且对展开的堆栈应用的命令会应用于该堆栈中的所有文件，例如旋转、复制、删除等操作。

注 意

如果只选择了该堆栈中的栈顶文件，则对折叠的堆栈应用的命令只应用于该堆栈中的栈顶文件。如果通过单击该堆栈边框选择了堆栈中的所有文件，则该命令应用于该堆栈中的所有文件。

下面是关于堆栈文件的一些操作。

1.　创建堆栈

在 Bridge 窗口中选择要创建成为堆栈的若干文件，然后按 Ctrl+G 组合键（也可以选择【堆栈】|【归组为堆栈】命令）即可将这些文件创建成为一个堆栈，如图 2.62 所示。

图 2.62　堆栈显示状态

<36>

2. 展开或折叠堆栈

要展示一个堆栈可以采用下面所讲述的三种方法中的任意一种。

◈ 按 Ctrl+→（向右箭头键）。

◈ 单击堆栈上方的数字。

◈ 选择【堆栈】|【打开堆栈】命令。

要折叠一个堆栈可以采用下面所讲述的三种方法中的任意一种。

◈ 按 Ctrl+←（向左箭头键）。

◈ 单击堆栈上方的数字。

◈ 选择【堆栈】|【关闭堆栈】命令。

3. 取消堆栈

要取消一个堆栈，使其中的文件重新成为独立的文件，可以按 Ctrl+Shift+G 组合键（也可以选择【堆栈】|【取消堆栈组】命令）。

4. 操作堆栈中的图像

如果选择了一个堆栈，则操作将针对该堆栈中的所有图像进行，图 2.63 所示为操作前的状态，图 2.64 所示为单击 按钮进行操作后的效果。

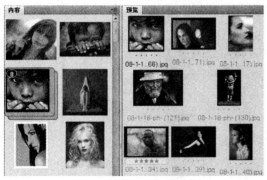

图 2.63 操作前的状态　　　　　　　图 2.64 旋转操作后的状态

2.6.12 在 Photoshop 或 Camera RAW 中打开图片

要将 Adobe Bridge 中的图片导入到 Photoshop 中进行操作非常简单，可以使用以下几种方法中的任意一种。

◈ 直接在 Adobe Bridge 中双击图片。

◈ 将图片从 Adobe Bridge 中拖至 Photoshop 中。

◈ 在图片中单击右键，在弹出的菜单中选择【打开】命令。

◈ 如果希望在 Camera RAW 对话框中打开照片（无论此照片是否是 RAW 格式），可以选择照片，在对话框上方单击 按钮，或者在照片上单击右键，在弹出的菜单中选择【在 Camera RAW 中打开】命令。

2.6.13 管理文件

在某些方面，我们可以像使用 Windows 的资源管理器那样使用 Adobe Bridge 管理文件，

<37>

例如，可以很容易地拖放文件、在文件夹之间移动和复制文件。

下面分别讲解不同操作的操作方法。

◇ 复制文件：选择文件，然后选择【编辑】|【复制】命令，也可以选择【文件】|【复制到】级联菜单中的命令，将当前选中的图像复制到指定的位置。

◇ 粘贴文件：选择【编辑】|【粘贴】命令。

◇ 将文件移动到另一个文件夹：选择文件，然后将文件拖移到另一个文件夹中。

◇ 重命名文件：单击文件名，键入新名称，并按 Enter 键。

◇ 将文件置入应用程序：选择文件，然后选择【文件】|【置入】级联菜单中的应用程序名称。

◇ 将文件从 Bridge 中拖出：选择文件，然后将其拖移到桌面上或另一个文件夹中，则该文件会被复制到桌面或该文件夹中。

◇ 将文件拖入 Bridge 中：在桌面上、文件夹中或支持拖放的另一个应用程序中选择一个或多个文件，然后将其拖到 Bridge 显示窗口中，则这些文件会从当前文件夹中移动到 Bridge 中显示的文件夹中。

◇ 删除文件或文件夹：选择文件或文件夹并单击【删除项目】 按钮，或在文件上单击右键，在弹出的快捷菜单中选择【删除】命令。

◇ 复制文件和文件夹：选择文件或文件夹并选择【编辑】|【复制】命令，或者按 Ctrl 键并拖动文件或文件夹，将其移至另一个文件夹。

◇ 创建新文件夹：单击【创建新文件夹】按钮 ，或选择【文件】|【新建文件夹】命令。

◇ 打开最新使用的文件：单击按钮 在弹出的菜单中进行选择。

2.6.14 旋转图片

可以直接在 Adobe Bridge 中对图像进行旋转操作，单击窗口上方的 或 按钮即可将图像按顺时针或逆时针方向旋转 90°。

图 2.65 所示为旋转前的状态，图 2.66 所示为旋转后的状态。

图 2.65　旋转前的状态　　　　　　　　　　图 2.66　旋转后的状态

2.6.15 标记文件

Bridge 的实用功能之一是使用颜色标记文件，按这种方法对文件进行标记后，可以使文件

<38>

显示为某一种特定的颜色，从而直接区别不同文件。

图 2.67 所示为经过标记后的文件，可以看出经过标记后，各种文件一目了然。

图 2.67　标记后的文件

◇　若要标记文件，首先选择文件，然后从【标签】菜单中选择一种标签类型，或在文件上单击右键，在弹出的快捷菜单中的【标签】菜单中进行选择。

◇　若要从文件中去除标签，选择【标签】|【无标签】命令。

2.6.16　自定义标签类型

由于 CS4 默认了若干种标签类型，例如红色表示【选择】、黄色表示【第二】、绿色表示【已批准】，因此在【标签】菜单中仅能够看到上述选项。

但我们能够通过自定义改变这些选项，其方法如下所述。

1. 选择【编辑】|【首选项】命令，在弹出的如图 2.68 所示的对话框中选择【标签】项。

2. 在对话框中每一种颜色的右侧输入希望定义的选项名称，图 2.69 所示为笔者自行定义的状态。

3. 单击【确定】按钮退出对话框，则可以在【标签】菜单中看到所定义的效果，如图 2.70 所示。

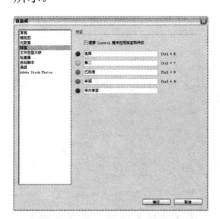

图 2.68　【首选项】对话框　　　　图 2.69　自定义的状态　　　　图 2.70　菜单显示效果

2.6.17 为文件标星级

为文件标定星级同样是 Bridge 提供的一种实用功能，Bridge 提供了从一星到五星的 5 级星级，图 2.71 所示为经过标级后的文件。

图 2.71 标级后的文件

许多摄影爱好者都有大量自己拍摄的照片，使用此功能我们可以按照从最好到最差的顺序对这些照片进行评级，通过初始评级后，可以选择只查看和使用评级为四星级、五星级或其他星级标准的照片，从而便于我们对不同品质的照片进行不同的操作。

要对文件进行标级操作，先选择一个或多个文件，然后按照下列任一方法进行操作：

◈ 单击■■按钮在【详细信息】显示模式状态下，单击代表要赋予文件的星级的点。

◈ 从【标签】菜单中选择星级。

◈ 要添加一颗星选择【标签】|【提升评级】命令。要去除一颗星选择【标签】|【降低评级】命令。

◈ 要去除所有的星选择【标签】|【无评级】命令。

选择【视图】|【排序】菜单下的命令或选择【未筛选】下拉列表菜单中的星级名称，就可以方便地根据文件的评级进行查看了。

注　意

已经打开的文件无法进行标星级操作。

2.6.18 筛选文件

对文件进行标记与分级后，可以方便我们通过筛选操作，对这些文件进行选择与显示操作，例如可以只显示一星的图像，或标定为【重要】的图像。

注　意

如果无法显示星级，可以在 Bridge CS4 窗口底部拖动缩览图滑块▫━━━▫以调整缩览图的大小。

要进行筛选操作，必须选择【窗口】|【滤镜】命令，以显示【滤镜】面板，在【滤镜】面

<40>

板中通过单击【标签】或【评级】下方的选项，即可使窗口只显示符合需要的图像。

例如，图 2.72 所示的【滤镜】面板显示了标定为 2 星、3 星和 4 星的所有图像文件。

图 2.72　【滤镜】面板使用示例

2.6.19　在 Bridge 中运行自动化任务

在【工具】|【Photoshop】菜单下包含有各个 Photoshop 自动化任务命令，在显示窗口中选择图像文件后，可以直接选择这些命令以运行指定的自动化任务。

2.6.20　批量重命名文件

批量重命名功能是 Adobe Bridge 提供的非常实用的一项功能，使用此功能我们能够一次性重命名一批文件。要重命名一批文件可以参考以下操作步骤。

①在 Adobe Bridge 中选择【工具】|【批重命名】命令，弹出如图 2.73 所示的对话框。

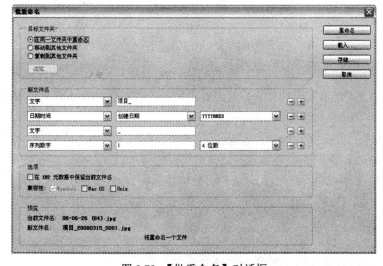

图 2.73　【批重命名】对话框

<41>

②在【目标文件夹】区域选择一个选项，以确定是在同一文件夹中进行重命名操作，还是将重命名的文件移至不同的文件夹中。

③在【新文件名】区域确定重命名后文件名命名的规则。如果规则项不够用可以单击 ⊞ 按钮以增加规则，反之，可以单击 ⊟ 按钮以减少规则。

④观察【预览】区域重命名前后文件名的区别，并对文件名的命名规则进行调整，直至得到满意的文件名。

⑤单击 重命名 按钮，即开始命名操作。

⑥如果希望保存该命令规则，可以单击 存储… 按钮将其保存成为一个【我的批重命名.设置】命令。

⑦如果希望调用已经设置好的文件名命名规则，可以单击 载入… 按钮，调用相关文件。

图 2.74 展示了一个典型的命名示例，经过此操作后，完成命名操作的图像文件如图 2.75 所示。

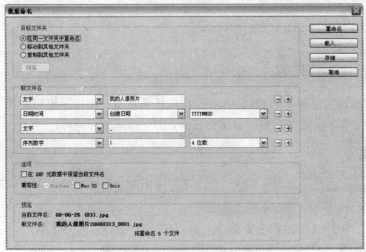

图 2.74　命名示例

图 2.75　重命名后的图像文件

2.6.21　输出照片为 PDF 或照片画廊

输出照片是 CS4 版本新增的功能，利用此功能，我们可以轻松地将所选择的照片输出成为一个 PDF 文件或 Web 照片画廊。

要使用此功能，可以按下面的步骤操作。

1．单击【输出】窗口模式菜单名称，此时 Bridge 窗口显示如图 2.76 所示。

2．选择要输出的照片，此时【预览】面板将显示所有被选中的照片，如图 2.77 所示。

3．在【输出】面板的上方选择输出类型，如果要输出成为 PDF 文件，则单击 PDF 按钮，要输出成为网页照片，则单击 Web 画廊 按钮。

4．设置 Bridge 窗口右侧的【输出】面板中的具体参数，这些参数都比较简单，故不再冗述，各位读者稍加尝试就能够了解各个参数的意义。

<42>

图 2.76 以【输出】窗口模式显示 图 2.77 选择要输出的照片

也可以单击【模板】右侧的 模板: 2*2 单元格 ▼ 选择按钮，在弹出的模板菜单中选择一个模板以快速取得合适的参数设置。

5. 单击 刷新预览 按钮在【输出预览】面板中预览输出生成的效果，如图 2.78 所示。

图 2.78 不同输出类型的输出预览效果

6. 完成所有设置后，在【输出】面板的最下方单击 存储... 按钮，设置保存输出内容的位置，则可完成输出操作。

2.7 练习题

1. 在 PhotoShop 中可以将图像分为位图图像和_____图形。
2. 按_____快捷键可以快速新建一个文件。
3. 按_____快捷键可以快速关闭当前操作的文件。

<43>

4．图像的尺寸及其＿＿＿＿＿＿＿对于一幅图像而言非常重要，无论哪项不符合要求，都可能会导致图像无法使用。

5．如果一幅图像的主体对象周围有许多其他对象，从而喧宾夺主而造成主体对象不突出、不鲜明，则需要对图像进＿＿＿＿＿＿操作。

6．打开随书所附光盘中的文件【d2z\2.7-6-素材.tif】，如图 2.79 所示，按照第 2.4 节所讲述的方法，将其裁切为如图 2.80 所示的效果。

图 2.79　素材图像　　　　　　　　　　　　　图 2.80　裁切后的效果

7．打开随书所附光盘中的文件【d2z\2.7-7-素材.tif】，如图 2.81 所示，改变画布方向至如图 2.82 所示的效果。

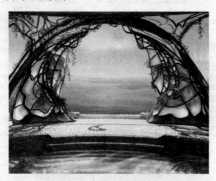

图 2.81　素材图像　　　　　　　　　　　　图 2.82　改变方向后的效果

<44>

第 3 章 颜 色

导读

正如我们所看到的世界是五彩斑斓的一样，Photoshop 中的图像也是色彩缤纷的，但如果在这两者之间缺少颜色的协调，Photoshop 则不再有存在的意义，因为它无法真实反映、传达视觉效果。因此在 Photoshop 中颜色是非常重要的，一幅图像可以没有好的创意与构成，但一定应该具有真实、自然的颜色。

Photoshop 具有强大的颜色管理与处理功能，通过合理使用相关功能，不仅能够保证颜色在各种操作平台及设备上表现一致，而且能够很好地改变和更换图像颜色。

本章重点讲解有关于颜色方面的知识，其中包括颜色的基本概念、颜色模式、调整颜色的各种命令的使用方法，等等。其中有许多概念与知识对于学习 Photoshop 并希望从事平面设计领域工作的读者而言非常重要。

3.1 关于颜色

颜色是由三个实体，光线、观察者及被观察对象所组成的，简而言之颜色是物体的反射光线进入人眼后在人脑中产生的映像。

例如，一个红色的苹果之所以被人们认为是红色，是因为苹果本身吸收了很多绿色和蓝色而反射了红色，因此当红色光线进入人眼后，则形成红色的映象。

由于不同对象反射不同光线，因此我们看到的世界是五彩斑斓的。

3.1.1 眼睛的影响

影响人对颜色的感觉的最后一个物理变量是不能通过任何校正来克服的，这就是视网膜上的锥状体——人眼的光接受器，其对红、绿、蓝的识别比对其他颜色的识别更为敏感。就大脑而言，颜色是一种神经反应，锥状体受到光的刺激而被激发。这些显微细胞上的微小基因变异解释了两个人在相同的条件下看待同一物体会有所差别的事实。

3.1.2 用计算机表现颜色

用计算机表现颜色，就是将现实生活中的颜色和数字一一对应起来，在需要的时候，再将这些数字还原为颜色，这样就实现了颜色的表现。例如，如果只有两种颜色，黑色和白色，可以分别用【0】和【1】来代表它们。

如果一个图像的某一点是白色，将它记录为【1】并存储起来，反之如果是黑色则记录为【0】，当需要重显这幅图像时，计算机根据此点的代号【1】或【0】，将其显示为白色或黑色。

虽然我们在这里所举的例子较为简单，但用计算机表现颜色的基本原理是一样的。

<45>

3.1.3　颜色位数

在使用计算机的过程中，我们还需要了解什么是颜色位数，这有助于判断颜色的显示数量。

正如我们所知，计算机对数据的处理是二进制的，0 和 1 是二进制中所使用的数字。要表示 2 种颜色，最少可以用 1 位来实现，一种对应 0，另一种对应 1；同样，如果希望表示 4 种颜色，至少需要 2 位来表示，这是因为 2^2 等于 4，依此类推要显示 256 种颜色则需要 8 位，而以 24 位来显示颜色则可以得到通常意义上的真彩色，表示 24 位色已经能够如实反映颜色世界的真实状况。

当然自然界中的颜色远远不止这些，但是人眼所能分辨出的颜色仅限于此范围之内，所以更多的颜色没有实际意义。

3.1.4　屏幕分辨率和显卡显存

了解了颜色位数的概念，我们就很容易了解屏幕分辨率、颜色数目和显卡显存之间的关系。屏幕分辨率实际上由屏幕上像素点的数目来确定，要使像素正确显示颜色，则必须占用一定的显存空间。因此，显卡显存的数目由屏幕上的像素数和每个像素所占用的字节数的乘积所决定。

对于 24 位色，每个基色用 8 位（即 1 个字节）来表示，换句话说，一种颜色是由 3 个字节确定的。因此，所需显存的数目可以通过屏幕像素数目和 3 的乘积来确定。

例如，对于 800×600 屏幕分辨率，要显示 24 位色，可以由如下公式获得显存数目：

800×600×3＝1440000（字节）

对于 1024×768 的屏幕分辨率，要显示 24 位色，可以由如下公式获得显存数目：

1024×768×3＝2359296（字节）

一般来说，显卡的显存以兆（M）为单位，因此，要在 800×600 的屏幕上显示真彩色，需要 2M 显存，要在 1024×768 的屏幕上显示真彩色，则需要 3M 显存。

因此，当我们购买显卡时，可以根据此原理估算显卡的显存是否能够满足需要。

3.2　颜色模式

要在 Photoshop 中正确地选择颜色，必须了解颜色模式。正确的颜色模式可以提供一种将颜色转换成为数字数据的方法，从而使颜色在多种操作平台或媒介中得到一致的描述。

这是因为人与人之间对颜色的感觉不太一致，这依赖于每个人的视觉系统及心理因素，比如对于一个红绿色盲的人来说，他无法区分红色和绿色，而当我们提到墨绿色时，由于不同的人对此颜色的感觉不同，因此对此颜色的表达也不尽相同，所以如果要在不同人中协同工作，必须将每一种颜色量化，从而使这种颜色在任何时间、任何情况下都显示相同的颜色。

仍以墨绿色为例，如果以 R34、G112、B11 来定义此颜色，则即使使用不同的平台且由不同的人操作，也可以得到一致的颜色，只有由于不同的人所使用的软件或显示器不同，这种颜色看上去可能会不太相同，但如果排除这些客观因素，这种由数据定义颜色的方法保证了不同的人有可能得到相同的颜色。

在 Photoshop 中通过定义颜色模式来实现这一点，Photoshop 支持各种颜色模式，例如常见的模式包括 HSB（色相、饱和度、亮度）、RGB（红、绿、蓝）、CMYK（青、洋红、黄、黑），等等，下面分别讲解各种颜色的基本概念。

3.2.1　HSB 模式

HSB 模式是基于人类对颜色的感觉来确立的，它描述了颜色的三个基本特征，这三个基本特征分别是色相、饱和度和亮度。

◆ 色相：是从物体反射或透过物体传播的颜色。在 0°到 360°的标准色轮上，色相是按位置度量的。在通常的使用中，色相是由颜色名称标识的，比如红、橙或绿色，如图 3.1B 所示。

◆ 饱和度：有时也称彩度，是指颜色的强度或纯度。饱和度表示色相中灰色成分所占的比例，用从 0%（灰色）到 100%（完全饱和）的百分比来度量。在标准色轮上，从中心向边缘饱和度是递增的，如图 3.1A 所示。

◆ 亮度：是颜色的相对明暗程度，通常用从 0%（黑）到 100%（白）的百分比来度量，如图 3.1C 所示。

3.2.2　RGB 模式

自然界中的各种颜色都可以在计算机中显示，但其实现方法却非常简单，正如大多数人所知道的，颜色是由红色、绿色和蓝色三种基色构成的，计算机也正是通过调和这三种颜色，来表现其他的成千上万种颜色。计算机屏幕上的最小单位是像素点，每个像素点的颜色都由这三种基色来决定，通过改变每个像素点上每个基色的亮度，就可以实现不同的颜色。

例如，将三种基色的亮度都调为最大，就形成了白色；将三种基色的亮度都调为最小，就形成了黑色；如果某一种基色的亮度最大而其他两种基色的亮度最小，则可以得到基色本身；而如果这些基色的亮度不是最大也不是最小，就可以调和出其他的成千上万种颜色。从某种角度上说，计算机可以处理再现任何颜色。

我们将这种基于三原色的颜色模型称做 RGB 模型，RGB 分别是红色、绿色和蓝色三种颜色英文的首字母缩写。

由于 RGB 三种颜色合成起来可以产生白色，因此也被称为加色。绝大部分的可见光谱可以用红、绿和蓝三色光按不同的比例和强度混合来表示，其原理如图 3.2 所示。

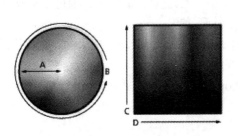

A.饱和度　　B.色相　　C.亮度　　D.所有色相

图 3.1　HSB 模式原理图

图 3.2　RGB 模式原理图

<47>

3.2.3 CMYK 模式

CMYK 模式以打印在纸张上油墨的光线吸收特性为基础,当白光照射到半透明油墨上时,部分光谱被吸收,部分被反射回眼睛。

理论上,纯青色、洋红和黄色色素能够合成吸收所有颜色并产生黑色,因此 CMYK 模式也被称为减色模式。

因为所有打印油墨都会包含一些杂质,这三种油墨实际上产生一种土灰色,必须与黑色油墨混合才能产生真正的黑色,因此将这些油墨混合起来进行印刷称为四色印刷。

减色(CMY)和加色(RGB)是互补色,每对减色产生一种加色,反之亦然。原理如图 3.3 所示。

在 Photoshop 的 CMYK 模式中,每个像素的每种印刷油墨会被分配一个百分比值。最亮(高光)的颜色分配较低的印刷油墨颜色百分比值,较暗(阴影)的颜色分配较高的百分比值。例如,在 CMYK 图像中要表现白色,四种颜色的颜色值都会是 0%。

3.2.4 Lab 模式

Lab 颜色模型是在 1931 年国际照明委员会(CIE)制定的颜色度量国际标准的基础上建立的,1976 年这种模型被重新修订并命名为 CIE Lab,图 3.4 是 Lab 颜色原理图。

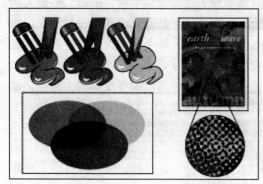

图 3.3　CMYK 模式原理图

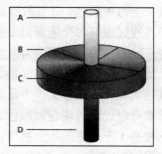

图 3.4　Lab 颜色原理图

Lab 颜色由亮度或光亮度分量(L)和两个色度分量组成;这两个分量即 a 分量(从绿到红)和 b 分量(从蓝到黄)。A 光度=100(白),B 绿到红分量,C 蓝到黄分量,D 光度=0(黑)到红分量。

在 Photoshop 的 Lab 模式(名称中删除了星号)中,光亮度分量(L)范围可以从 0 到 100,a 分量(绿到红)和 b 分量(蓝到黄)范围都为+120 到-120。

Lab 颜色设计为与设备无关,因此不管使用什么设备(如显示器、打印机、计算机或扫描仪)创建或输出图像,这种颜色模型产生的颜色都能够保持一致。

因为 Lab 颜色与设备无关,所以它是 Photoshop 在不同颜色模式之间转换时使用的内部颜色模式。

3.2.5 位图模式

位图模式的图像也叫做黑白图像或一位图像,因为其位深度为 1。

<48>

由于位图图像由 1 位像素的颜色（黑或白）组成，所以所要求的磁盘空间最少。

3.2.6　双色调模式

使用 2 到 4 种彩色油墨创建双色调（两种颜色）、三色调（三种颜色）和四色调（四种颜色）灰度图像。

双色调模式用于单色调、双色调、三色调和四色调。这些图像是 8 位／像素的灰度、单通道图像。

3.2.7　索引颜色模式

索引颜色模式是单通道图像（8 位／像素），使用 256 种颜色来表现图像，在这种模式中只能应用有限的编辑。当将一幅其他模式的图像转换为索引颜色时，Photoshop 会构建一个颜色查照表（CLUT），它存放并索引图像中的颜色。如果原图像中的一种颜色没有出现在查照表中，Photoshop 会选取已有颜色中最相近的颜色或使用已有颜色模拟该种颜色。

要得到索引颜色模式的图像，可以按下面的步骤操作。

①选择【图像】|【模式】|【灰度】命令，在弹出的对话框中单击【确定】按钮。

②选择【图像】|【模式】|【索引颜色】命令，将图像转换成为索引颜色模式。

③选择【图像】|【模式】|【颜色表】命令，弹出如图 3.5 所示的对话框，在弹出的对话框中选择不同的索引颜色表，来定义生成的索引颜色模式的图像的效果。

图 3.5　【颜色表】对话框

通过限制调色板中颜色的数量，可以使索引模式的图像文件的大小减小，同时保持视觉上图像的品质基本不变，因此索引颜色模式的图像常用于网页图像。

图 3.6 中所示的效果能够帮助读者理解索引颜色模式。

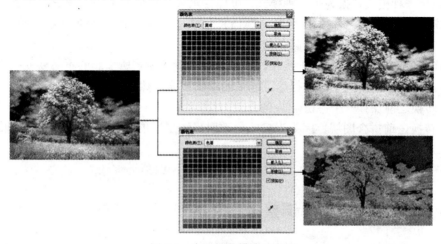

图 3.6　索引颜色模式示意图

<49>

3.2.8 灰度模式

灰度模式的图像由 8 位 / 像素的信息组成，并使用 256 级的灰色来模拟颜色的层次。图像的每个像素都有一个从 0 到 255 之间的亮度值。

将彩色图像转换成灰度图像，Photoshop 会删除原图像中所有的颜色信息，被转换的像素用灰度级表示原像素的亮度。

3.2.9 色域

每一种颜色模式所能表现的颜色范围是不同的，任何一种颜色模型都不能将全部颜色都表现出来。我们能做到的只是使计算机或印刷品里的颜色，尽可能的与自然的颜色相像而已。因此我们在选择颜色模式时需要考虑该颜色所能够表现的颜色数量，即色域。

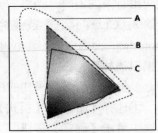

在 Photoshop 使用的所有颜色模型中，Lab 具有最宽的色域，它包括了 RGB 和 CMYK 色域中的所有颜色，因此许多在 RGB 和 CMYK 模式定义的显示色域中无法显示的颜色都可以在 Lab 色域中表现，三者间的色域关系如图 3.7 所示。

图 3.7 所示中，A 范围是 Lab 色域，B 范围是 RGB 色域，C 范围是 CMYK 色域。

图 3.7　不同的色域

理解色域这一概念，有助于我们理解为什么在转换颜色模式时应该以 Lab 颜色模式作为转换时的中间颜色模式。

3.2.10 转换颜色模式

因为不同颜色模式具不同色域及表现特点，因此在实际工作中，将图像从一种颜色模式转换为另一种颜色模式非常常见。

注　意

将图像从一种模式转换为另一种模式，可能会永久性地损失某些图像中的颜色值。例如将 RGB 图像转换为 CMYK 模式的图像时，CMYK 色域之外的 RGB 颜色值会经调整落入 CMYK 色域之内，换言之其对应的 RGB 颜色信息可能丢失。

在转换图像前，应该执行以下操作，以阻止转换颜色模式所引起的不必要的损失。

◆ 在图像原来的模式下，进行尽可能多的编辑工作，然后再转换。

◆ 在转换之前保存一个备份。

◆ 在转换之前拼合图层，因为当模式更改时，图层间的混合模式相互影响效果可能会发生改变。

当前图像不可使用的模式，在菜单中以灰色显示不可激活。

3.3　评估图像及简单调整

使用 Photoshop 对图像进行调色，几乎没有什么颜色不能完成转换、替换和修正操作。春

<50>

天绿色的草地可以根据需要转换成为秋天的枯黄色；红色的苹果也可以变成一只青苹果；黑白的老照片可以经过调色，转换成为一张彩色的照片；五彩斑斓的彩色照片，也可以变成陈旧的老照片。

这一切都需要使用 Photoshop 强大而又丰富的颜色调整工具及命令，本节重点讲述 3 个调整工具、8 个调整命令、3 个自动调整命令和 5 个特殊效果命令。

3.3.1 用直方图评估图像色调

【对症下药】这个词不仅适用于现实生活中，对于使用 Photoshop 调整颜色也同样适用，不过其含义已经改变为针对不同图像的色调使用不同的调整命令与方法。

要了解图像的色调类型，可在图像处于打开的状态下，选择【窗口】|【直方图】命令，此命令的对话框如图 3.8 所示，可以看出对话框中包含一个直方图。

直方图以 256 条垂直线来显示图像的色调范围，这些线从左到右延伸分别代表最暗到最亮的每一个色调，每条线的高度指示图像中该色调有多少像素。

通过观察图像的直方图，可以了解图像每个亮度色阶处像素的数量，及各种像素在图像中的分布情况，从而识别图像的色调类型并确定调整图像时的方式和方法。

有关当前图像的像素亮度值的统计信息出现在【直方图】对话框的下方，其中：

◇ 平均值：表示平均亮度值。

◇ 标准偏差：表示亮度值的变化范围。

◇ 中间值：显示亮度值范围内的中间值。

◇ 像素：表示用于计算直方图的像素总数。

◇ 色阶：显示光标下面的区域的亮度级别。

◇ 数量：表示相当于光标下面亮度级别的像素总数。

◇ 百分位：显示光标所指的级别或该级别以下的像素累计数。该值表示为图像中所有像素的百分数，从最左侧的 0% 到最右侧的 100%。

◇ 高速缓存级别：显示图像高速缓存的设置。

除了按默认情况下的设置查看全部图像的亮度，也可以在对话框的下拉列表菜单中选择某一个通道，例如【红】、【绿】等，查看单通道图像直方图。

要查看直方图中特定的色调信息，可将光标置于该点上；若要查看某一特定范围内的信息，可在直方图中拖移光标突出显示该范围，图 3.9 所示为查看红色通道中色调级数为 127～173 的像素信息。

图 3.8 【直方图】对话框

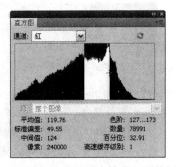

图 3.9 查看某特定通道中特定范围的颜色信息

<51>

注 意

要显示图像某部分的直方图数据，先使用任意一种选择方法选择该部分，默认情况下直方图显示整个图像的色调范围。

对于暗色调图像，直方图将显示有过多像素集中在阴影处（即水平轴的左侧），如图 3.10 所示，而且其中间值偏低，对于此类图像应该视像素的总量调亮暗部。

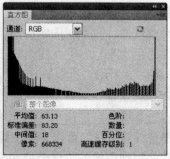

图 3.10　暗色调图像及其直方图

对于亮色调图像，直方图将显示有过多像素集中在高光处（即水平轴的右侧），如图 3.11 所示，对于此类图像应该视像素的总量适当调亮暗部或加暗亮部。

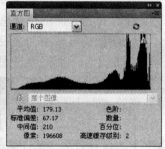

图 3.11　亮色调图像及其直方图

对于色调均匀且连续的图像，直方图将像素均匀地显示在图像的中间调处（即水平轴的中央位置），如图 3.12 所示，此类图像基本无需调整。

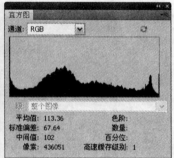

图 3.12　色调均匀且连续的图像及其直方图

<52>

对于色调不连续的图像，在直方图中将显示像素在分布时有跳跃现象（即出现断点），如图 3.13 所示，此类图像有细节丢失。

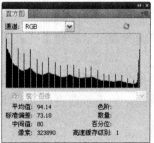

图 3.13　色调不连续的图像及其直方图

以上所述的各种图像类型及调整方法并非绝对，因为在某些情况下由于构图（夜景或雪地）原因，图像中存在大面积阴影及亮调，同样会导致直方图的像素在水平轴的一侧大量聚集，但这样的图像可能无需调整。

例如，图 3.14 所示为阴影图像，但其原因是图像本身表现的是夜景，因此出现大面积阴影。图 3.15 所示为亮调图像，但其原因是由于图像背景有大面积白色区域。

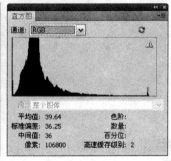

图 3.14　由于夜景出现大面积阴影的图像

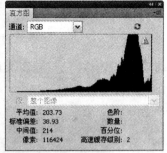

图 3.15　由于背景出现大面积亮调的图像

3.3.2　局部加亮图像

使用减淡工具可以加亮图像中较暗的部分，其工具选项条如图 3.16 所示。

使用此工具调整图像的操作步骤如下所述。

①在工具箱中选择减淡工具，并在其工具选项条中选择合适的画笔大小。

<53>

画笔 65 范围：中间调 曝光度：50% 保护色调

图 3.16 减淡工具选项条

②同时可以在工具选项条中选择调整图像的色调范围，要调整图像的阴影可以选择【阴影】选项，要调整图像的亮调可以选择【高光】选项，要调整图像的中色调可以选择【中间调】选项。

③在工具选项条中确定【曝光度】数值，以定义使用此工具操作时亮化的程度，此数值越大亮化的效果越明显。如果希望在操作后图像的色调不发生变化，则选择【保护色调】选项。

注 意

【保护色调】选项是 CS4 版新增的选项，笔者强烈建议在使用此工具时，始终将此选项选中。

④设置所有参数后，点按左键使用此工具在图像中需要调亮的区域拖动即可。

图 3.17 所示为对原图像使用此工具操作前后的对比效果，可以看出处理后的图像中霓虹灯的效果更加夺目耀眼。

图 3.17 使用减淡工具前后的对比效果

3.3.3 局部加暗图像

使用加深工具可以使图像中被操作的区域变暗，其工具选项条如图 3.18 所示。

画笔 65 范围：中间调 曝光度：50% 保护色调

图 3.18 加深工具选项条

此工具的选项条和操作方法与减淡工具 类似，因此不再重述。图 3.19 所示为对原图像使用此工具操作前后的对比效果。

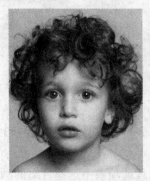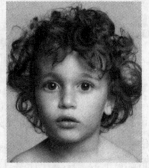

图 3.19 加暗图像的前后的对比效果

<54>

3.3.4　降低图像局部饱和度

使用海绵工具  可以更改图像的色彩饱和度，其工具选项条如图 3.20 所示。

图 3.20　海绵工具选项条

此工具的使用方法与减淡工具 🔍 基本相同，不同之处在于前者需要在【模式】下拉列表菜单中进行选择，其中，选择【饱和】选项可以增加操作区域的颜色饱和度，选择【降低饱和度】选项，则可以去除操作区域的颜色饱和度。

【自然饱和度】选项是 CS4 版新增的选项，选择此选项后使用此命令对图像进行操作，可以得到更理想的图像饱和度。

注　意

笔者强烈建议在使用此工具时，始终将此选项选中。

3.3.5　去除图像颜色

应用【图像】|【调整】|【去色】命令，可以删除彩色图像中的所有颜色，将其转换为相同颜色模式的灰度图像。其操作非常简单，如下所述。

①打开需要去色的图像。

②选择【图像】|【调整】|【去色】命令，即可完成操作。

注　意

根据需要可以对图像的局部进行去色操作，此时要确定使用具有羽化值的选择工具选择要去除颜色的图像区域，再使用此命令进行操作，以避免出现过于直接的颜色过渡。有关选择工具的详细讲解请参阅本书第 4 章。

3.3.6　反相图像

应用【图像】|【调整】|【反相】命令，可以反相图像。对于黑白图像而言，使用此命令可以将其转换为底片效果。而对于彩色图像，使用此命令可以将图像中的各部分颜色转换为补色取得彩色负片效果，图 3.21 所示为使用此命令前后的对比效果。

图 3.21　反相前后的对比效果

<55>

同样如果使用此命令，对图像的局部进行操作，亦可以取得较满意的效果。

3.3.7 色调均化

应用【图像】|【调整】|【色调均化】命令，可以按亮度重新分布图像的像素，使其更均匀地分布在整个图像上。

使用此命令时，Photoshop 先查找图像最亮及最暗处像素的色值，然后将最暗的像素重新映射为黑色，最亮的像素映射为白色。然后，Photoshop 对整幅图像进行色调均化，即重新分布处于最暗与最亮的色值中间的像素。

图 3.22 所示为原图，图 3.23 所示为使用此命令后的效果。

图 3.22　原素材图像　　　　　　　　　　　　图 3.23　应用此命令后的效果

如果在执行此命令前存在一个选择区域，选择此命令后弹出图 3.24 所示的对话框。

◇　选择【仅色调均化所选区域】选项，则仅均匀分布所选区域的像素。

◇　选择【基于所选区域色调均化整个图像】选项，则 Photoshop 基于选区中的像素均匀分布图像的所有像素。

对于较暗的图像使用此命令进行操作后，往往会使图像的亮部过亮，在此情况下，可以选择【编辑】|【渐隐】命令，如图 3.25 所示。

图 3.26 所示为图像经过色调均化处理后，选择【编辑】|【渐隐】命令，并设置【不透明度】数值为 50% 后的效果。

图 3.24　【色调均化】对话框　　　图 3.25　【渐隐】对话框　　　图 3.26　渐隐 50% 后的效果

3.3.8 使用【阈值】命令

使用【图像】|【调整】|【阈值】命令，可以将彩色图像转换为一幅黑白图像。此命令允

<56>

许使用者指定阈值，在转换过程中被操作的图像中比此阈值高的像素将会被转换为白色，所有阈值低的像素将会被转换为黑色。

此命令操作步骤如下所述。

①打开随书所附光盘中的文件【d3z\3.3.8-素材.jpg】，选择【图像】|【调整】|【阈值】命令，弹出图 3.27 所示的【阈值】对话框。

②拖动对话框中的三角形滑块，直至得到所需要的效果。

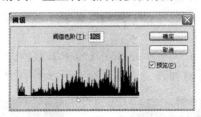

图 3.27 【阈值】对话框

图 3.28 所示为原图像，图 3.29 所示为操作后的效果。此命令有点类似于将灰度模式的图像转换为位图模式的图像，不同的是前者更加灵活，更加实用。

图 3.28 原图像

图 3.29 操作后的效果

3.3.9 使用【色调分离】命令

使用【色调分离】命令可以减少彩色或灰阶图像中色调等级的数目，其原理为按操作者在【色调分离】对话框中设定的色调数目来定义图像的显示颜色。

例如，如果将彩色图像的色调等级制定为 6 级，Photoshop 可以在图像中找出 6 种基本色，并将图像中的所有颜色强制与这 6 种颜色匹配。

注 意 >>>>

在【色调分离】对话框中，可以使用上下方向键来快速试用不同的色调等级。

此命令适用于在照片中制作特殊效果，例如制作较大的单色调区域，其操作步骤如下所述。

①打开随书所附光盘中的文件【d3z\3.3.9-素材.tif】。

②选择【图像】|【调整】|【色调分离】命令，弹出图 3.30 所示的【色调分离】对话框。

<57>

③通过在对话框中的【色阶】文本框中输入数值或拖动其下方的滑块，同时预览被操作图像的变化，直至得到所需的效果即可。

图 3.30　【色调分离】对话框

图 3.31 所示为原图像，图 3.32 所示为使用【色阶】数值为 4 时所得到效果，图 3.33 所示为使用【色阶】数值为 10 时所得到效果，图 3.34 所示为使用【色阶】数值为 50 时所得效果。

图 3.31　原图像

图 3.32　【色阶】数值为 4

图 3.33　【色阶】数值为 10

图 3.34　【色阶】数值为 50

如果上述四个图像都以 PSD 格式保存，原图像的大小为 235K，而使用【色阶】数值为 150 处理后的图像大小则为 233K，而使用【色阶】数值为 70 处理后的图像大小则为 223K，使用【色阶】数值为 4 处理后的图像大小则为 68K。

因此，根据不同的需要使用不同【色阶】值处理图像后，可以有效降低图像大小。

3.3.10　使用【亮度／对比度】命令

【亮度/对比度】命令是一个非常简单易用的命令，使用它，可以方便快捷地调整图像明暗度，其对话框如图 3.35 所示。

◆ 色调：选择该选项后，对话框底部的 2 个色条及其右侧的色块将被激活，如图 3.36 所

<58>

示。其中 2 个色条分别代表了【色相】与【饱和度】，在其中调整出一个要叠加到图像上的颜色，即可轻松地完成对图像的着色操作；另外，我们也可以直接单击右侧的颜色块，在弹出的【拾色器】对话框中选择一个需要的颜色即可。

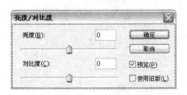

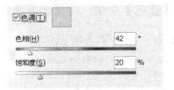

图 3.35　【亮度/对比度】对话框　　　　　图 3.36　激活后的色彩调整区

下面将通过一个实例，来讲解如何使用【黑白】命令先制作灰度图像，再为图像叠加颜色，从而处理得到艺术化的摄影图像效果。

1．打开随书所附光盘中的素材文件【d3z\3.3.11-素材.tif】，如图 3.37 所示。

图 3.37　素材图像

2．选择【图像】|【调整】|【黑白】命令，在弹出的对话框中，可以在【预设】下拉菜单中选择一种处理方案，或直接在中间的颜色设置区域中拖动各个滑块，以调整图像的效果。

3．在【预设】下拉菜单中选择【绿色滤镜】预设方案，如图 3.38 所示，此时图像的状态如图 3.39 所示。

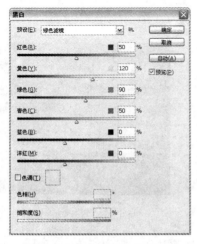

图 3.38　【黑白】对话框　　　　　图 3.39　使用【预设】方案调整后的效果

<59>

由于图像的背景为蓝色，而我们希望灰度图像的背景稍暗一些，以突出其前景的人像，因此下面调整【蓝色】滑块，将图像背景处理得稍黑些。

4．图 3.40 所示是笔者所设置的参数，此时图像的效果如图 3.41 所示。

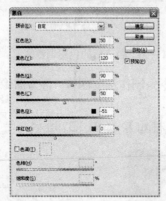

图 3.40　自定义调整图像　　　　　　　　　　图 3.41　调色后的效果

注　意 ▶▶▶

至此，我们已经将图像完全地处理成为满意的灰度效果了，下面我们再继续在此基础上，为图像叠加一种艺术化的色彩。

5．选中对话框底部的【色调】选项，此时下面的颜色设置区域将被激活，分别拖动【色相】及【饱和度】滑块，同时预览图像的效果，直至满意为止。例如图 3.42 所示是笔者所调整的颜色参数，图 3.43 是得到的图像效果。

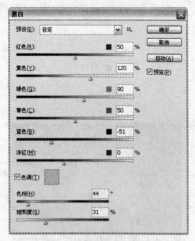

图 3.42　颜色参数设置　　　　　　　　　　　图 3.43　调色后的效果

除了上面讲解的为图像叠加橙红色以外，还可以调整其他不同的颜色，例如图 3.44 就是笔者分别为图像叠加了青色和绿色后得到的不同效果。

<60>

图 3.44 调整其他颜色后的效果

3.3.11 使用【变化】命令

【变化】命令允许使用者可视地调整图像或选区的色彩平衡、对比度和饱和度，此命令对于调整不需要精确色彩的图像最有用。

使用此命令对图像进行调整虽然十分直观有效，但缺点是具有很大的不确定性，因为命令操作者的视觉感觉将对调整效果起到决定性的作用。

选择【图像】|【调整】|【变化】命令，弹出如图 3.45 所示的【变化】对话框。

图 3.45 【变化】对话框

对话框各区域及参数的解释如下。

◆ 原稿、当前挑选：对话框顶部的两个缩微图显示原图和当前挑选状态，在第一次打开该对话框的时候，这两个图像显示完全相同，使用【变化】命令调整后，当前挑选中的图像显示为调整后的状态。

◆ 较亮、当前挑选、较暗：分别单击较亮、较暗两个缩微图，可以增亮或加暗图像，当前挑选缩微图显示当前调整的效果。

<61>

◇ 阴影、中间色调、高光与饱和度：选择对应的选项，可分别调整图像中该区域的色相、亮度与饱和度。

◇ 精细/粗糙：拖动该滑块可确定每次调整的数量，将滑块向右侧移动一格，可使调整度双倍增加。

◇ 调整色相：对话框左下方有 7 个缩略图，中间的当前挑选缩略图与左上角的当前挑选缩略图的作用相同，用于显示调整后的图像效果。

另外 6 个缩略图分别可以用来改变图像的 RGB 和 CMYK 6 种颜色，单击其中的任意缩略图，均可增加与该缩略图对应的颜色。

此命令的使用步骤较为简单，只需要单击上面所提到的若干个缩略图即可，例如，单击【加深红色】缩略图，可在一定程度上增加红色；要将图像恢复到最初始的状态，可以单击【原图】缩略图；如果希望降低图像的亮度，可以单击【较暗】缩略图。

3.3.12 使用【阴影/高光】命令

【阴影/高光】命令专门用于处理在摄影中由于用光不当使拍摄出的照片局部过亮或过暗的情况。选择【图像】|【调整】|【阴影/高光】命令，弹出如图 3.46 所示的对话框。

◇ 阴影：在此拖动【数量】滑块或在此数值输入框中输入相应的数值，可改变暗部区域的明亮程度，其中数值越大即滑块的位置越偏向右侧，则调整后的图像的暗部区域也相应越亮。

◇ 高光：在此拖动【数量】下方的滑块或在此数值输入框中输入相应的数值，即可改变高亮区域的明亮程度，其中数值越大即滑块的位置越偏向右侧，则调整后的图像的高亮区域也会相应变暗。

图 3.47 中所示为原图像和应用该命令后的效果。

图 3.46 【阴影/高光】对话框　　　　图 3.47　原素材图像和应用此命令后的效果

<62>

3.3.13　使用【渐变映射】命令

【渐变映射】其主要功能是将渐变作用于图像，此命令将图像的灰度范围映射到指定的渐变填充色，例如如果指定了一个双色渐变，则图像中的阴影映射到渐变填充的一个端点颜色，高光映射到另一个端点颜色，中间调映射到两个端点间的层次。

选择【图像】|【调整】|【渐变映射】命令，则弹出如图 3.48 所示的【渐变映射】对话框。

【渐变映射】对话框中的各参数解释如下：

◆　灰度映射所用的渐变：在该区域中单击渐变类型选择框即可弹出【渐变编辑器】对话框，然后自定义要应用的渐变类型。也可以单击右侧的三角按钮，在弹出的渐变预设框中选择一个预设的渐变。

◆　仿色：选择该选项后添加随机杂色以平滑渐变填充的外观并减少宽带效果。

◆　反向：选择该选项后，会按反方向映射渐变。

下面就以一个示例来讲解【渐变映射】命令的操作方法，其操作步骤如下：

①打开随书所附光盘中的文件【d3z\3.3.14-素材.jpg】，如图 3.49 所示。

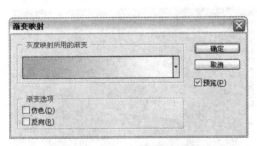
图 3.48　【渐变映射】对话框

图 3.49　素材图像

②选择【图像】|【调整】|【渐变映射】命令。

③在弹出的【渐变映射】对话框中执行下面的操作之一：

◆　单击对话框中的渐变类型选择框，在弹出的【渐变编辑器】对话框中自定义渐变的类型。

◆　单击渐变类型选择框右侧的三角按钮，在弹出的【渐变预设框】中选择一个预设的渐变。

④根据需要选择【仿色】、【反向】选项后，单击【确定】按钮退出对话框即可。

图 3.50 所示为应用不同的渐变映射后的效果。

图 3.50　应用不同渐变映射后的效果

3.4 图像调整高级方法

3.4.1 使用【色阶】命令

【色阶】命令通过在图像中调整高光和阴影，从而使整个图像的色调重新分布。选择【图像】|【调整】|【色阶】命令，可弹出图 3.51 所示的【色阶】对话框。

使用此命令调整图像的准则如下所述。

◆ 如果要调节图像的全部色调，在【通道】下拉列表框中选择【RGB】选项，否则仅选择其中之一，以调节该色调范围内的图像。

◆ 如果要增加图像的对比度，拖动【输入色阶】下方的滑块，如果要减少图像的对比度，拖动【输出色阶】下方的滑块。

◆ 拖动【输入色阶】下方的白色滑块可将图像加亮。图 3.52 所示为原图像，图 3.53 所示为拖动对话框中的白色滑块时的【色阶】对话框，图 3.54 所示为加亮后的效果。

◆ 拖动【输入色阶】下方的黑色滑块可将图像变暗。图 3.55 所示为拖动对话框中的黑色滑块时的【色阶】对话框，图 3.56 所示为变暗后的效果。

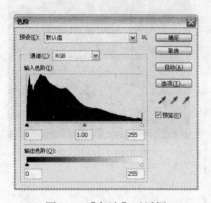

图 3.51 【色阶】对话框

图 3.52 原图像

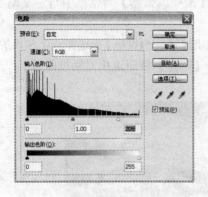

图 3.53 拖动白色滑块

图 3.54 调节后的效果 1

◆ 拖动【输入色阶】下方的灰色滑块，可以使图像像素重新分布，其中向左拖动使图像的亮部增加，整体图像变亮，向右拖动使图像暗部增加，整体图像变暗。图 3.57 所示为向左拖

<64>

动灰色滑块后的效果，图 3.58 所示为向右拖动灰色滑块后的效果。

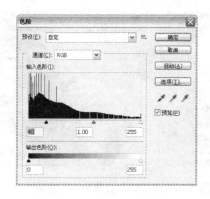

图 3.55　拖动黑色滑块　　　　　　　　　图 3.56　调节后的效果 2

图 3.57　向左侧拖动灰色滑块后变亮的效果　　　图 3.58　向右侧拖动灰色滑块后变暗的效果

◆ 单击【自动】按钮，可使 Photoshop 自动调节图像的对比度及明暗度。

除上述的方法外，利用对话框中的滴管工具，也可以对图像的明暗度进行调节，其中，使用黑色滴管工具 可以使图像变暗，而使用白色滴管工具 可以加亮图像，使用灰色滴管工具 可以去除图像的偏色，3 个滴管工具的功用如下所述。

◆ 黑色滴管工具 ：可以将图像中的单击位置定义为图像中最暗的区域，从而使图像的色调重新分布，大多数情况下，可以使图像更暗一些。

◆ 白色滴管工具 ：可以将图像中的单击位置定义为图像中最亮的区域，从而使图像的色调重新分布，大多数情况下，可以使图像更亮一些。

◆ 灰色滴管工具 ：可以将图像中的单击位置定义为图像的偏色，从而使图像的色调重新分布，用于去除图像的偏色情况。

图 3.59 所示为原图像及【色阶】对话框处于打开状态下黑色滴管工具 所在的位置，图 3.60 所示为使用黑色滴管工具 单击图像后图像整体变暗的效果。

图 3.61 所示为原图像及【色阶】对话框处于打开状态下白色滴管工具 所在的位置，图 3.62 所示为使用白色滴管工具 单击图像后图像整体变亮的效果。

图 3.63 所示为原图像，图 3.64 所示为【色阶】对话框处于打开状态下，使用灰色滴管 在图像中辅助线相交位置进行单击后的效果，可以看出由于去除了部分绿色像素，图像中的人像

<65>

面部呈现出红润的颜色。

图 3.59　原图像及黑色滴管工具 所在的位置

图 3.60　使用黑色滴管单击图像后的效果

图 3.61　原图像及白色滴管工具 所在的位置

图 3.62　用白色滴管单击图像后的效果

图 3.63　原图像

图 3.64　使用灰色滴管后的效果

3.4.2　使用【曲线】命令

　　与【色阶】调整方法一样，使用【曲线】可以调整图像的色调与明暗度，与【色阶】命令不同的是，【曲线】命令可以精确调整高光、阴影和中间调区域中任意一点的色调与明暗。

　　选择【图像】|【调整】|【曲线】命令，将显示图 3.65 所示的【曲线】对话框。

　　在此对话框中最重要的工作是调节曲线，曲线的水平轴表示像素原来的色值，即输入色阶，垂直轴表示调整后的色值，即输出色阶。

<66>

注 意

对于 RGB 模式的图像对话框显示的是从 0 到 255 间的亮度值，其中阴影（数值为 0）位于左边，而对于 CMYK 模式的图像对话框显示的是 0 到 100 间的百分数，高光（数值为 0）位于左边。

使用此命令调整图像，可以按下述步骤操作。

①打开随书所附光盘中的文件【d3z\3.4.2-素材.jpg】，如图 3.66 所示。确定需要调整的区域，在此图像中需要将暗部区域适当加亮。

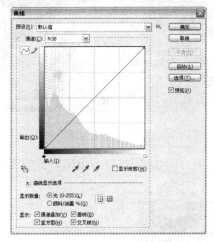

图 3.65 【曲线】对话框

图 3.66 原图像

②选择【图像】|【调整】|【曲线】命令，显示【曲线】对话框。

③由于本例需要调整整幅图像，而非图像的某一种颜色，因此在【通道】下拉列表菜单中选择【RGB】选项。

④在曲线上定义图像阴影区域的位置单击一下，以增加一个节点，并向下移动该节点，使图像的暗部再暗一些，如图 3.67 所示，此时由于整条曲线向下弯曲，因此图像整体都会变得偏暗，如图 3.68 所示。

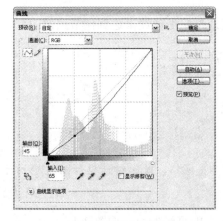

图 3.67 移动节点

图 3.68 移动节点后的效果

<67>

⑤在曲线中上方用于定义图像亮部的位置单击增加一个节点，并向上拖动，如图 3.69 所示，此时曲线为标准的 S 形曲线，得到图 3.70 所示的效果。

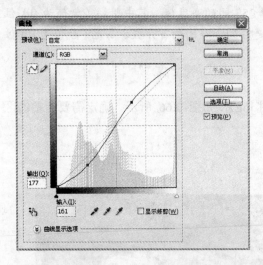

图 3.69　向上移动节点

图 3.70　向上移动节点后的效果

图 3.71 所示为分别按上下位置放置调整前后的图像的对比效果，可以看出调整后的图像对比度大大增加了。

图 3.71　对比效果（黑线上方为调整后，下方为调整前）

调整曲线的第二种方法是使用铅笔绘制曲线，然后通过平滑曲线来达到调节图像的目的，其操作步骤为：

①单击【曲线】对话框左侧的铅笔按钮 。

②拖动鼠标在【曲线】图表区绘制需要的曲线。

③单击【平滑】按钮以平滑曲线。

注　意

如果需要使对话框中的网格更精细，可以按 Alt 键单击网格，此时对话框如图 3.72 所示，再次按 Alt 键单击网格可使其恢复至原状态。

单击【曲线】对话框底部的 即可向下扩展出该命令的高级参数，如图 3.73 所示。

<68>

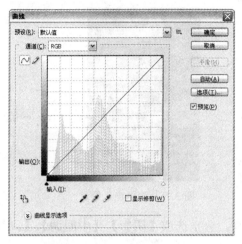

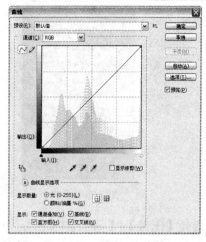

图 3.72　显示精细网格的【曲线】对话框　　　　图 3.73　显示更多的对话框选项

3.4.3　使用【色彩平衡】命令

使用【色彩平衡】命令可以在图像或选择区中，增加或减少处于高亮度色、中间色，以及阴影色区域中特定的颜色。

选择【图像】|【调整】|【色彩平衡】命令，将弹出图 3.74 所示的对话框。

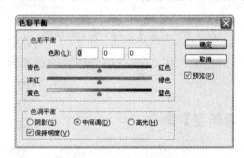

图 3.74　【色彩平衡】对话框

在【色彩平衡】对话框中，有如下选项可调整图像的颜色平衡。

◇　颜色调节滑块：颜色调节滑块区显示互补的 CMYK 和 RGB 色。在调节时可以通过拖动滑块增加该颜色在图像中的比例，同时减少该颜色的补色在图像中的比例。例如，要减少图像中的蓝色，可以将【蓝色】滑块向【黄色】方向拖动。

◇　阴影、中间调、高亮：选中对应的按钮，然后用拖动滑块可以调整图像中这些区域的颜色值。

◇　保持明度：选中【保持明度】复选框，可以保持图像的亮调。即在操作时只有颜色值可被改变，像素的亮度值不可改变。

使用【色彩平衡】命令调整图像的操作步骤如下所述。

①打开随书所附光盘中的文件【d3z\3.4.3-素材.tif】，如图 3.75 所示。在此我们需要将图像中的铁质人像调整成为黄铜质感。

②综合使用各种选择方法，将图像中的人像选择出来，如图 3.76 所示。

<69>

图 3.75　素材图像　　　　　　　　　图 3.76　选择出人像

③选择【图像】|【调整】|【色彩平衡】命令，分别选取【阴影】、【中间调】、【高光】3个选项设置对话框中的参数，如图 3.77 所示。

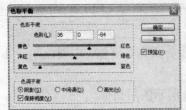
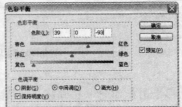

图 3.77　设置【色彩平衡】对话框

④单击【确定】按钮退出对话框，按 Ctrl+D 组合键取消选择区域，得到如图 3.78 所示的效果。

3.4.4　应用【色相/饱和度】命令

使用【色相/饱和度】命令可以调节图像或选择区的色度、饱和度，以及亮度，此命令的特点在于可以根据需要调整某一个色调范围内的颜色。

选择【图像】|【调整】|【色相/饱和度】命令，即可显示图 3.79 所示的【色相/饱和度】对话框。

图 3.78　调整后的效果　　　　　　　图 3.79　【色相/饱和度】对话框

<70>

对话框中各参数及选项的意义如下所述。

◆ 在对话框的弹出菜单中选择【全图】选项，可以同时调节图像中所有的颜色，或者选择某一颜色成分，单独调节。

也可以使用位于【色相/饱和度】对话框中的吸管工具 选择图像颜色并修改颜色范围。使用吸管加工具 可以扩大范围，使用吸管减工具 可以减小范围。

注 意

可以在使用吸管工具 时按 Shift 键加大范围，按 Alt 键减少范围。

◆ 色相：使用【色相】调节滑块可以调节图像的色调，无论向右拖动滑块还是向左拖动滑块，都可以得到一个新的色相。

◆ 饱和度：使用【饱和度】调节滑块可以调节图像的饱和度，向右拖动增加饱和度，向左拖动减少饱和度。

◆ 明度：使用【明度】调节滑块可以调节像素的亮度，向右拖动增加亮度，向左拖动减少亮度。

◆ 颜色条：在对话框的底部显示有两个颜色条，代表颜色在颜色轮中的次序及选择范围。上面的颜色条显示调整前的颜色，下面的颜色条显示调整后的颜色。

◆ 着色：【着色】选项用于将当前图像转换成为某一种色调的单色调图像。

◆ 图像调整工具 ：在对话框中单击选中此工具后，在图像中单击某一种像素，并在图像中向左或向右拖动，可以减少或增加包含所单击像素的颜色范围的饱和度。如果在执行此操作时按住了 Ctrl 键，则左右拖动可以改变相对应区域的色相。

注 意

图像调整工具 是 CS4 版本新增的功能，此功能大大简化了参数调整操作，建议各位读者在实际操作中优先考虑使用。

如果在【编辑】下拉列表菜单中选择的是【全图】选项，颜色条则显示对应的颜色区域，如图 3.80 所示。

图 3.80　具有颜色选区的颜色条

注 意

在图 3.80 中拖动颜色条间的深灰色区域也可以实现确定颜色调整范围的功能。

如果使用色相调节滑块做出调整并将颜色条拖到一个新的范围，下面的颜色条则会在色盘中移动，以标定新的调整颜色。

使用【色相/饱和度】命令调整图像，可以按下述步骤操作。

①打开随书所附光盘中的文件【d3z\3.4.4-素材.jpg】，如图 3.81 所示。由于小孩身上的毛衣与花的颜色过于接近，都是黄色，因此显得照片的颜色有些平淡，下面就将利用【色相/饱和度】命令来解决这一问题。

<71>

②使用套索工具 ，围绕黄色的毛衣制作一个选择区域，如图 3.82 所示。按 Ctrl+U 组合键或选择【图像】|【调整】|【色相/饱和度】命令，以调出其对话框。

图 3.81　素材图像

图 3.82　制作选择区域

③在【编辑】下拉菜单中选择【黄色】选项，然后拖动【色相】及【饱和度】滑块至图 3.83 所示的状态，以将黄色的毛衣转换成为紫红色，如图 3.84 所示。

图 3.83　设置【黄色】选项

图 3.84　调色后的效果

3.4.5　使用【替换颜色】命令

【替换颜色】命令允许设计人员在图像中基于特定颜色创建暂时的选区，来调整该区域的色相、饱和度和亮度，从而以自己需要的颜色替换图像中不需的颜色。图 3.85 所示为选择【图像】|【调整】|【替换颜色】命令后弹出的对话框。

【替换颜色】命令的操作方法如下所述。

①打开随书所附光盘中的文件【d3z\3.4.5-素材.jpg】，如图 3.86 所示。在此需要通过替换颜色的操作使荷花的颜色更加鲜艳、成熟。

图 3.85　【替换颜色】对话框

图 3.86　原图像

<72>

②选择【图像】|【调整】|【替换颜色】命令。

③在对话框的预览框中用吸管工具 ![icon]单击需要调整的区域,在此笔者单击图像左侧荷花顶部的红色区域,此时对话框的预视区域如图 3.87 所示。

如果要增加颜色区域,可以按住 Shift 键单击,或使用吸管加工具 ![icon]单击要添加的区域;要减少颜色选区按住 Alt 键单击,或使用吸管减工具 ![icon]单击要减少的区域。

④向右拖动【颜色容差】滑块调整所选区域,直至预视区域如图 3.88 所示。

图 3.87　对话框的预视区域

图 3.88　拖动【颜色容差】滑块后的预视区域

⑤拖动【色相】、【饱和度】和【明度】滑块,直至将所选的颜色区域变为绿色,此时对话框如图 3.89 所示,改变后的图像如图 3.90 所示。

图 3.89　改变参数后的对话框

图 3.90　调整后的图像

如果有其他颜色改变的区域,可以使用历史记录画笔工具 ![icon]将其消除。如果在图像中选择多个颜色范围,则应该选择【本地化颜色簇】选项,以得到更加精确的选择范围,此选项是 CS4 版本的新增功能。

<73>

3.4.6 使用【可选颜色】命令

除三原色外的其他颜色都是由两种或几种颜色混合而成的，例如橙色就可以用纯黄色和少量的红色混合得到，如果我们需要将这个橙色中的红色完全去掉，就可以利用【可选颜色】命令来完成，同时又不会影响其他颜色中混合的红色。

利用该命令进行色彩校正也是高端扫描仪和分色程序使用的一项技术，它通过在图像中的每个加色和减色的原色分量中增加和减少印刷色用量来改变图像，但保证在调整的同时不会影响任何其他颜色。

选择【图像】|【调整】|【可选颜色】命令，则弹出如图 3.91 所示的对话框。

【可选颜色】对话框中的参数解释如下：

◇ 颜色：在该下拉菜单中可以选择要调整的颜色。

◇ 青色、洋红、黄色、黑色：分别拖动各自的滑块或在对应的数值输入框中输入数值，就可以增加或减少它们在图像中的占有量。

◇ 相对：选择该选项后，所做的调整是按照总量的百分比来更改颜色。例如，将 30% 的红色减少 20%，则红色的总量减少为 30% * 20% = 6%，结果就是红色的像素总量变为 24%。

注　意

选择【相对】选项时，无法对白色进行调整，因为它不包含颜色成分。

◇ 绝对：选择该选项后，所做的调整是按照相加或相减的方式进行累积的。例如，将 30% 的红色减少 20%，结果就是红色的像素总量变为 10%。

下面就以一个示例来讲解，如何利用【可选颜色】命令去除混合色中的一种颜色，其操作步骤如下：

①打开随书所附光盘中的文件【d3z\3.4.6-素材.tif】，如图 3.92 所示。

②确定要调整的对象后，执行下面的操作之一：

◇ 如果要调整的图像处于一个图层上，则可以选择【图像】|【调整】|【可选颜色】命令。

◇ 如果要调整的图像位于多个图层上，则可以利用调整图层来对这些图层中的图像进行统一的调节，方法是选择【图层】|【新调整图层】|【可选颜色】命令，在弹出的【新图层】对话框中单击【确定】按钮即可。

图 3.91 　【可选颜色】对话框

图 3.92 　素材图像

注　意

虽然添加可选颜色的调整图层和直接应用该命令得到的效果是相同的，但利用调整图层可以反复地进行修改，甚至在不需要时可以直接将其删除，所以笔者建议在操作的过程中使用调整图层。

③在弹出的【可选颜色】对话框顶部的【颜色】下拉菜单中选择需要调整的颜色选项，并对其进行如图 3.93、图 3.94、图 3.95、图 3.96 和图 3.97 所示的设置得到如图 3.98 所示的效果。

图 3.93　设置【红色】

图 3.94　设置【蓝色】

图 3.95　设置【白色】

图 3.96　设置【中性色】

图 3.97　设置【黑色】

图 3.98　应用【可选颜色】命令后的效果

<75>

对比调整颜色前后的效果可以看出，原来偏青色的图像经过调整后，整个画面看起来更加的明快。

3.4.7 使用【匹配颜色】命令

【匹配颜色】命令是一个智能化较高的命令，此命令可以在相同的或不同的图像之间进行颜色的匹配，也就是使一幅图像（目标图像）具有另外一幅图像（源图像）的色调。

选择【图像】|【调整】|【匹配颜色】命令后弹出如图 3.99 所示的对话框。

图 3.99 【匹配颜色】对话框

【匹配颜色】对话框中的各参数解释如下：

◇ 目标：在该项后面显示了当前操作的图像文件的名称、图层名称及颜色模式。

◇ 明亮度：此参数调整得到的图像的亮度，数值越大，则得到的图像的亮度也越高，反之则越低。

◇ 颜色强度：此参数调整得到的图像颜色的饱和度，此数值越大，则得到的图像所匹配的颜色的饱和度越大，反之则越低。

◇ 渐隐：此参数控制得到的图像的颜色与图像的原色相近的程度，此数值越大则得到的图像越接近于颜色匹配前的效果，反之则越不接近。

◇ 中和：选择该选项可自动去除目标图像中的色痕。

◇ 来源：在此下拉菜单中可以选择当前在 Photoshop 中打开的图像的名称。

◇ 图层：在此下拉菜单中可以选择当前选择的图像的图层。

◇ 应用调整时忽略选区：如果目标图像中存在选区，则此选项将被激活，选择此选项可以忽略选区对于操作的影响。

◇ 使用源选区计算颜色：选择此选项，在匹配颜色时仅计算源文件选区中的图像，选区外的图像的颜色不计算入内。

◇ 使用目标选区计算调整：选择此选项，在匹配颜色时仅计算目标文件选区中的图像，选区外的图像的颜色不计算入内。

◇ 源：在该下拉菜单中可以选择源图像文件的名称。如果选择【无】选项则目标图像与源图像相同。

<76>

◇ 图层：在该下拉菜单中将显示源图像文件中所具有的图层。如果选择【合并的】选项，则将源图像文件中的所有图层合并起来，再进行颜色匹配。

　　【匹配颜色】命令可以很方便地在 2 个图像文件之间进行颜色匹配，下面我们同样通过一个实例来展示如何使两幅图像具有相同的色调，其操作步骤如下：

　　①打开随书所附光盘中的文件【d3z\3.4.7-素材 1.tif】和【d3z\3.4.7-素材 2.tif】，如图 3.100 和图 3.101 所示，从左至右依次为源图像和目标图像。在下面的操作中，我们会将目标图像的暖色调调整成为与源图像相同的正常光照效果。

图 3.100　源图像　　　　　　　　　　　　　　　图 3.101　目标图像

　　②确定目标图像为当前操作的图像文件，选择【图像】|【调整】|【匹配颜色】命令，在弹出的对话框底部的【源】下拉菜单中选择源图像的名称，此时的【匹配颜色】对话框如图 3.102 所示，预览的图像效果如图 3.103 所示。

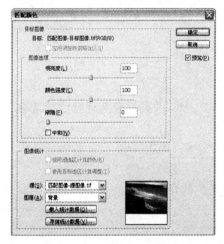

图 3.102　【匹配颜色】对话框　　　　　　　　　图 3.103　预览效果

　　③在【匹配颜色】对话框中拖动各个参数的滑块，或在对应的数值输入框中输入数值，设置对话框如图 3.104 所示。

　　④设置参数完毕，单击【确定】按钮退出对话框，得到如图 3.105 所示的效果。

3.4.8　使用【照片滤镜】命令

　　【照片滤镜】可以模拟传统光学滤镜特效调整图像的色调，使其具有暖色调或冷色调，也

<77>

可以根据实际情况自定义其他的色调。选择【图像】|【调整】|【照片滤镜】命令，则弹出如图 3.106 所示的对话框。

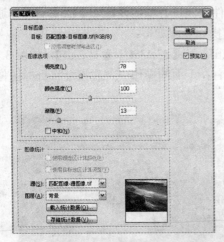

图 3.104　设置参数

图 3.105　匹配颜色后的效果

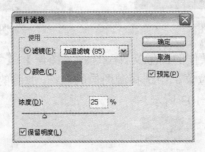

图 3.106　【照片滤镜】对话框

【照片滤镜】对话框中的各参数解释如下：

◆【滤镜】：在该下拉菜单中包含有多个预设选项，可以根据需要选择合适的选项，以对图像进行调节。

◆【颜色】：单击该色块，在弹出的【拾色器】对话框中可以自定义一种颜色，作为图像的色调。

◆【浓度】：拖动滑块条以便调整应用于图像的颜色数量，该数值越大，应用的颜色调整越大。

◆【保留明度】：在调整颜色的同时保持原图像的亮度。

下面以一个示例讲解如何利用【照片滤镜】命令改变图像的色调，其操作步骤如下：

①打开随书所附光盘中的文件【d3z\3.4.8-素材.tif】，如图 3.107 所示。

②选择【图像】|【调整】|【照片滤镜】命令，在弹出的【照片滤镜】对话框中执行下列操作之一：

◆ 选择【加温滤镜】可以将图像调整为暖色调。

◆ 选择【冷却滤镜】可以将图像调整为冷色调。

◆ 在【滤镜】下拉菜单中选择其他的选项，可以将图像调整为不同的色调。

<78>

◇　单击【颜色】后面的颜色块，在弹出的【拾色器】对话框中可以选择一个需要的颜色，从而将图像调整为该色调。

③拖动【浓度】滑块或在该数值输入框中输入数值，以定义色调的浓度。

④设置参数完毕后，单击【确定】按钮退出对话框即可。

图 3.108 所示为经过调整后图像的色调偏暖的效果，如图 3.109 所示为经过调整后图像的色调偏冷的效果。

图 3.107　原图像　　　　　图 3.108　偏暖色调的图像　　　　图 3.109　偏冷色调的图像

3.4.9　使用【曝光度】命令

使用【曝光度】命令可以调整用相机拍摄的曝光不足或曝光过渡的照片，使用此功能的方法非常简单，选择【图像】|【调整】|【曝光度】命令，弹出如图 3.110 所示的【曝光度】对话框。

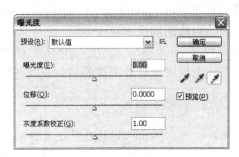

图 3.110　【曝光度】对话框

【曝光度】对话框中的各参数解释如下：

◇　拖动【曝光度】中的滑块或在其数值输入框中输入数值，输入正值可以增加图像的曝光度；输入负值可以降低图像的曝光度，使图像倾向于黑色。

◇　拖动【位移】中的滑块或在其数值输入框中输入数值，输入正值可以增加图像中的曝光度的范围；输入负值可以减低图像中的曝光度的范围。

◇　拖动【灰度系数校正】中的滑块或在其数值输入框中输入数值，输入正值可以减少图像中的灰度值；输入负值可以提高图像中的灰度值。

图 3.111 中所示为原图像，可以看出这是一幅偏灰、曝光严重不足的照片，图 3.112 中所示为调整后的效果。

<79>

图 3.111　原素材图像

图 3.112　调整后的效果

3.4.10　使用【自然饱和度】命令

【图像】|【调整】|【自然饱和度】命令是 Photoshop CS4 版本新增的用于调整图像饱和度的命令，使用此命令调整图像时可以使图像颜色的饱和度不会溢出，换言之，此命令可以仅调整那些与已饱和的颜色相比不饱和的颜色的饱和度。

选择【图像】|【调整】|【自然饱和度】命令后弹出的对话框，如图 3.113 所示。

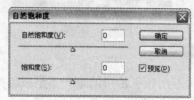
图 3.113　【自然饱和度】对话框

◇　拖动【自然饱和度】滑块可以使 Photoshop 调整那些与已饱和的颜色相比不饱和的颜色的饱和度，从而获得更加柔和、自然的图像饱和度效果。

◇　拖动【饱和度】滑块可以使 Photoshop 调整图像中所有颜色的饱和度，使所有颜色获得等量的饱和度调整，因此使用此滑块可能导致图像的局部颜色过饱和。

注　意

使用此命令调整人像照片时，可以防止人像的肤色过度饱和。

3.4.11　快速使用调整命令的技巧 1——使用预设

在最新的 CS4 版本中，许多调整图像有了预设功能，图 3.114 所示为有预设功能的几个调整命令的对话框。

图 3.114　有预设功能的调整命令

<80>

这一功能大大简化了调整命令的使用方法，例如对于【曲线】命令可以直接在【预设】下拉菜单中选择一个 Photoshop 自带的调整方案，图 3.115 所示的是原图像，图 3.116、图 3.117 和图 3.118 所示则分别是设置【反冲】、【彩色负片】和【强对比度】以后的效果。

图 3.115　原素材图像

图 3.116　【反冲】方案的效果

图 3.117　【彩色负片】方案的效果

图 3.118　【强对比度】方案的效果

对于那些不需要得到较精确的调整效果的用户而言，此功能大大简化了操作步骤。

3.4.12　快速使用调整命令的技巧 2——存储参数

如果某调整命令有预设参数，则在预设菜单的右侧将显示用于保存或调用参数的按钮，如图 3.119 所示。

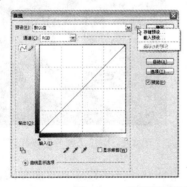

图 3.119　能够保存调整参数的调整命令对话框

如果需要将调整命令对话框中的参数设置保存为一个设置文件，在以后的工作中使用，可以单击 按钮，在弹出的菜单中选择【存储预设】命令，在弹出的对话框中输入文件名称。

如果要调用参数设置文件，可以单击 按钮，在弹出的菜单中选择【载入预设】命令，在弹出的文件选择对话框中选择该文件。

<81>

第4章 选 择

导读

虽然不能够仅使用选择区域就制作出精美绝伦的图像，但创建选区在 Photoshop 中仍占据着非常重要的地位。因为在制作时，做出精确的、符合需要的选择，是制作一幅成功图像的基本条件。

在 Photoshop 中可以将选择区域分为规则形、不规则形及精确形，每一种选择区域都有相对应的选择方法，要成为一名 Photoshop 高手，深入理解这些选择方法间的区别，并能够灵活运用是至关重要的。

本章围绕选区模式、制作不同选区所应掌握的工具、调整选区、变换选区、应用路径制作精确选区等内容，深入讲解相关工具与功能命令的使用方法及操作技巧，力求使各位读者在学习本章节后，能够制作出需要的选区。

4.1 制作选择区域

4.1.1 了解选择区域

选择区域的作用是限定当前操作的区域，当选区存在的情况下，所有操作都会被限定在选择区域的内部。图 4.1 所示为一个有选择区域的图像，图 4.2 所示为对此图像执行【阈值】操作后的效果，可以看出此操作被限定在选择区域的内部。

图 4.1　原图像　　　　　　　　　　　　图 4.2　执行【阈值】操作后的效果

Photoshop 制作选区的工具与命令非常丰富，下面介绍各选择工具及命令的使用方法。

4.1.2 选择所有像素

选择【选择】|【全部】命令或按 Ctrl+A 组合键执行【全选】操作，可以将图像中的所有像素（包括透明像素）选中，如果图像具有不止一个图层，应该先在图层面板中选择图层，然后选择【选择】|【全部】命令或按 Ctrl+A 组合键执行【全选】操作，在此情况下图像四周显

<82>

示浮动的蚂蚁线，如图 4.3 所示。

图 4.3　全选图像操作效果

4.1.3　制作矩形选区

使用矩形选框工具 ，可建立矩形选区，其操作非常简单，只要用鼠标拖过要选择的区域即可。在此需要重点讲解的是选项选区工具选项条【样式】下拉列表菜单中的选项，如图 4.4 所示。

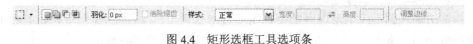

图 4.4　矩形选框工具选项条

分别选择【样式】下拉菜单中的【正常】、【固定比例】和【固定大小】3 个选项，可以得到 3 种创建矩形选区的方式。

◆【正常】：选择此选项，可自由创建任何宽高比例、任何大小的矩形选择区域。

◆【固定比例】：选择此选项，其后的【宽度】和【高度】数值输入框将被激活，在其中输入数值设置选择区域高度与宽度的比例，可得到精确的不同宽高比的选择区域。

◆【固定大小】：选择此选项，【宽度】和【高度】数值输入框将被激活，在此数值输入框中输入数值，可以确定新选区高度与宽度的精确数值。在此模式下只需在图像中单击，即可创建大小确定、尺寸精确的选择区域。

◆【调整边缘】：使用【调整边缘】命令可以对现有的选区进行更为深入的修改，从而帮助我们得到更为精确的选区，详细讲解见 4.4.1 节。

4.1.4　制作圆形选区

制作圆形选区，需要使用椭圆选框工具 ，由于此工具的使用方法与矩形选框工具 的使用方法基本相同，具体操作步骤及参数设置请参阅矩形选框工具 。

4.1.5　制作单行（列）选区

单行选框工具 或单列选框工具 ，可将选框定义为 1 个像素宽的行或列，从而得到单行或单列选区。使用此工具制作选择区域并填充颜色，可以得到直线。

4.1.6　制作不规则形选区

在 Photoshop 中不规则形选区有两类，一类是使用套索工具 制作的手绘式不规则选区，

<83>

如图 4.5 所示，另一类是使用多边形套索工具制作的具有直边的选择区域，如图 4.6 所示。

图 4.5　手绘式不规则选区　　　　　　　　图 4.6　多边形不规则选区

制作不规则形选区可以使用套索工具，其工作模式类似于使用铅笔工具描绘被选择的区域，自由度非常大，但其精确度也能保证，使用套索工具的操作指导如下所述。

①选择套索工具，并在其工具选项条中设置适当的参数。

②点按左键拖动光标围绕需要选择的图像。

③要闭合选区，释放鼠标左键即可。

要制作多边形式的不规则形选区需要使用多边形套索工具，其操作指导如下所述。

①选择多边形套索工具，并在其工具选项条中设置适当的参数。

②在图像中单击以设置选择区域的起始点。

③围绕需要选择的图像，不断单击左键以确定节点，节点与节点之间将自动连接成为选择线。

④如果在操作时出现误操作，按 Delete 键可删除最近确定的节点。

⑤要闭合选择区域，将光标放于起点上，此时光标旁边会出现一个闭合的圆圈，单击即可。如果光标在非起点的其他位置，双击鼠标也可以闭合选区。

注　意

在使用套索工具与多边形套索工具工作时，可以根据需要在这两者之间灵活切换，其转换键为 Alt 键。

4.1.7　自动追踪图像边缘制作选区

磁性套索工具可以根据图像的对比度自动跟踪图像的边缘，并沿图像的边缘生成选择区域，特别适合于选择背景较复杂，但要选择的图像与背景有较高对比度的图像。

例如图 4.7 所示的图像由于具有很高的对比度，因此使用磁性套索工具创建选区是比较理想的方法，图 4.8 所示为最终的选择区域。

此工具的操作指导如下所述。

①选择磁性套索工具，并设置其工具选项条如图 4.9 所示。

②如果要设置套索工具探索图像的宽度范围，在【宽度】数值输入框中输入数值。

③如果要设置边缘的对比度，在【边对比度】数值输入框中输入数值，数值越大磁性套索工具对颜色对比反差的敏感程度越低。

<84>

图 4.7　磁性套索工具的选择状态　　　　　图 4.8　生成的选择区域

图 4.9　磁性套索工具选项条

④如果要设置磁性套索工具，在定义选择边界线时插入节点的数量，在【频率】数值输入框中输入数值，数值越高插入的定位节点越多，得到的选择区域也越精确。

⑤在图像中单击设置开始选择的位置，然后释放左键并围绕需要选择的图像的边缘移动光标。使用此工具进行工作时 Photoshop 会自动插入定位节点，但如果希望手动插入定位节点，也可以单击左键。

⑥如果要绘制手画线段，将光标沿需要跟踪的边缘移动。移动光标选择线会自动贴紧图像中对比最强烈的边缘。

⑦如果出现误操作，按 Delete 键删除最近绘制的不需要的线段和节点。

⑧双击鼠标可以闭合选择区域。

注　意

在使用磁性套索工具时，可以暂时切换为其他套索工具。如果要切换为多边形套索工具，可按住 Alt 键，然后在图像上单击。如果要切换至套索工具工作状态，可以先切换为多边形套索工具，然后再按住 Alt 键按套索的工作方式制作选区。

此工具对于边缘对比度强的图像具有很好的作用，因此在操作时注意当前操作的图像是否有良好的对比度。

4.1.8　点击式依据颜色制作选区

使用魔棒工具可以依据图像的颜色分布情况制作选择区域，此工具的工具选项条如图 4.10 所示，通过灵活调整此工具的【容差】值并配合选区工作模式按钮，能够较好地将需要选择的图像从整个图像中选择出来。

图 4.10　魔棒工具的工具选项条

使用魔棒工具  制作选区的具体操作步骤如下所述。

①在工具箱中选择魔棒工具 ，并在其工具选项条中设置适当的参数值。

②在【容差】数值输入框中输入数值，输入从 0 到 255 之间的一个像素值。

③选取【消除锯齿】选项，以得到平滑的选区边缘。

④如果要选择使用所有可见图层中数据的颜色，选取【对所有图层取样】选项，否则魔棒工具 仅从当前图层中选择颜色。

⑤如果希望选择以连续的方式做选择，选取【连续】复选框，否则取消其复选状态。

⑥在图像中单击要选择的颜色，根据选择的情况调整【容差】数值。

⑦配合 Shift 键与 Alt 键增加或减少选择区域，直至得到需要的选择区域。

如果在【容差】数值输入框中输入较低的数值，则可以获得与所选颜色的像素非常相似的颜色，输入较高的数值可以获得较大的颜色范围，从而扩大选择范围。图 4.11 中所示为原图像，图中 4.12 所示为设置【容差】数值为 20 时的效果，图 4.13 中所示为设置【容差】数值为 60 时的效果。

图 4.11　原素材图像　　图 4.12　设置【容差】为 20 时的效果　图 4.13　设置【容差】为 60 时的效果

图 4.14 所示为选择【连续】复选框的情况下，单击左侧玻璃球所得到的选择区域，图 4.15 所示为未选中此复选框单击同一位置所得到的选择区域，可以看到不相邻的颜色值在【容差】范围内的图像也会被同时选中。

图 4.14　选择【连续】复选框　　　　　　　图 4.15　未选中【连续】复选框

除了使用魔棒工具 ，还可以使用【色彩范围】命令依据颜色制作选区。选择【选择】|【色彩范围】命令后，弹出图 4.16 所示的对话框。

利用【色彩范围】命令制作选区的操作指导如下。

<86>

①打开随书所附光盘中的文件【d4z\4.1.8-素材.jpg】，如图 4.17 所示。选择【选择】|【色彩范围】命令，弹出【色彩范围】对话框。

图 4.16 【色彩范围】对话框

②确定需要选择的图像部分，如果要选择图像中的红色，则在【选择】下拉列表菜单中选择红色，在大多数情况下我们要自定义选择的颜色，应该在【选择】下拉列表菜单中选择【取样颜色】选项。

③选择【选择范围】选项使对话框预视窗口中显示当前选择的图像范围，如图 4.18 所示。

图 4.17 原素材图像

图 4.18 【色彩范围】对话框

④用 工具在需要选择的图像部分单击，观察对话框预视窗口中图像的选择情况，白色代表已被选择的部分，白色区域越大表明选择的图像范围越大。

注 意

按 Shift 键可以切换为吸管加 以增加颜色；按 Alt 键可切换到吸管减 以减去颜色；颜色可从对话框预览图中或图像中用吸管来拾取。

⑤拖动【颜色容差】滑块，直至所有需要选择的图像都在预视窗口中显示为白色（即处于被选中的状态），图 4.19 所示为【颜色容差】值较小时的选择范围，图 4.20 所示为【颜色容差】值较大时的选择范围。

⑥如果需要添加其他另一种颜色的选择范围，在对话框中选择 ，并用其在图像中要添

<87>

加的颜色区域单击，如果要减少某种颜色的选择范围，在对话框中选择 ，并用其在图像中要减少的颜色区域单击。

图 4.19　较小的选择范围　　　　　　　　　　图 4.20　较大的选择范围

⑦如果要保存当前的设置，单击【存储】按钮将其保存为.axt 文件。

◇　如果希望精确控制选择区域的大小，选择【本地化颜色簇】选项，此选项被选中的情况下【范围】滑块将被激活。

◇　在对话框的预视区域中通过单击确定选择区域的中心位置，图 4.21 所示的预视状态表明选择区域位于图像下方，图 4.22 所示的预视状态表明选择区域位于图像上方。

图 4.21　选择区域在下方　　　　　　　　　　图 4.22　选择区域在上方

◇　通过拖动【范围】滑块可以改变对话框的预视区域中的光点范围，光点越大则表明选择区域越大，图 4.23 所示为【范围】值为 26% 时的光点大小及对应的得到的选择区域，图 4.24 所示为【范围】值为 65% 时的光点大小及对应的得到的选择区域。

图 4.23　【范围】值为 26% 时的光点大小及对应的得到的选择区域

<88>

图 4.24 【范围】值为 65% 时的光点大小及对应的得到的选择区域

4.1.9 涂抹式依据颜色制作选区

快速选择工具 是一种优秀的选择工具，其最大的特点就是可以像使用画笔工具 绘图一样来创建选区，此工具的选项条如图 4.25 所示。

图 4.25 快速选择工具 选项条

快速选择工具 选项条中的参数解释如下：

◆ 选区运算模式：限于该工具创建选的特殊性，所以它只设定了 3 种选区运算模式，即新选区 、添加到选区 和从选区减去 。

◆ 画笔：单击右侧的三角按钮 可调出如图 4.26 所示的画笔参数设置框，在此设置参数，可以对涂抹时的画笔属性进行设置。在涂抹过程中，可以设置画笔的硬度，以便创建具有一定羽化边缘的选区。

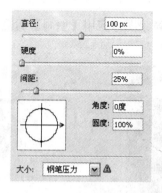

图 4.26 设置画笔参数

◆ 对所有图层取样：选中此选项后，将不再区分当前选择了哪个图层，而是将所有我们看到的图像视为在一个图层上，然后来创建选区。

◆ 自动增强：选中此选项后，可以在绘制选区的过程中，自动增加选区的边缘。

◆ 调整边缘：使用【调整边缘】命令可以对现有的选区进行更为深入的修改，从而帮助

<89>

我们得到更为精确的选区，详细讲解见 4.4.1 节。

下面通过一个简单的实例，来讲解此工具的使用方法。

①打开随书所附光盘中的素材文件【d4z\4.1.9-素材.tif】。在本示例中，我们将把图像中的狗选择出来。

②在工具选项条上设置适当的参数及画笔大小。

③在狗以外的左上方区域，按住鼠标不放并向下拖动，在拖动过程中就能够得到类似于如图 4.27 所示的选区。

④在下面的操作中，如果要选择更多的图像，则需要在其工具选项条上选择 工具，或在单击及拖动涂抹前，按住 Shift 键进行操作。例如图 4.28 所示就是按照此方法操作，将狗以外的图像选中时的状态。

　　　　图 4.27　创建选区　　　　　　　　　　　　　图 4.28　选中图像

⑤如果发现有多选中的选区，可以按住 Alt 键暂时切换至减选选区模式（即从选区减去模式），然后将多余的选区减掉，直至将狗完全选中，例如图 4.29 所示就是将狗脊背上被选中的区域减去后的状态。

⑥由于要选中的是狗以外的区域，所以需要按 Ctrl+shift+I 组合键将选区反向，从而真正地将狗图像选中。

图 4.30 所示是直接对选中的背景图像应用【壁画】滤镜，并按 Ctrl+D 组合键取消选区后的效果。

　　　　图 4.29　选中狗图像　　　　　　　　　　　图 4.30　应用滤镜后的效果

通过上面的实例，可以了解到，使用快速选择工具 主要可以使用 2 种方式来创建选区，一种是拖动涂抹，另外一种就是单击。

<90>

在选择大范围的图像内容时，可以利用拖动涂抹的形式进行处理，而添加或减少小范围的选区时，则可以考虑使用单击的方式进行处理。

4.2　选区模式及快捷键

绝大多数选择工具需要应用不同的选区模式，而快捷键更是在制作选择时提高操作效率的不二法宝，因此在掌握若干种创建选区的工具后，掌握本节所讲述的这些知识有利于更好地使用不同类型的选择工具。

4.2.1　选区工作模式

选区模式是指在制作选区时的加、减、交操作，根据当前已存在的选择区域，选择不同的选区模式，能够得到不同的选择区域。

在工具箱中选择任一种选择工具，工具选项条都将显示 四个选区工作模式选择按钮，下面分别讲解四个不同按钮的作用。

1. 新选区模式

单击 按钮后，无论选择哪一种用于创建选区的工具，在图像中操作，创建的都是新的选区，即绘制新选择区域时，原选择区域将被取消。

2. 添加到选区模式

单击 按钮后，无论选择哪一种用于创建选区的工具，在图像中操作，都会在保留原选择区域的情况下，创建新的选择区域，其作用类似于按 Shift 键。

图 4.31 所示为原选择区域，图 4.32 所示为在此选区模式下绘制选区得到的新选区。

图 4.31　原选择区域　　　　　　　　　　　　　图 4.32　增加选区

3. 从选区减去模式

单击 按钮在图像中操作，可以从已存在的选区中减去当前绘制选区与原选择区域重合的部分。下面通过一个小实例来讲解。

①打开随书所附光盘中的文件【d4z\4.2.1-素材.tif】，如图 4.33 所示。使用磁性套索工具 ，绘制一个如图 4.34 所示的选区。

<91>

图 4.33　原素材图像

图 4.34　绘制选区

②单击【添加到选区】按钮🔲，再使用磁性套索工具🔗，绘制一个如图 4.35 所示的选区以将杯子选取。

③使用矩形选框工具🔲，并在其工具选项条中单击【从选区减去】按钮🔲，此时的鼠标光标变为如图 4.36 所示的状态，并绘制一个如图 4.37 所示的选区，图 4.38 中所示为相减后的选区。

图 4.35　添加选区

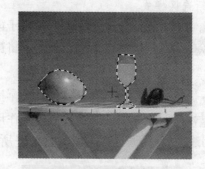

图 4.36　光标状态

图 4.37　绘制选区

图 4.38　相减后的选区

4. 与选区交叉模式

单击🔲按钮在图像中操作，可以得到新选区与已有的选区相交叉（重合）的部分。下面通过一个小实例来讲解。

①打开随书所附光盘中的文件【d4z\4.2.1-素材.tif】，并使用椭圆选框工具⭕绘制一个如图 4.39 所示的选区，在其工具选项条上单击【与选区交叉】按钮🔲，此时的光标变为如图 4.40

所示的效果。

图 4.39　创建一个圆形选区

图 4.40　光标状态

②再次使用椭圆选框工具，从上至下绘制一个如图 4.41 所示的椭圆，得到如图 4.42 所示的选区交叉效果。

图 4.41　绘制相交叉的椭圆选区

图 4.42　交叉后的效果

4.2.2　制作选区的快捷键

在制作选择区域时，通常需要一些辅助键以使操作效率更高，下面是在制作选区中经常使用的快捷键。

◆　如果要添加到选区或再选择图像中的另外一个区域，按 Shift 键然后再绘制需要增加的选择区域，此时鼠标为╋形。

◆　如果要从一个已存在的选区中减去一个正在绘制的选区，按 Alt 键的同时再绘制要减去的选择区域，此时鼠标为╋形。

◆　如果需要绘制正方形或圆形选择区域，在拖动矩形选框工具▣或椭圆选框工具◯时按 Shift 键。

◆　如果要从当前单击点开始以向外发散的方式绘制选区，在拖动矩形或椭圆选框工具◯时按住 Alt 键。

◆　在拖动矩形选框工具▣或椭圆选框工具◯时按住 Alt+Shift 组合键，可以从当前单击的点出发，绘制正方形及圆形选择区域。

◆　如果要得到与已存在的选区交叉的部分，按 Alt+Shift 组合键然后绘制新的选区，此时鼠标为╋形。

<93>

4.3　选择区域基本操作

4.3.1　全选与取消选择区域

◇　选择【选择】|【全部】命令，可以选中整个图像。

◇　选择【选择】|【取消选择】命令，可以取消选择当前存在的区域。与菜单命令相比，此命令的快捷键 Ctrl+D 更为常用。

4.3.2　再次选择选区

选择【选择】|【重新选择】命令，可以使 Photoshop 重新载入最后一次所放弃的选区。

4.3.3　移动选区

移动选区的操作十分简单，使用任何一种选择工具，将光标放在选区内，此时光标的形状将会改变为 ，表示可以移动。

直接拖动选区，即可将其移动至图像中的另一处，图 4.43 所示为移动前后对比图。

图 4.43　原选区及移动后的选区

注　意

要限制选区移动的方向为 45° 的倍数，可以先开始拖动，然后按住 Shift 键继续拖动；要按 1 个像素的增量移动选区，可以使用键盘上的方向键；要按 10 个像素的较大增量移动选区，可以按住 Shift 键，再按方向键。

许多初学者经常将移动选区与移动图像混淆，实际上如果要移动图像应该选择工具箱中的移动工具 ，然后拖动选择区域，图 4.44 所示为移动图像后的效果，可以看出选择区域内的像素将被移动，并显示出图像的背景色（在此为白色）。

图 4.44　移动图像后的效果

<94>

4.3.4 隐藏或显示选区

闪烁显示的选区会影响图像的观察效果，因此在需要的情况下可以控制选区边线是否需要显示。

要隐藏选区，选择【视图】|【显示】|【选区边缘】命令，或按快捷键 Ctrl+H，再次选择此命令或按 Ctrl+H 组合键，可以显示选区的边缘线。

4.3.5 反选

选择【选择】|【反选】命令，可以在图像中颠倒选择区域与非选择区域，使选择区域成为非选择区域，而非选则区域则成为选则区域。

注 意

如果需要选择的对象本身非常复杂，但其背景较为简单，则可以使用此命令。

例如，要选择图中的花朵，可以用魔棒工具 选择其四周的白色，如图 4.45 中左图所示，然后选择【选择】|【反选】命令，即可得到图 4.45 中右图所示的选择区域。

图 4.45 原图选区及反选后的效果

4.4 调整选择区域

通过调整选择区域命令，可以扩大、缩小、平滑当前选择区域，从而使选择区域能够满足不断变化的工作要求。

4.4.1 调整边缘

使用【调整边缘】命令可以对现有的选区进行更为深入的修改，从而得到更为精确的选区，选择【选择】|【调整边缘】命令，即可调出其对话框，如图 4.46 所示。

另外，在各个选区绘制工具的工具选项条上，也都增加了【调整边缘】按钮，单击此按钮即可调出【调整边缘】对话框，对当前的选区进行编辑。例如图 4.47 所示的 3 个工具选项条中，在其最右侧都存在着【调整边缘】按钮，单击此按钮，同样会弹出【调整边缘】对话框。

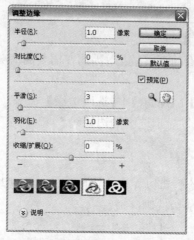

图 4.46 【调整边缘】对话框

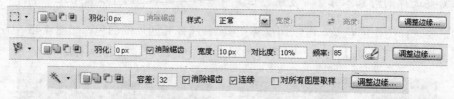

图 4.47 带有【调整边缘】按钮的工具选项条

【调整边缘】对话框中的参数解释如下：

◆【半径】：此参数可以微调选区与图像边缘之间的距离，数值越大，则选区会越来越精确地靠近图像边缘。

◆【对比度】：设置此参数可以调整边缘的虚化程度，数值越大则边缘越锐化。通常可以帮助我们创建比较精确的选区。

◆【平滑】：当创建的选区边缘非常生硬，甚至有明显的锯齿时，使用此选项来进行柔化处理。

◆【羽化】：此参数与【平滑】命令的功能基本相同，都是用来柔化选区边缘的。

◆【收缩/扩展】：该参数与【收缩】和【扩展】命令的功能基本相同，向左侧拖动滑块可以收缩选区，而向右侧拖动滑块则可以扩展选区。

◆【预览方式】：此命令具有 5 种不同的选区预览方式，操作者可根据不同的需要选择最需要的预览方式。例如图 4.48 所示按照从左至右的顺序，分别演示的各种预览方式的效果。

图 4.48 5 种不同的预览模式

<96>

◇【说明】区域：单击 ⊗ 按钮后，对话框将向下扩展出一块区域，用于显示说明文字，当光标置于不同的参数上时，此区域将显示不同的提示信息，以帮助我们进行具体操作。

4.4.2　扩大或缩小选区

选择【选择】|【修改】|【扩展】或【选择】|【修改】|【收缩】命令，在两个命令的弹出对话框中，输入数值分别定义选区的扩大及缩小量，可以扩大或缩小选择区域。

图 4.49 所示为原选择区域，图 4.50 所示为扩大选区后的效果，图 4.51 所示为缩小选区后的效果。

图 4.49　原选择区域　　　　图 4.50　扩大选区后的效果　　　　图 4.51　缩小选区后的效果

可以看出，通过执行扩大选区操作，可用选择区域的形状向外扩展，从而将原来不属于选择区域内的图像选择进来；而通过执行缩小选区操作，则可以用选择区域的形状排除原属于选择区域内的图像。

4.4.3　羽化选区

在 Photoshop 中实现羽化效果，可以采取两种方法，第一种为在使用选择、圆形、套索、多边形套索等工具时，在工具选项条中的【羽化】数值输入框中设置不为零的羽化值。

如果已经存在一个选择区域，可以选择【选择】|【羽化】命令，在弹出的对话框中输入数值，使当前选择区域具有羽化效果。

4.4.4　边界化选区

选择【选择】|【修改】|【边界】命令并在其弹出的对话框中输入一个像素值，可以将当前选择区域边框化。

图 4.52 所示为原选择区域，图 4.53 所示为选择此命令后得到的选区，图 4.54 所示为对选区填充白色后的效果。

图 4.52　原选择区域

<97>

图 4.53　边框化选区

图 4.54　填充白色后的效果

4.5　变换选择区域

通过对选择区域进行缩放、旋转、镜像等操作，可以对现存选区二次利用，得到新的选区，从而大大降低制作新选择区域的难度。要变换选择区域，可按下述步骤操作：

① 选择【选择】|【变换选区】命令。

② 选择区域周围出现变换控制句柄，如图 4.55 所示。

③ 拖动控制句柄即可完成调整选择区域的操作。

图 4.55　选区的变换控制框

按 Shift 键拖动控制句柄，可保持选择区域边界的高宽比例不变；旋转选择区域的同时按住 Shift 键，可以按 15°为增量旋转选择区域。

如果要精确控制选择区域，可以在控制句柄存在的情况下，在如图 4.56 所示的工具选项条上设置参数。

X: 242.0 px　△ Y: 220.5 px　W: 100.0%　H: 100.0%　△ 0.0　度 H: 0.0　度 V: 0.0　度

图 4.56　工具选项条

工具选项条中的各参数如下所述。

◇　用工具条中的 可以确定操作参考点，能够确定的位置包括左上、左下、右上、右下在内共 9 个。例如，要以选择区域的左上角的点为参考点，点击 使其显示为 形即可。

<98>

◆ 要精确改变选择区域的水平位置，可以分别在 X、Y 数值输入框中输入数值。

◆ 如果要定位选择区域的绝对水平位置，直接输入数值即可，如果要使填入的数值为相对于原选择区域所在位置移动的一个增量，应该点击 △ 按钮，使其处于被按下的状态。

◆ 要精确改变选择区域的宽度与高度，可以分别在 W、H 数值输入框中输入数值。

◆ 如果要保持选择区域的宽高比，应该点击 ▓ 按钮，使其处于被按下的状态。

◆ 要精确改变选择区域的角度，需要在 ⌒ 数值输入框中输入角度数值。

◆ 要改变选择区域水平及垂直方向上的斜切变形度，可以分别在 ╱、∨ 数值输入框中输入角度数值。在工具选项条中完成参数设置后，可点击 ✔ 按钮确认，如要取消操作可以点击 ⊘ 按钮。

4.6 应用路径制作精确选区

在 Photoshop 中路径有两种作用，即制作选择区域与绘图。使用路径制作选择区域具有以下优点：

◆ 路径以矢量形式存在，因此不受图像分辨率的影响。

◆ 路径具有很灵活的可调性，更容易被调整与编辑。

◆ 使用路径能够制作出很精确的选择区域。

本节详细讲解如何使用路径制作选区，关于使用路径绘图的知识，将在本书第 5 章中详细讲解。

4.6.1 路径的基本概念

路径是基于贝赛尔曲线建立的矢量图形，所有使用矢量绘图软件或矢量绘图工具制作的线条，原则上都可以称为路径。

如图 4.57 所示，是一个用一般的钢笔工具 ▓ 描绘的路径，路径线、节点和控制句柄是其基本组成元素。

在路径中通常有 3 类节点存在，即直角节点、光滑型节点及拐角节点。

◆ 如果一个节点的两侧为直线路径线段且其没有控制句柄，则此节点为直角型节点，移动此类节点时，其两侧的路径线段将同时发生移动，如图 4.58 所示。

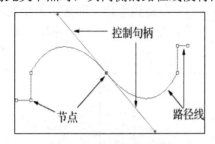

图 4.57 路径的组成结构

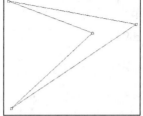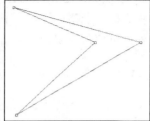

图 4.58 直角型节点及其调整示例

◆ 如果一个节点的两侧均有平滑的曲线形路径线，则该节点为光滑型节点。拖动此类节点两侧的控制句柄其中的一个时，另外一个会随之向相反的方向移动，路径线同时发生相应的变化，图 4.59 所示为光滑型节点及其调整示例。

<99>

◆ 第 3 类节点为拐角型节点，此类节点的两侧也有两个控制句柄，但两个控制句柄不在一条直线上，而且拖动其中一个控制句柄时，另一个不会跟随着一起移动。图 4.60 所示拐角型节点及其控制句柄的调整示例。

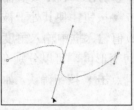　　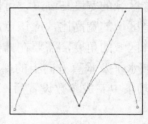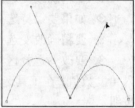

图 4.59　光滑型节点及其调整示例　　　　图 4.60　拐角型节点及其调整示例

4.6.2　绘制路径

要创建路径应该使用以下所讲述的 2 种工具：钢笔工具 和自由钢笔工具 。选择两个工具中的任意一种，都需要在图 4.61 所示的工具选项条上选择绘图方式，其中有 2 种方式可选。

图 4.61　钢笔工具选项条

◆ 单击【形状图层】按钮 ，则可以绘制形状（本书第 5 章将详细讲解有关形状工具的使用方法）。

◆ 单击【路径】按钮 ，则可以绘制路径。

1. 钢笔工具

选择钢笔工具 ，并在其工具选项条中单击几何选项下拉列表按钮 ，将弹出图 4.62 所示的面板，在此可以选择【橡皮带】选项。在【橡皮带】选项被选中的情况下，绘制路径时可以依据节点与钢笔光标间的线段，判断下一段路径线的走向。

◆ 如果需要绘制一条开放路径，可以在绘制至路径需结束处按一下 ESC 键以退出路径的绘制状态。

◆ 要绘制闭合路径，必须使路径的最后一个节点与第一个节点相重合，即在结束绘制路径时将光标放于路径的第一个节点处，此时在钢笔光标的右下角处将显示一个小圆圈，此时点击该处即可使路径闭合，如图 4.63 所示。

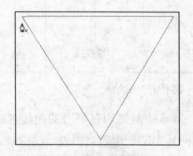

图 4.62　【钢笔选项】选项框　　　　图 4.63　绘制闭合路径

◆　在绘制曲线型路径时，将钢笔的笔尖放在要绘制路径的开始点位置，单击一下以定义第 1 个点作为起始节点，当单击确定第 2 个节点时，应该按住左键不放并向某方向拖动，直到曲线出现合适的曲率，在绘制第 2 点时控制句柄的拖动方向及长度，决定曲线段的方向及曲率。

注　意

在单击确定第二个节点的时候按 Shift 键，可绘制出水平、垂直或 45° 角的直线路径。

2. 自由钢笔工具

自由钢笔工具 的使用方法有些类似于铅笔工具 ，与铅笔工具 不同的是，使用此工具绘制图形时，出现的是路径线而不是笔画。由于路径具有很好的可编辑及调整性，因此可以将使用此工具绘制的路径作为开始，通过编辑生成一条需要的路径。

单击工具选项条上的下拉列表按钮 ，在弹出的如图 4.64 所示的面板中，可以对自由钢笔工具 做参数设置。

此面板中的各参数项解释如下。

◆　曲线拟合：此参数控制绘制路径时对鼠标移动的敏感性，输入的数值越高，所创建的路径的节点越少，路径也越光滑。

图 4.64　【自由钢笔选项】面板

◆　磁性的：在自由钢笔工具 选项条中选中【磁性的】复选框，可以激活磁性钢笔工具 ，在此可以设置磁性钢笔的相关参数。

◆　宽度：在此可以输入一个像素值，以定义磁性钢笔探测的距离，此数值越大磁性钢笔探测的距离越大。

◆　对比：在此可以输入一个百分比，以定义边缘像素间的对比度。

◆　频率：在此可以输入一个数值，以定义当钢笔在绘制路径时设置节点的密度，此数值越大，得到的路径上的节点数量越多。

注　意

选择【磁性的】选项后，光标将变为 。

磁性钢笔工具 的优点在于，磁性钢笔工具 能够自动捕捉边缘对比强烈的图像，并自动跟踪边缘从而形成一条能够制作精确选区的路径线。

使用磁性钢笔工具 ，只需在需要选择的对象边缘处单击一下确定始点，沿图像的边缘移动磁性钢笔工具 ，即可得到所需的钢笔路径。

图 4.65 中所示为原图像，图 4.66 中所示为闭合路径时的钢笔形状，图 4.67 中所示为闭合后的路径效果。

4.6.3　编辑调整路径

通过编辑调整路径可以使路径发生位置、比例、方向等方面的变化。

图 4.65　原素材图像

图 4.66　闭合路径时的钢笔形状

图 4.67　闭合后的路径

1. 选择路径

选择路径是进行编辑调整路径的第一步，只有正确地选择路径才能够进行编辑与调整操作。要选择整条路径，应该在工具箱中选择选择工具 ，直接单击需要选择的路径即可将其选中，当整条路径处于选中状态，路径线呈黑色显示，如图 4.68 所示。

如果需要修改路径的外形，应该将路径线的某一需要修改的线段选中，此时可以在工具箱中选择直接选择工具 单击需要选择的路径线段。如果使用上述方法所选的线段是曲线段，则曲线段两侧的节点会显示出控制句柄，如图 4.69 所示。

要选择节点，可以用选择工具 单击该节点，如果需要选择的节点不止一个，可以用拖动框选的方法做选择。所选节点为实心正方形，未选择的节点显示为空心正方形，如图 4.70 所示。

图 4.68　选择整条路径

图 4.69　选择路径线

图 4.70　选择节点

2. 调整路径

如果要调整直线段，首先选择直接选择工具 ，然后点按需要移动的直线路径，进行拖曳，图 4.71 所示为此操作示意图。

如果要移动节点，同样选择选择工具 ，然后点按并拖曳需要移动的节点，图 4.72 所示为此操作示意图。

如果要调整曲线线段，选择选择工具 后，点按需要调整的曲线路径线进行拖曳，也可以拖动路径线上的节点的控制句柄，两种操作方法的示意图，分别如图 4.73 和图 4.74 所示。

<102>

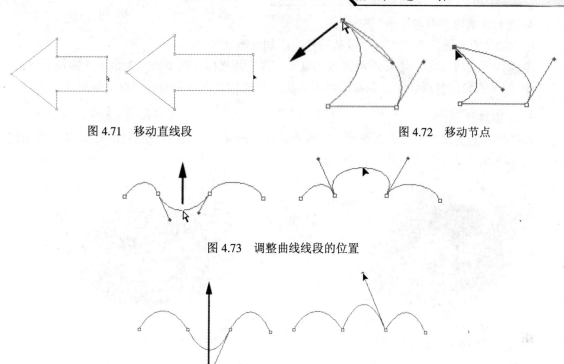

图 4.71 移动直线段   图 4.72 移动节点

图 4.73 调整曲线线段的位置

图 4.74 调整控制句柄

3. 转换节点

如前所述，直角型节点、光滑型节点与拐角节点是路径中的 3 大类节点，在工作中往往需要在这 3 类节点间切换。

◆ 要将直线型节点改变为光滑节点，可以选择转换节点工具 ，将光标放于需要更改的节点上，然后拖动节点，如图 4.75 所示。

◆ 要将光滑型节点改变为直线型节点，直接用转换节点工具 单击此节点即可。

◆ 要将光滑型节点改变为拐角型节点，可以用转换节点工具 移动节点两侧的控制句柄，如图 4.76 所示。

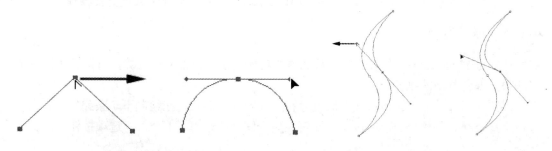

图 4.75 将角点转换为平滑点   图 4.76 将平滑点转换为带方向线的节点

要删除路径线段，用直接选择工具 选择要删除的线段，按 Backspace 键或 Delete 键。

4. 添加、删除和转换节点

用添加节点和删除节点工具可以从路径中添加或删除节点。

◇ 如果要添加节点，选择添加锚点工具 ，将工具光标放在要添加的节点的路径上单击。

◇ 如果要删除节点，选择删除锚点工具 ，将光标放在要删除的节点上单击。

5. 变换路径

选择相应的变换命令对所选路径进行操作，可以改变其角度及比例。图 4.77 所示为原路径，图 4.78 所示为旋转路径操作示例。

图 4.77　原操作路径

图 4.78　旋转路径操作示例

◇ 要对路径做自由变换操作，只需在路径被选中的情况下，按 **Ctrl+T** 组合键或选择【编辑】|【变换路径】命令，拖动路径变换控制框的控制句柄即可。

◇ 要做精确操作，可以在路径变换控制框显示的情况下，在图 4.79 所示的工具选项条中相应的数值输入框中输入数值。

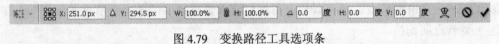

图 4.79　变换路径工具选项条

注　意

如果需要对路径中的部分节点做变换操作，则需要用直接选择工具 选中需要变换的节点，然后选用【编辑】|【变换路径】命令下的各子菜单命令。如果按 **Alt** 键选择【编辑】|【变换路径】命令下的各子菜单命令，可以复制当前操作路径，并对复制对象做变换操作。

4.6.4　路径运算

路径运算是 Photoshop 具有的一种非常优秀的功能，通过使用路径运算，可以使用简单的路径形状得到非常复杂的路径。

要应用路径运算功能，必须保证当前已存在一条或几条路径，在绘制下一条路径时，在工具选项条上选择 命令选项按钮，即可在路径间产生运算，4 个命令选项按钮的意义如下所述：

◇ 单击【添加到路径区域】按钮 ，使两条路径发生加运算，其结果是可向现有路径中添加新路径所定义的区域。

◇ 单击【从路径区域减去】按钮 ，使两条路径发生减运算，其结果是可从现有路径中

<104>

删除新路径与原路径的重叠区域。

◆ 单击【交叉路径区域】按钮▣，使两条路径发生交集运算，其结果是生成的新区域被定义为新路径与现有路径的交叉区域。

◆ 单击【重叠路径区域除外】按钮▣，使两条路径发生排除运算，其结果是定义生成新路径和现有路径的非重叠区域。

要使具有运算方式的路径间发生真正的运算，使路径节点及线段发生变化，单击 【 组合 】命令按钮，则 Photoshop 以路径间的运算方式定义新的路径。

图 4.80 和图 4.81 所示为运用 Photoshop 的两种路径运算方法得到的选区并填充后的效果。

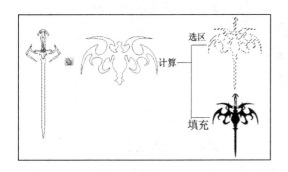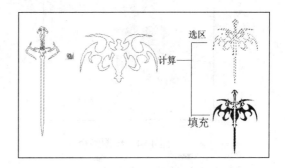

图 4.80　添加到路径区域运算示例　　　　图 4.81　重叠的路径区域除外运算示例

通过以上两个示例，可以看出在绘制路径时选择不同的选项，可以得到不同的路径效果。

下面我们讲解一个利用路径运算功能创建新路径的案例，通过这个案例帮助各位读者融会贯通路径运算操作并初步了解【路径】面板的使用方法。

注 意

这实际是一个比较综合的案例，其中涉及到后面才讲述到的内容，因此如果在操作时遇到问题或没有得到正确的结果，也不必气馁，可以在掌握了后面所讲述的通道、图层、滤镜等知识后再练习此案例。

①按 Ctrl+N 组合键新建一个文件，弹出如图 4.82 所示的对话框。选择【路径】面板，单击【创建新路径】按钮▣，新建一个路径得到【路径 1】，选择矩形工具▣，在其工具选项栏上单击【路径】按钮▣ 和【添加到路径区域】按钮▣，绘制如图 4.83 所示的路径。

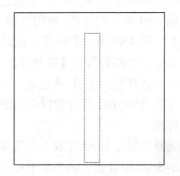

图 4.82　【新建】对话框　　　　　　　　图 4.83　绘制路径

<105>

②分别选择椭圆工具 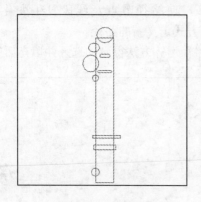、矩形工具 和圆角矩形工具 ，在其工具选项栏上单击【路径】按钮 和【从路径区域减去】按钮 ，绘制如图 4.84 所示的路径。

③选择路径选择工具 ，按住 Shift 键选择下面的 4 个圆形路径，按住 Alt+Shift 组合键向右拖动路径执行【复制】操作，按 Ctrl+T 组合键调出自由变换控制框，单击鼠标右键，在弹出的菜单中选择【水平翻转】命令，并将其移动到如图 4.85 所示的位置。

图 4.84　绘制路径

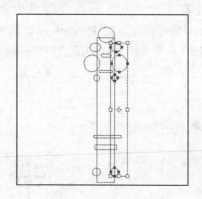
图 4.85　变换后的效果

④按回车键确认变换，选择钢笔工具 ，绘制如图 4.86 所示的路径，按照第 3 步的方法复制变换得到如图 4.87 所示的效果。使用选择工具 选择路径，在其工具选项栏上单击 组合 按钮，得到如图 4.88 所示的效果。

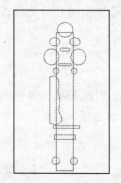
图 4.86　绘制路径

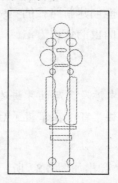
图 4.87　变换后的效果

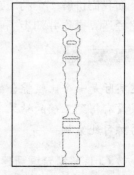
图 4.88　组合路径后的效果

⑤选择椭圆工具 ，在其工具选项栏上单击【路径】按钮 和【交叉路径区域】按钮 ，绘制如图 4.89 所示的路径，使用选择工具 选择路径，在其工具选项栏上单击 组合 按钮，得到如图 4.90 所示的效果，此时【路径】面板的状态如图 4.91 所示。

⑥新建一个路径得到【路径 2】，按 Ctrl+R 组合键显示标尺，拉出两条辅助线相交于画布的中心点，选择椭圆工具 在其工具选项栏上单击【路径】按钮 和【添加到路径区域】按钮 ，按住 Alt+Shift 组合键以画布的中心点为起点绘制如图 4.92 所示的路径。按 Ctrl+R 组合键隐藏标尺。

⑦选择椭圆工具 在其工具选项栏上选择【路径】按钮 和【交叉路径区域】按钮 ，按住 Alt+Shift 组合键以画布的中心点为起点绘制如图 4.93 所示的路径。在其工具选项栏上单击【从路径区域减去】按钮 ，按住 Shift 键绘制如图 4.94 所示的路径。

<106>

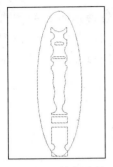

图 4.89　绘制路径

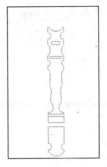

图 4.90　组合路径后的效果

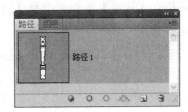

图 4.91　【路径】面板

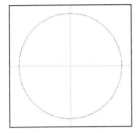

图 4.92　绘制路径

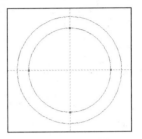

图 4.93　绘制路径

⑧使用选择工具 选择路径，在其工具选项栏上单击 组合 按钮，得到如图 4.95 所示的效果。

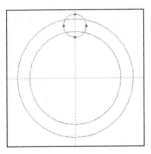

图 4.94　绘制路径

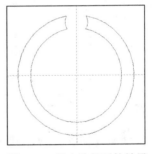

图 4.95　组合路径后的效果

⑨选择椭圆工具 在其工具选项栏上单击【路径】按钮 和【从路径区域减去】按钮 ，按住 Shift 键绘制如图 4.96 所示的路径，按 Ctrl+Alt+T 组合键执行【变换并复制】操作，按住 Alt 键将变换控制框的中心点移动到辅助线的中心点上，按住 Shift 键拖动图像变换到如图 4.97 所示的位置，按 Enter 键确认变换。

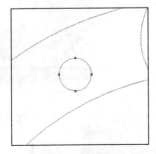

图 4.96　绘制路径

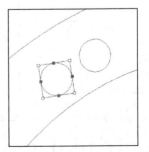

图 4.97　变换路径

<107>

⑩按 Ctrl+Alt+Shift+T 组合键执行【连续变换并复制】操作 38 次，得到如图 4.98 所示的效果。此时【路径】面板的状态如图 4.99 所示，使用选择工具 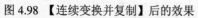 选择路径，选中路径按 Ctrl+C 组合键执行【拷贝】操作，选择【路径 1】，按 Ctrl+V 组合键执行【粘贴】操作，并将路径移动到如图 4.100 所示的位置。

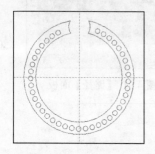

图 4.98 【连续变换并复制】后的效果　　　图 4.99 【路径】面板　　　图 4.100 拷贝粘贴后的效果

⑪使用选择工具 选择路径，单击 组合 按钮，得到如图 4.101 所示的效果，选择钢笔工具 ，绘制如图 4.102 所示的路径，按照第 3 步的方法将此路径移动到如图 4.103 所示的位置。

图 4.101 组合路径后的效果　　　　　　　　图 4.102 绘制路径

⑫单击 组合 按钮，得到如图 4.104 所示的效果，此时【路径】面板的状态如图 4.105 所示，按 Ctrl+Enter 组合键将路径转换为选区，选择【通道】面板，单击【将选区存储为通道】按钮 ，得到通道 Alpha 1，按 Ctrl+D 组合键取消选区，并选择 Alpha 1 通道。

图 4.103 复制并移动路径　　　图 4.104 组合路径后的效果　　　图 4.105 【路径】面板

⑬选择【滤镜】|【模糊】|【高斯模糊】命令，在弹出的对话框中设置【半径】的值为 4，

<108>

得到如图 4.106 所示的效果。选择【图像】|【调整】|【色阶】命令，设置弹出的对话框如图 4.107 所示，得到如图 4.108 所示的效果。

图 4.106 【高斯模糊】后的效果

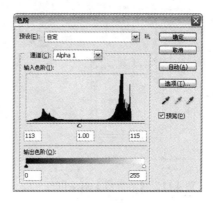

图 4.107 【色阶】对话框

⑭按住 Ctrl 键单击 Alpha 1 的缩览图以调出其选区，回到【图层】面板，新建一个图层得到【图层 1】，设置前景色的颜色为黑色，按 Alt+Delete 组合键填充选区，按 Ctrl+D 组合键取消选区，得到如图 4.109 所示的效果，将【图层 1】的填充值设为 0%。

图 4.108 调整【色阶】后的效果

图 4.109 填充颜色后的效果

⑮单击添加图层样式按钮 *fx.*，在弹出的菜单中选择【图案叠加】命令，设置弹出的对话框如图 4.110 所示。并在该对话框中选择【斜面和浮雕】、【高等线】、【纹理】、【渐变叠加】、【图案叠加】、【光泽】和【投影】选项，分别设置其对话框如图 4.111、图 4.112、图 4.113、图 4.114、图 4.115、图 4.116 所示，得到如图 4.117 所示的最终效果。

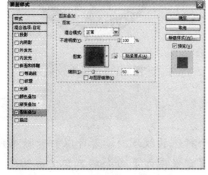

图 4.110 【图案叠加】对话框

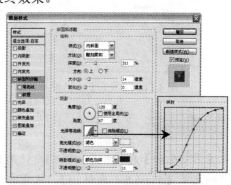

图 4.111 【斜面和浮雕】对话框

<109>

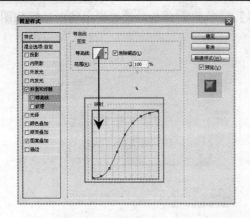

图 4.112 【等高线】对话框

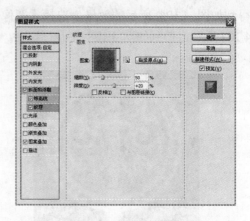

图 4.113 【纹理】对话框

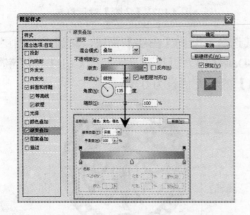

图 4.114 【渐变叠加】对话框

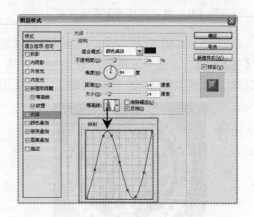

图 4.115 【光泽】对话框

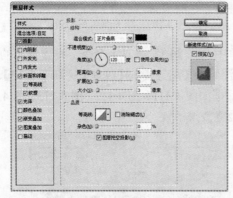

图 4.116 【投影】对话框

图 4.117 最终效果

注 意

在【图案叠加】对话框中，我们所使用的图案是一个特殊的纹理。读者可以打开随书所附光盘中的文件【d4z\4.6.4-素材.tif】，然后选择【编辑】|【定义图案】命令将其定义成为图案，再应用至此处的【图案叠加】图层样式中即可；在【斜面和浮雕】对话框中，【高光模式】后

<110>

颜色块的颜色值为 fbffb9,【阴影模式】后颜色块的颜色值为 5a3015；在【纹理】对话框中所使用的图案与【图案叠加】对话框中的图案是完全相同的；在【光泽】对话框中，颜色块的颜色值为 5d0000。

4.6.5 【路径】面板

在使用路径工作时,【路径】面板是使用频率最高的面板, 不仅因为路径保存于【路径】面板, 而且因为将路径转换为选区或将选区转换为路径, 都需要使用【路径】面板的相关功能, 图 4.118 所示为【路径】面板。

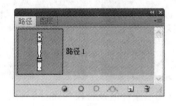

图 4.118　【路径】面板

◇　要新建一条路径, 在面板上单击【创建新路径】按钮 。
◇　要删除面板上的某一条路径, 将其选中在面板上单击 按钮。
◇　要复制一条路径, 可以将其拖至【创建新路径】按钮 上。
◇　要重命名一条路径, 在面板上双击此路径名称, 在弹出的对话框中直接输入路径名称即可。

4.6.6 转换路径与选区

1. 将路径转换为选区

对于需要转换为选区的路径, 可以按下述方法操作, 以将其转换为选择区域。

在【路径】面板中选择需要转换为选区的路径, 然后单击【路径】面板下方的 按钮, 即可将当前选择的路径转换为选择区域。

除此方法外, 还可以在键盘上按 Ctrl+Enter 组合键, 或按 Ctrl 键单击【路径】面板中的路径。

图 4.119 所示为原路径及转换为选区后的效果。

图 4.119　原路径及转换为选区后的效果

<111>

2. 将选区转换为路径

选区与路径具有可逆性，即可以将路径转换为选区，也可以将选区转换为路径。

要将选区转换为路径，单击【路径】面板下方的 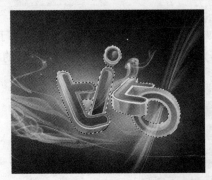 按钮。

图 4.120 所示为原选区及转换为路径后的效果。

图 4.120　原选区及转换为路径后的效果

<112>

第 5 章　绘画及着色

导读

自 Photoshop 7.0 版本开始，Photoshop 的绘画功能就大大地增强了，这主要体现在其强大的笔刷面板与丰富的预设笔刷上。在 Photoshop 中用于绘画的工具包括画笔工具 ✐ 和铅笔工具 ✐，但配合其他创建图形和修改图像的工具，则可以得到非常好的图像效果。

5.1　选择前景色与背景色

在 Photoshop 中绘图与传统手绘有相似之处，也有不同之处。

相似之处在于，无论是传统绘画还中使用 Photoshop 绘图，都需要使用画笔与颜色；不同之处在于，在 Photoshop 中绘画所使用的画笔具有很强的可调性，而颜色选择的范围与余地也很大。

Photoshop 中的画布颜色和绘图色彩，都能够进行调整，通常我们通过工具箱中的前景色与背景色来设置这两种颜色。

前景色是用于做图的颜色，可以将其理解为传统绘画时，我们所使用的颜料。

要设置前景色，可以单击工具箱中的前景色图标 ▨，在弹出的如图 5.1 所示的【拾色器】对话框中进行设置。

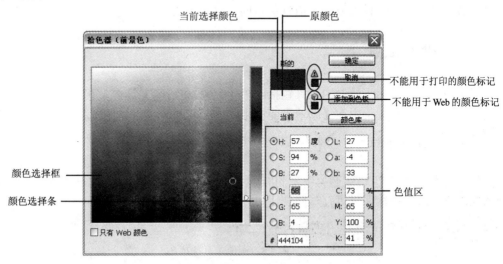

图 5.1　【拾色器】对话框

设置前景色的操作步骤如下所述。

①拖动颜色选择条中的滑块，以设定一种基色。

②在颜色选择框中单击选择所需要的颜色。

<113>

③如果明确知道所需颜色的色值，可以在色值区的数值输入框中直接输入颜色值或颜色代码。

④在当前选择颜色图标的右侧，如果有 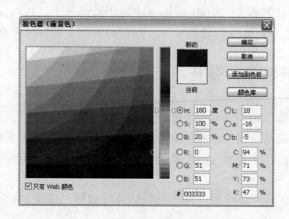 标记，表示当前选择的颜色不能用于四色印刷，单击该标记，Photoshop 自动选择可用于印刷并与当前选择的颜色最接近的颜色。

⑤在当前选择颜色图标的右侧，如果有 标记，表示当前选择的颜色不能用于 Web 的显示，单击该标记，Photoshop 自动选择可用于 Web 显示并与当前选择最接近的颜色。

⑥单击选中【只有 Web 颜色】选项，【拾色器】对话框显示如图 5.2 所示，其中的颜色均可用于 Web 显示。

图 5.2　【只有 Web 颜色】的【拾色器】对话框

⑦根据需要设置颜色后，单击【确定】按钮，工具箱中的前景色图标即显示相应的颜色。

背景色是画布的颜色，根据作图的要求，可以设置不同的颜色，单击背景色图标，即显示【拾色器】对话框，其设置方法与前景色相同，这里不再一一详述。

5.2　绘图工具

在 Photoshop 中用于绘制的工具包括画笔工具 和铅笔工具 ，用它们作图均要选择合适的笔刷，笔刷的设置集中在【画笔】面板中，本节将讲解关于绘图工具的使用及操作技巧。

5.2.1　画笔工具

利用画笔工具 可以绘制边缘柔和的线条，选择工具箱中的画笔工具 ，并设置如图 5.3 所示的画笔工具选项条即可进行绘画操作。

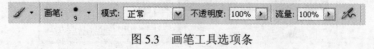

图 5.3　画笔工具选项条

◆【画笔】：在此下拉列表框中选择一个合适的画笔（关于画笔的详细讲解参见下一小节）。

◆【模式】：在此下拉列表框中选择用笔刷工具作图时的混合模式（关于混合模式参见第 8 章）。

◆【不透明度】：此数值用于设置绘制效果的不透明度，其中 100%表示完全不透明，而 0

<114>

则表示完全透明，不同透明度值的对比效果如图 5.4 所示。

不透明度为 100%

不透明度为 50%

图 5.4　不同透明度的笔刷效果

◈ 【流量】：此选项可以设置作图时的速度，数值越小，用笔刷绘图的速度越慢。

如果在工具选项条中单击 ✍ 按钮，可以用喷枪的模式工作。

注　意

要体会喷枪工作模式与未处于喷枪工作模式的区别，可以在单击 ✍ 按钮后，点按左键不放进行绘制操作。

5.2.2　铅笔工具

使用铅笔工具 ✎ 可以绘制自由手画线，在工具箱中选择铅笔工具 ✎ 后，显示如图 5.5 所示的工具选项条。

图 5.5　铅笔工具选项条

铅笔工具选项条中的大部分选项与笔刷工具相同，不同之处是铅笔工具选项条中的画笔下拉列表框中的画笔全部是硬边效果，绘制的线条也是硬边的，其绘制效果如图 5.6 所示（笔者在这里使用与图 5.4 相同的画笔及设置）。

图 5.6　铅笔工具的硬边笔刷

<115>

◆【自动抹除】：选择此选项利用铅笔工具 ✐ 绘图时，当光标的起点单击在以前使用铅笔工具 ✐ 绘制的线条上时，可以将光标经过的地方填充背景色。

5.2.3 【画笔】面板

选择【窗口】|【画笔】命令，弹出如图 5.7 所示的【画笔】面板。

在工具箱中很多工具的选项条中都有【画笔】选项，要设置【画笔】选项必须要掌握【画笔】面板，因为对各种笔刷的属性的调整设置参数，基本上集中在【画笔】面板中。

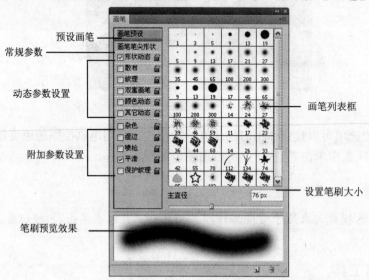

图 5.7 【画笔】面板

默认状态下，【画笔预设】选项被选中，在【画笔】面板的画笔列表框中，通过单击可以选择不同的画笔笔刷。

下面详细讲解笔刷面板中的各个参数选项。

1. 设置常规参数

单击【画笔】面板中的【画笔笔尖形状】选项，显示如图 5.8 所示的【画笔】面板，在此可以设置当前画笔的基本属性，其中包括画笔的【直径】、【圆度】、【间距】等参数。

◆【直径】：在【直径】数值输入框中输入数值或调节滑块，可以设置画笔的大小，数值越大，画笔直径越大，如图 5.9 所示。

◆【翻转 X】：选择该选项后，画笔方向将做水平翻转。图 5.10 所示为保持【角度】和【圆度】数值不变的情况下，选择此选项前后的绘画效果，可以看出雪花的角度在水平方向上发生了翻转。

◆【角度】：在该数值输入框中直接输入数值，则可以设置画笔旋转的角度。图 5.11 所示为圆形画笔角度相同，圆度不同时绘制的对比效果，图 5.12 所示为非圆形画笔角度相同，圆度不同时绘制的对比效果。

◆【圆度】：在【圆度】数值输入框中输入数值，可以设置画笔的圆度，数值越大画笔越趋向于正圆或画笔在定义时所具有比例。如图 5.13 所示是利用 100%的圆度和 20%的圆度的画笔绘制的效果。

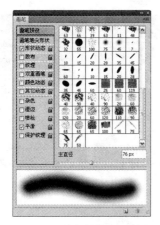

图 5.8　显示常规参数的【画笔】面板

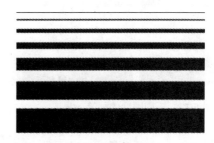

图 5.9　不同画笔大小绘制的粗细不同的直线

图 5.10　选择【翻转 X】选项前后模拟雪花飞落的绘画效果

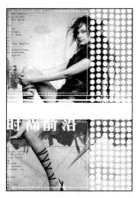   

圆度为 100、角度为 45°　　　圆度为 50、角度为 45°　　　　圆度为 100、角度为 45°　　　圆度为 50、角度为 45°

图 5.11　圆形画笔绘图对比效果　　　　　　　　图 5.12　非圆形画笔绘图对比效果

◇【硬度】：当在画笔列表框中选择椭圆形画笔时，此选项才被激活。在此数值输入框中输入数值或调节滑块，可以设置画笔边缘的硬度，数值越大，笔刷的边缘越清晰，数值越小；笔刷的边缘越柔和。如图 5.14 所示，左图硬度为 90%，右图硬度为 0%，并用同一大小的画笔所绘制的效果。

◇【间距】：在该数值输入框中输入数值或调节滑块，可以设置绘图时组成线段的两点间的距离，数值越大间距越大。将画笔的【间距】设置成为一个足够大的数值，则可以得到图 5.15 所示的点线效果。

<117>

图 5.13　不同圆度的画笔效果

图 5.14　设置不同画笔硬度的效果

图 5.15　点线效果

2. 形状动态参数

形状动态参数区域的选项包括，形状动态、散布、纹理、双重画笔、颜色动态、其他动态，配合应用各种选项可得到非常丰富的画笔效果。

选择【形状动态】选项，【画笔】面板显示如图 5.16 所示。

◈【大小抖动】：此参数控制画笔在绘制过程中尺寸的波动幅度，数值越大，尺寸的波动的幅度越大，图 5.17 所示为使用酒瓶形画笔分别设置【大小抖动】数值为 20 与 60 时得到的不同效果。

图 5.16　选择【形状动态】时的【画笔】面板

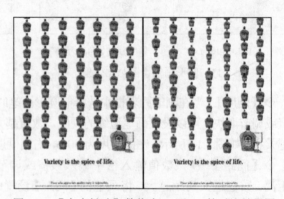

图 5.17　【大小抖动】数值为 20 及 60 的对比效果图

<118>

注　意

为方便示例，笔者在此为瓶子形画笔设置了一个较大的间距值，因此其间距较大。

【大小抖动】选项下方的【控制】选项用于控制画笔波动的方式，其中包括：关、渐隐、钢笔压力、钢笔斜度、光笔轮等五种方式。

选择【渐隐】选项，将激活其右侧的数值输入框，在此可以输入数值以改变画笔笔触渐隐的步长，数值越大，画笔消失的速度越慢，因此其描绘的线段越长，对比效果如图 5.18 所示。

【渐隐】数值为 40　　　　　　　　　　　　【渐隐】数值为 70

图 5.18　不同渐隐数值的对比效果图

注　意

由于钢笔压力、钢笔斜度、光笔轮三种方式都需要压感笔的支持，因此如果没有安装此硬件，在【控制】下拉列表框的左侧将显示一个叹号 ⚠控制: 钢笔压力 ▾ 。

◇【最小直径】：此数值控制在尺寸发生波动时，画笔的最小尺寸。数值越大，发生波动的范围越小，波动的幅度也会相应变小，画笔的尺寸动态达到最小尺寸时尺寸最大。

◇【角度抖动】：此参数控制画笔在角度上的波动幅度，数值越大，波动的幅度也越大，画笔显得越紊乱，其效果为如图 5.19 所示的酒瓶形画笔的绘制效果。

 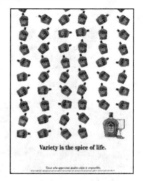

【角度抖动】值为 20　　　　　　　　　　　【角度抖动】值为 100

图 5.19　不同角度抖动数值的对比效果图

<119>

◆【圆度抖动】：此参数控制画笔在圆度上的波动幅度，数值越大，波动的幅度也越大。

◆【最小圆度】：此数值控制画笔在圆度发生波动时，画笔的最小圆度尺寸值，数值越大则发生波动的范围越小，波动的幅度也会相应变小。

3. 散布参数

在【画笔】面板中选择【散布】选项，【画笔】面板如图 5.20 所示，其中可以设置【散布】、【数量】、【数量抖动】等参数。

◆【散布】：此参数控制画笔偏离使用画笔绘制的笔画的偏离程度。数值越大，偏离的程度越大，图 5.21 所示是为文字形画笔设置不同的【散布】数值后得到的效果。

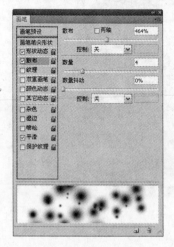

【散布】值为 15　　　　　　　　　【散布】值为 200

图 5.20　选择【散布】选项的【画笔】面板　　　图 5.21　不同散布数值的对比效果图

◆【两轴】：选择此复选项，画笔点在 X 和 Y 两个轴向上发生分散，如果不选择此复选项，则只在 X 轴向上发生分散。

◆【数量】：此参数控制笔画上画笔点的数量，数值越大构成画笔笔画的点越多，其效果如图 5.22 所示。

【数量】值为 1【数量抖动】值为 0　　　　　【数量】值为 1【数量抖动】值为 100

图 5.22　【数量抖动】数值示意图

<120>

◇【数量抖动】：此参数控制在绘制的笔画中，画笔点数量的波动幅度。数值越大得到的笔画中画笔的数量抖动幅度越大。

4. 颜色动态

在【画笔】面板中选择【颜色动态】选项，其【画笔】面板如图 5.23 所示，选择此选项可以动态改变画笔颜色效果。

◇【前景 / 背景抖动】：在此输入数值或拖动滑块，可以在应用画笔时，控制画笔的颜色变化情况。数值越大画笔的颜色发生随机变化时，越接近于背景色，反之数值越小画笔的颜色发生随机变化时，越接近于前景色。

◇【色相抖动】：此选项用于控制画笔色调的随机效果，数值越大画笔的色调发生随机变化时，越接近于背景色色相，反之数值越小画笔的色调发生随机变化时，越接近于前景色色相。

◇【饱和度抖动】：此选项用于控制画笔饱和度的随机效果，数值越大画笔的饱和度发生随机变化时，越接近于背景色的饱和度，反之数值越小画笔的饱和度发生随机变化时，越接近于前景色的饱和度。

◇【亮度抖动】：此选项用于控制画笔亮度的随机效果，数值越大画笔的亮度发生随机变化时，越接近于背景色色调，反之数值越小画笔的亮度发生随机变化时，越接近于前景色亮度。

◇【纯度】：在此输入数值或拖动滑块，可以控制笔画的纯度，数值为-100 时笔画呈现饱和度为 0 的效果，反之数值为 100 时笔画呈现完全饱和的效果。

5. 其他动态

在【画笔】面板中选择【其他动态】选项时，【画笔】面板如图 5.24 所示。

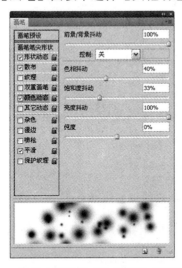

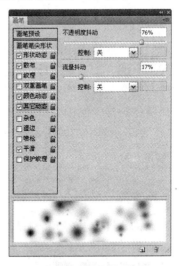

图 5.23　选择【颜色动态】选项的【画笔】面板　　图 5.24　选择【其他动态】选项时的【画笔】面板

选择【其他动态】选项时【画笔】面板中的参数解释如下：

◇【不透明度抖动】：此选项用于控制画笔的随机不透明度效果。图 5.25 所示为在保持其他参数不变的情况下，以不同【不透明度抖动】数值绘制图像背景的效果。

◇【流量抖动】：此选项用于控制用画笔绘制时的消褪速度，百分数越大，消褪越明显。

<121>

图 5.25 设置不同的【不透明度抖动】数值时为模特背景绘画的效果

6. 管理预设画笔

Photoshop 有多种预设的画笔，默认情况下，只显示其中的一部分，要显示其他预设的画笔，可以单击【画笔】面板右侧的按钮 ，在弹出的菜单中选择要调入的画笔名称，弹出如图5.26 所示的对话框。

图 5.26 调入预设的画笔对话框

在对话框中单击【确定】按钮即可显示调入的画笔；单击【追加】按钮，可以将选择的画笔添加至【画笔】面板中。

7. 定义画笔

如果需要更个性化的画笔，需要自定义画笔。

自定义画笔的方法非常简单，其操作步骤如下。

①创建要定义为画笔的对象，可以是图像或文字。

②选择要作为画笔的图像或文字（选择时可以使用矩形选框工具 、套索工具 、魔棒工具 等）的部分选中，如图 5.27 所示。

> **注　意**
>
> 选择区域的形状可以是规则型的，也可以是不规则型的，但其形状会影响画笔的形状。

③选择【编辑】|【定义画笔预设】命令，在弹出的对话框中输入画笔的名称，然后单击【确定】按钮，如图 5.28 所示。

图 5.27 原图像

图 5.28 【画笔名称】对话框

<122>

④完成操作后，即可在【画笔】面板中查看到新定义的画笔。

5.3　形状工具

形状工具包括矩形工具 ▢、圆角矩形工具 ▢、椭圆工具 ●、多边形工具 ⬟、直线工具 ╲ 及自定义形状工具 ✿，使用这些工具可以快速绘制出矩形、圆形、多边形、直线及自定义的形状。

5.3.1　矩形工具、圆角矩形工具和圆形工具

这 3 个形状工具的操作方法和选项面板非常相似，因此放在一起进行讲解。它们的工具选项条及选项面板如图 5.29 所示。

矩形工具选项条及选项面板

圆角矩形工具选项条及选项面板

椭圆形工具选项条及选项面板

图 5.29　工具条的选项面板

1．创建形状图层

在工具箱中选择矩形、圆角矩形、自定形状工具 ✿ 中的一种工具，并在其工具选项条中单击形状图层按钮 ▢，在图像上拖动鼠标即可绘制一个新形状图层。

可以将创建的形状对象看做一个矢量图形，它们不受分辨率的影响。并可以为矢量图像添加样式效果。

2．创建工作路径

在工具箱中选择矩形工具 ▢、圆角矩形工具 ▢、自定形状工具 ✿ 中的一种工具，并在其

工具选项条中单击路径按钮 ，即可在图像上绘制路径。

3. 创建图形

在工具箱中选择矩形工具 、圆角矩形工具 、自定形状工具 中的一种工具，并在其工具选项条中单击填充像素按钮 ，将以前景色为填充色，可以在图像上绘制以当前前景色填充的图像。

4. 选项面板

矩形、圆角矩形和椭圆 3 个工具的选项面板基本相似，各选项的意义也基本相同，在此一起讲解。

◆【不受约束】：选择【不受限制】选项，可以任意绘制各种形状、路径或图形。

◆【方形 / 圆形】：在矩形和圆角矩形选项面板中选择【方形】选项，可以绘制不同大小的正方形。在椭圆形选项面板中选择【圆】选项，可以绘制不同大小的圆形。

◆【固定大小】：选择此选项后，可以在 W 和 H 数值输入框中输入数值，以定义形状、路径或图形的宽度与高度。

◆【比例】：选择此选项，可以在 W 和 H 数值输入框中输入数值，定义形状、路径或图形的宽度和高度比例值。

◆【从中心】：选择此选项，可以从中心向外放射性地绘制形状、路径或图形。

◆【对齐像素】：选择此选项，可以使矩形或圆角矩形的边缘无混淆现象。

注 意

按 Shift 键可以直接绘制出正方形和正圆形；按 Alt 键可以从中心向外放射性地绘制；按 Alt+Shift 组合键，可以从中心向外放射性地绘制正方形或正圆形。

5. 模式

在工具选项条中单击填充像素按钮 时，【模式】及【不透明度】选项才被激活，在此选项下拉列表菜单中可以选择一种图形的混合模式及绘画时的不透明度效果。

6. 消除锯齿

在工具选项条中单击填充像素按钮 时，【消除锯齿】选项才被激活，选择此复选项，可以消除图形的锯齿。

7. 半径

在圆角矩形工具 选项条中的【半径】选项用于设置圆角的半径值。数值越大，角度越圆滑，其效果如图 5.30 所示。

图 5.31 所示为使用矩形工具 创作的图案及设计作品中的矩形效果。

图 5.32 所示为使用椭圆形工具 创作的图案及设计作品中的矩形效果。

5.3.2　多边形工具

选择多边形工具 可绘制不同边数的多边形或星形，其工具选项条如图 5.33 所示。

在【边】数值输入框中输入数值，可以确定多边形或星形的边数，单击形状工具右侧的三

<124>

角形按钮，弹出如图 5.34 所示的多边形工具选项面板。

半径为 0

半径为 10

半径为 30

半径为 50

图 5.30　半径不同的圆角矩形

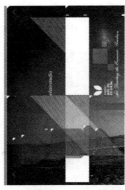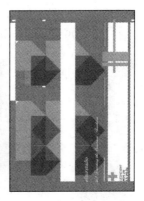

图 5.31　使用矩形工具创作的图案及设计作品中的矩形效果

图 5.32　使用椭圆形工具创作的图案及设计作品中的圆形效果

图 5.33　多边形工具选项条

◆【半径】：在该数值输入框中输入的数值，可以定义多边形的半径值，如图 5.35 所示。
◆【平滑拐角】：选择该复选框，可以平滑多边形的拐角，如图 5.36 所示。

<125>

图 5.34　多边形工具选项面板　　　图 5.35　未选中平滑拐角选项　　　图 5.36　选中平滑拐角选项

◇【星形】：选择此复选框可以绘制星形，并激活下面的 2 个选项，控制星形的形状如图 5.37 所示。

◇【缩进边依据】：在此数值输入框中输入百分数，可以定义星形的缩进量，数值越大星形的内缩效果越明显，如图 5.38 和图 5.39 所示。

◇其范围在 1%～99%之间，如图 5.38 和图 5.39 所示，为不同缩进值的星形。

图 5.37　星形　　　图 5.38　数值为 50%时的星形效果　　图 5.39　数值为 80%时的星形效果

5.3.3　直线工具

利用直线工具 ＼不但可以绘制不同粗细的直线，还可以为直线添加不同形状的箭头，如图 5.40 所示。

图 5.40　直线及不同形状的箭头效果

选择直线工具 ＼，显示如图 5.41 所示的工具选项条。

<126>

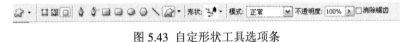

图 5.41　直线工具选项条

在【粗细】数值输入框中输入数值，以确定直线的宽度。单击形状工具右侧的三角命令按钮 ，弹出如图 5.42 所示直线工具 选项面板。

◆【起点】、【终点】：选择【起点】选项使直线起点有箭头，选择【终点】选项使直线终点有箭头，如果需要直线两端均有箭头，同时选择【起点】和【终点】复选框。

◆【宽度】、【长度】：在两个数值输入框中输入数值，可指定箭头宽度和长度的比例。

◆【凹度】：在此数值输入框中输入数值，可以定义箭头的凹陷程度。

图 5.42　直线工具选项面板

5.3.4　自定义形状工具

Photoshop CS4 中增加了许多自定义的形状，使绘制形状、路径和图形的效果更加丰富。选择自定义形状工具 后，其工具选项条如图 5.43 所示。

图 5.43　自定形状工具选项条

单击自定义形状工具 右侧的三角形命令按钮 ，弹出如图 5.44 所示的选项面板。此选项面板中的参数在以前章节中基本都有所述，在此不再重述。

单击工具选项条中【形状】选项右侧的三角形命令按钮 ，弹出如图 5.45 所示的【形状】列表框，单击即可选中相应的形状。

图 5.44　【自定形状选项】面板

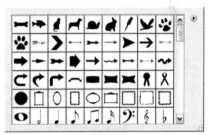

图 5.45　【形状】列表框

如果在工作中我们经常要使用某一种路径，则可以将此路径保存为形状，从而在以后的工作中直接使用此自定义形状绘制所需要的路径，当然使用此自定义的形状，也可以绘制出图像与形状图层。

要创建自定义形状，可以按下述步骤操作：

①选择钢笔工具 ，用钢笔工具 创建所需要的形状的外轮廓路径，如图 5.46 所示。

②选择路径选择工具 ，将路径全部选中。

③选择【编辑】|【定义自定形状】命令，在弹出的如图 5.47 所示的对话框中输入新形状的名称，然后单击【确定】按钮确认。

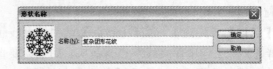

图 5.46　钢笔工具所绘路径　　　　　　　图 5.47　定义自定形状对话框

④选择自定形状工具，显示形状列表框即可选择自定义的形状，如图 5.48 所示。

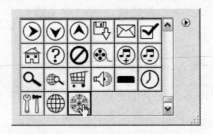

图 5.48　新定义的形状

5.4　橡皮擦工具

利用橡皮擦工具可以擦除图像，并以背景色或透明像素填充被擦除的区域。

利用背景橡皮擦工具可以直接擦除图像的像素，使擦除的地方变为透明。

利用魔术橡皮擦工具可以一次性选择并擦除容差值以内的所有颜色。

5.4.1　橡皮擦工具

在工具箱中选择橡皮擦工具，其工具选项条如图 5.49 所示。

图 5.49　普通橡皮擦工具的选项条

用橡皮擦工具在图像的背景层中擦除时，擦除的区域将填充背景色；如果擦除非背景层中的其他图层中的内容时，被擦除的区域变为透明。

◆【画笔】：在此下拉列表框中选择用于擦除的画笔。

◆【模式】：在此下拉列表中选择擦除时的模式，其中包括，画笔、铅笔和块，依次选择这三个选项，分别可以得到柔和的、硬边的和块状的擦除痕迹。

◆【不透明度】：此数值框中的数值用于设置擦除笔刷的不透明度，如果数值低于 100%，则擦除后不会完全去除被操作区域的像素，如图 5.50 所示。

◆【抹到历史记录】：选择该项进行擦除时，系统不再以背景色或透明像素填充被擦除的区域，而是以历史面板中选择的图像状态覆盖当前被擦除的区域。

<128>

20%　　　50%　　　100%

图 5.50　为橡皮擦工具设置不同不透明度数值擦除后的效果

5.4.2　背景橡皮擦工具

背景橡皮擦工具 可用于擦除图层中的图像，使被擦除的区域转变为透明，在擦除像素的同时还可以保留图像的边缘。从操作原理上讲，背景橡皮擦将采集画笔中心（也称为热点）的色样，并擦除此工具操作范围内任何位置出现的采样颜色。

选择背景橡皮擦工具 ，其工具选项条如图 5.51 所示。

图 5.51　背景擦除工具的选项条

此工具选项条中的【画笔】选项与橡皮擦工具 一样，这里不再一一详述。

◆ 取样模式：分别单击 3 个图标，可以分别用 3 种不同的取样模式进行擦除操作。单击 图标，可以使用此工具随着鼠标的移动连续进行颜色取样。单击 图标，只在开始进行擦除操作时进行一次取样操作。单击 图标，以背景色进行取样，从而只擦除图像中有背景色的区域。

◆【限制】：在此下拉列表菜单中选择擦除的限制，其中包括【不连续】、【连续】和【查找边缘】3 个选项。选择【连续】选项，只擦除在容差范围内与取样颜色连续的颜色区域，此选项的作用与【不连续】恰好相反，图 5.52 所示为原图像，以及分别选择这两个选项进行操作的效果。选择【查找边缘】选项，可以在擦除颜色时保存图像的对比明显的边缘。

图 5.52　原图像及设置不同【限制】选项时的擦除效果

◆【容差】：此数值用于设定擦除图像时的色值范围，低容差仅擦除与采样颜色非常相似的区域，高容差将擦除范围更广的颜色，如图 5.53 所示。

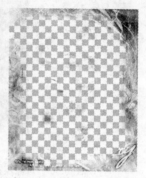

图 5.53　原图像及设置不同【容差】值的擦除效果

◆【保护前景色】：选择此复选框，可在擦除的过程中保护图像中填充有前景色的图像区域不被擦除。

5.4.3　魔术橡皮擦工具

使用魔术橡皮擦工具可以一次性擦除图像中具有相同颜色的图像,选择魔术橡皮擦工具后，其工具选项条如图 5.54 所示。

图 5.54　魔术橡皮擦工具的选项条

◆【容差】：此数值用于确定擦除图像的颜色的容差范围。

◆【消除锯齿】：选择此复选项，可以消除擦除后图像出现的锯齿。

◆【连续】：选择此复选框魔术橡皮擦工具只对连续的、符合颜色容差要求的像素进行擦除，如图 5.55 所示。

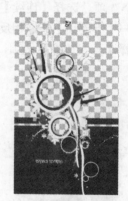

单击位置示意　　　选择【连续】选项后单击的效果　未选择【连续】选项后单击的效果

图 5.55　魔术橡皮擦操作示例

◆【对所有图层取样】：选择此复选框，无论在哪个图层上操作，魔术橡皮擦工具的擦

<130>

除操作对所有可见图层中的图像都发生作用。

◇【不透明度】：此数值框中的数值用于设定擦除时的不透明度。

5.5　渐变工具

渐变工具用于创建不同颜色间的混合过渡效果，Photoshop 提供了可以创建 5 类渐变的渐变工具，即线性渐变工具、径向渐变工具、角度渐变工具、对称渐变工具和菱形渐变工具。

5.5.1　渐变工具选项条

选择渐变工具后其工具选项条如图 5.56 所示。

渐变类型选择框　　渐变预设下拉按钮

图 5.56　渐变工具选项条

渐变工具的使用方法较为简单，其操作步骤如下所述。

①在工具箱中选择渐变工具。

②在工具选项条中所示的 5 种渐变类型中选择合适的渐变类型。

③单击【渐变效果框】下拉菜单按钮，在弹出的如图 5.57 所示的【渐变类型】面板中选择合适的渐变效果。

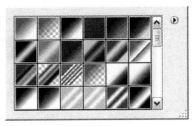

图 5.57　【渐变类型】面板

④设置渐变工具的工具选项条中的其他的选项。

⑤在图像中拖动渐变工具，即可创建渐变效果。

注　意

在拖动过程中如果拖动的距离越长则渐变过渡越柔和，反之过渡越急促。如果在拖动过程中，按 Shift 键则可以在水平、垂直或 45°方向应用渐变。

◇【渐变类型】：在 Photoshop 中共可以创建 5 种类型的渐变，如图 5.58 所示。

◇【模式】：选择其中的选项可以设置渐变颜色与底图的混合模式。

◇【不透明度】：在此所设置的数值可设置渐变的不透明度，数值越大则渐变越不透明，反之越透明。

<131>

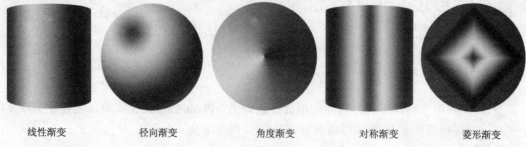

| 线性渐变 | 径向渐变 | 角度渐变 | 对称渐变 | 菱形渐变 |

图 5.58　不同渐变工具创建的渐变效果

◆【反向】：选择该选项，可以使当前的渐变反向填充。

◆【仿色】：选择该选项，可以平滑渐变中的过渡色，以防止在输出混合色时出现色带效果，从而导致渐变过渡出现跳跃效果。

◆【透明区域】：选择该选项可使用当前的渐变按设置呈现透明效果，反之即使此渐变具有透明效果亦无法显示出来。

5.5.2　创建实色渐变

虽然 Photoshop 所自带的渐变类型足够丰富，但在有些情况下，我们还是需要自定义新渐变，以配合图像的整体效果。要创建实色渐变可按下述步骤操作：

①在工具选项条中选择任一种渐变工具。

②单击渐变类型选择框，如图 5.59 所示，即可调出如图 5.60 所示的【渐变编辑器】对话框。

图 5.59　单击渐变类型选择框　　　　　　　图 5.60　【渐变编辑器】对话框

③单击【预置】区域中的任意一种渐变，以基于该渐变来创建新的渐变。

④在【渐变类型】下拉菜单中选择【实底】选项，如图 5.61 所示。

⑤单击起点颜色色标使该色标上方的三角形变黑，以将其选中，如图 5.62 所示。

⑥单击对话框底部的【颜色】右侧的三角按钮▶，会弹出选项菜单，该菜单中各选项的解释如下：

◆ 选择【前景】以将该色标定义为前景色，选择此选项可使此色标所定义的颜色随前景

<132>

色的变化而变化。

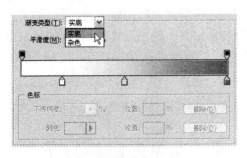
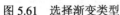

图 5.61 选择渐变类型

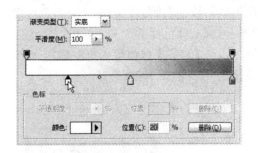

图 5.62 选择颜色块

◆ 如果选择【背景】可以将该色标定义为背景色，选择此选项可使此色标所定义的颜色随背景色的变化而变化。

◆ 如果需要选择其他颜色来定义该色标，可选择【用户颜色】选项或双击色标，在弹出的【拾色器】对话框中选择颜色。

⑦按照本示例第 5 步和第 6 步中所述方法为其他色标定义颜色。

⑧如果需要在起点与终点色标中添加色标以将该渐变类型定义为多色渐变，可以直接在渐变条下面的空白处单击，如图 5.63 所示，然后按照第 5 步和第 6 步中所述的方法定义该色标的颜色。

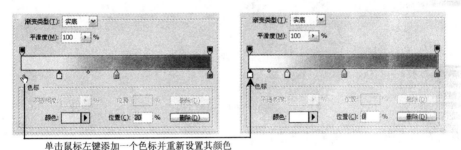

单击鼠标左键添加一个色标并重新设置其颜色

图 5.63 创建色标

⑨要调整色标的位置，可以按住鼠标左键将色标拖曳到目标位置，如图 5.64 所示，或在色标被选中的情况下，在【位置】数值输入框中输入数值，以精确定义色标的位置，图 5.65 所示为改变色标位置后的状态。

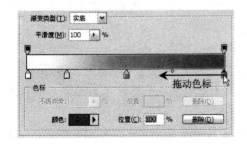

图 5.64 拖动色标

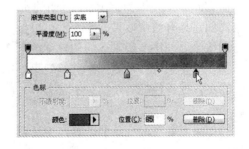

图 5.65 拖动色标后的状态

<133>

⑩如果需要调整渐变的急缓程度，可以拖曳两个色标中间的菱形滑块，如图 5.66 所示。向右侧拖动可以使右侧色标所定义的颜色缓慢地向左侧色标所定义的颜色过渡，反之如果向左侧拖动则可使右侧色标所定义的颜色缓慢地向左侧色标所定义的颜色过渡。在菱形滑块被选中的情况下，在【位置】数值输入框中输入一个百分数，可以精确定位菱形滑块，图 5.67 所示为向右侧拖动菱形滑块后的状态。

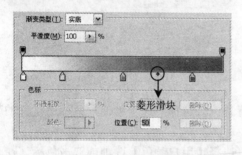
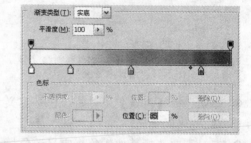

图 5.66　单击选中菱形滑块　　　　　　　图 5.67　拖动菱形滑块后的状态

⑪如果要删除处于选中状态下的色标，可以直接按 Delete 键，或者按住鼠标左键向下拖动，直至该色标消失为止，图 5.68 所示为将色标删除后的状态。

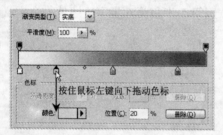
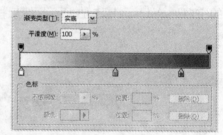

图 5.68　删除色标及删除色标后的状态

⑫拖动菱形滑块定义该渐变的平滑程度。

⑬完成渐变颜色设置后，在【名称】输入框中输入该渐变的名称。

⑭如果要将渐变存储在预设置面板中，单击【新建】按钮即可。

⑮单击【确定】按钮退出【渐变编辑器】对话框，新创建的渐变自动处于被选中状态。

5.5.3　创建透明渐变

在 Photoshop 中除可创建不透明的实色渐变外，还可以创建具有透明效果的渐变。

要创建具有透明效果的渐变，可以按下述步骤操作。

①按照上一小节所讲述的创建实色渐变的方法创建一个实色渐变。

②在渐变条上方需要产生透明效果处单击，以增加一个不透明色标，如图 5.69 所示。

③在该透明色标处于被选中状态下，在【不透明度】数值输入框中输入数值以定义其透明度。

④如果需要在渐变条的多处产生透明效果，可以在渐变条上多次单击，以增加多个不透明色标。

⑤如果需要控制由两个不透明色标所定义的透明效果间的过渡效果，可以拖动两个色标中

<134>

间的菱形滑块。

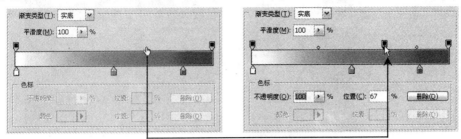

单击鼠标左键添加一个渐变色标

图 5.69　增加不透明色标

　　图 5.70 所示为一个非常典型的具有多个不透明色标的透明渐变，图 5.71 所示为原图像，图 5.72 所示为应用此渐变后的效果。

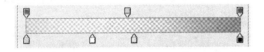

图 5.70　具有多个不透明色标的渐变

图 5.71　原图　　　　　　　　图 5.72　创建透明渐变后的效果

5.5.4　创建杂色渐变

　　除了创建平滑渐变外，还可以创建杂色渐变。图 5.73 所示为笔者创建的杂色渐变，图 5.74 所示为将此渐变运用于图像前后的对比效果。

图 5.73　创建杂色渐变

<135>

图 5.74　运用前后的对比效果

要创建杂色渐变可按如下步骤进行操作：

①选择渐变工具 。

②单击其选项条中的渐变类型选择框，以调出【渐变编辑器】对话框。

③在【渐变类型】下拉菜单中选择【杂色】选项，如图 5.75 所示，选择该选项后则变为如图 5.76 所示的状态。

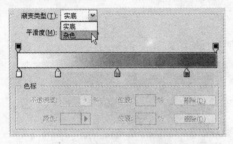 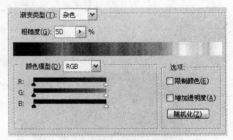

图 5.75　选择渐变类型　　　　　　　　　图 5.76　选择【杂色】选项后的状态

④在【粗糙度】数值输入框中输入数值或拖动其滑块，可以控制渐变的粗糙程度，数值越大则颜色的对比度越明显，图 5.77 所示为设置不同的【粗糙度】数值时呈现的渐变效果。

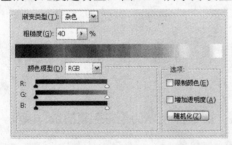 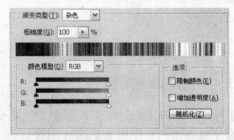

图 5.77　设置不同的【粗糙度】数值时的渐变效果

⑤在【颜色模型】下拉菜单中可以选择渐变颜色在取样时的色域。

⑥要调整颜色范围，拖移各个颜色滑块。对于所选颜色模型中的每个颜色组件，都可以拖移滑块定义可接受值的范围。

⑦选择【限制颜色】选项可以避免杂色渐变中出现过饱和的颜色。

⑧选择【增加透明度】选项可以创建出具有透明效果的杂色渐变。

⑨单击【随机化】按钮可以随机得到不同的杂色渐变。

<136>

5.5.5 存储渐变

要将一组预设渐变存储为渐变库，可按如下步骤进行操作：

①单击【渐变编辑器】对话框右侧的【存储】按钮。

②在弹出的【存储】对话框中选择文件保存的路径并输入文件名称。

③设置完毕后，单击【保存】按钮即可。

5.6 填充和描边

在 Photoshop 中不但可以为选区做内部填充或描边操作，也可以为路径做内部填充或描边操作。

5.6.1 为选区或路径填充

为选区和路径做内部填充操作所得到的效果基本相同，但操作方法略有不同，为了更好地区别这两种方式，在此做对比讲解。

1. 为选区内部填充颜色或图案

为选区内部填充颜色可以按快捷键填充前景色或背景色，也可以利用油漆桶工具 填充颜色或图案，还可以选择【编辑】|【填充】命令，在弹出的对话框中进行设置，在此只介绍【填充】对话框。

在存在选区的状态下，选择【编辑】|【填充】命令将弹出如图 5.78 所示的【填充】对话框。

◇【内容】：在【使用】下拉菜单中可以选择填充的类型，其中包括前景色、背景色、图案、历史、黑、50%的灰和白等 7 种。

当选择【图案】选项时，其下面的【自定图案】选项被激活，单击右侧的三角形按钮 ，在弹出的下拉菜单中选择一种图案进行填充，得到如图 5.79 所示的效果。

图 5.78 【填充】对话框　　　　　　　图 5.79 为选区填充图案

◇【混合】：在此区域可以设置填充的模式、不透明度等属性。

2. 为路径内部填充颜色或图案

为路径填充实色的方法非常简单，选择需要进行填充的路径，然后单击路径面板中的填充

<137>

路径按钮，即可为路径填充前景色，图 5.80 中左图所示为一条人形路径，右图所示为使用此方法为路径填充后的效果。

图 5.80　路径填充颜色的前后对比效果

如果要控制填充路径的参数及样式，可以按住 Alt 键单击用前景色填充路径按钮，或选择【路径】面板右上角的按钮▼≡，在弹出的菜单中选择【填充路径】命令，弹出如图 5.81 所示的对话框。

此对话框的上半部分与【编辑】|【填充】命令对话框相同，其参数的作用和应用方法也相同，在此不一一详述。

◇【羽化半径】：在此区域可控制填充的效果，在羽化半径数值输入框中输入一个大于 0 的数值，可以使填充具有柔边效果。如图 5.82 所示是将【羽化半径】数值设置为 6 时填充前景色的效果。

图 5.81　【填充路径】对话框　　　　　　图 5.82　设置羽化值的填充路径效果

选择【消除锯齿】选项，可以消除填充时的锯齿。

注　意

填充路径时，如果当前图层处于隐藏状态，则用前景色填充路径按钮及【填充路径】命令均不可用！

5.6.2　为选区或路径描边

对选择区域进行描边能得到线条效果，而对路径进行描边，则可以利用画笔所具有的丰富

<138>

属性创建多种特殊效果。

1．为选区描边

对选择区域进行描边，可以得到沿选择区域勾边的效果。在存在选区的状态下，选择【编辑】|【描边】命令，弹出如图 5.83 所示的对话框。

图 5.83　【描边】对话框

◆【宽度】：在此数值输入框中输入数值，以设置描边线条的宽度，数值越大，线条越宽。

◆【颜色】：单击色标，在弹出的拾色器中为描边线条选择一种合适的颜色。

◆【位置】：此区域中的 3 个选项，可以设置描边线条相对于选择区域的位置，其中包括：内部、居中和居外。图 5.84 所示分别为选择 3 个选项后所得的描边效果。

选择居内选项　　　　　　　选择居中选项　　　　　　　选择居外选项

图 5.84　选择 3 个选项后所得的描边效果

在【描边】对话框中的【混合】区域中的选项与填充对话框中的相同，在此不再重述。

图 5.85 所示为原选择区域及进行描边操作后的效果。

图 5.85　为选区描边后的效果

<139>

2. 为路径描边

在 Photoshop 中，可以为路径勾画非常丰富的边缘效果，其操作步骤如下。

①在【路径】面板中选择需要描边的路径，如果【路径】面板中有多条路径，要用路径选择工具 选择要描边的路径。

②在工具箱中设置前景色的颜色，以作为描边线条的颜色。

③在工具箱中选择用来描边的工具，可以是铅笔、钢笔、橡皮擦组、橡皮图章组、历史画笔组、涂抹、模糊、锐化、减淡、加深、海绵等工具。

④在工具选项条中设置用来描边的工具的参数。

⑤在【路径】面板中单击【用画笔描边路径】按钮 ，当前路径得到描边效果。

如图 5.86 所示是选择画笔工具 为路径描边的效果。

图 5.86　描边路径效果

如果在执行描边操作时，为画笔工具 设置【形状动态】参数并选择异形画笔则可以得到图 5.87 所示的效果。

如果要设置描边时的参数，按住 Alt 键单击【用画笔描边路径】按钮 ，或单击【路径】面板右上角的按钮 ，在弹出的菜单中选择【描边路径】命令，弹出图 5.88 所示的对话框。

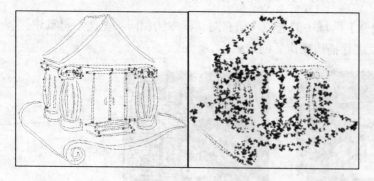

图 5.87　描边路径效果

图 5.88　【描边路径】对话框

在【工具】选项下拉列表菜单中可以选择要用于描边的工具。

<140>

5.7 定义图案

在前面 5.5 节及 5.6 节所讲述的油漆桶和填充操作中都需要使用图案,如果对于图案的要求并不严格,可以直接使用软件内置的默认图案,但如果软件内置的图案不能够满足使用的要求,则必须定义图案。

要定义图案可以按下述步骤操作。

①打开随书所附光盘中的文件【d5z\5.7-素材.jpg】,如图 5.89 所示。

②在工具箱中选择矩形选框工具 ,并在其工具选项条中设置羽化数值为 0。

③在打开的图像文件中,框选图像局部作为图案,如图 5.90 所示。

图 5.89 要定义图案的图像   图 5.90 框选要定义图案的局部图像

④选择【编辑】|【定义图案】命令,在弹出的如图 5.91 所示的对话框中输入图案的名称。

这样即可在以后的操作中,在图案选择下拉列表框中选择通过自定义得到的图案,如图 5.92 所示。

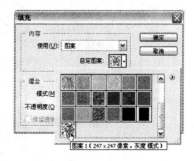

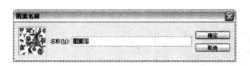

图 5.91 【图案名称】对话框   图 5.92 图案选择下拉列表框

<141>

第 6 章　纠错及修饰变换图像

导读

通过学习前面的章节，可以看出 Photoshop 绘制与处理图像的功能非常强大，它的纠错与修饰图像的功能同样强大。本章将重点讲解在 Photoshop 中用于纠正错误的【历史记录】面板、历史记录画笔工具 ✍ 及用于修补图像的仿制图章工具 🖳 及修补工具 ◎，除此之外，如何对图像的整体或局部进行缩放、旋转等变换操作也是本章的重点。

6.1　纠正错误

除了常用但非常简单的【编辑】|【前进一步】、【编辑】|【后退一步】命令外，历史记录画笔工具 ✍ 和【历史记录】面板是应用最频繁且功能最强大的纠错手段。

6.1.1　【历史记录】面板

默认情况下【历史记录】面板可以记录对当前图像文件所做的最近 20 步操作，在工作界面中有图像文件的状态下，选择【窗口】|【历史记录】命令，弹出如图 6.1 所示的【历史记录】面板。

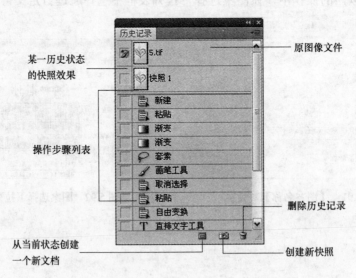

图 6.1　【历史记录】面板

注 意

如果需要可以选择【编辑】|【预置】|【常规】命令，在弹出的对话框中更改【历史记录

<142>

状态】数值输入框中的数值，以重新设置记录步骤。

要应用【历史记录】面板，可以参考以下操作指导。

①如果需要返回至以前所操作的某一个历史状态，直接在操作步骤列表区域单击该操作步骤，即可使图像的操作状态返回至该历史状态。例如，单击上图所示的【历史记录】面板中的移动选区栏时，图像返回至移动选区前的状态，以下所做的操作呈灰色显示，再进行其他操作时，则【历史记录】面板继续从此向下记录。

②单击【创建新快照】按钮 📷，可以将当前操作状态下的图像效果保存为快照效果，通过将若干种操作状态保存为多个快照，可以在不同的快照间相互对比，以观察不同操作方法所得到的最终效果的优劣。

③单击【从当前状态创建新文档】按钮 🔳，可以将当前操作状态下的文件复制为一个新文件，新文件将具有当前操作文件的通道、图层、选区等相关信息。

要删除历史状态，可以将历史状态栏拖曳至【删除】按钮 🗑 中，即可删除此历史状态，与之相关的图像编辑状态也被丢弃。

如果选择【历史记录】面板右上角的按钮 ▾≣，在弹出的菜单中选择【清除历史记录】命令，可以清除【历史记录】面板中除当前选择栏以外的其他所有状态栏，图像将保持编辑后的状态。

注　意

删除历史栏或清除历史状态后，立即选择【编辑】|【返回】命令，可以将被删除的历史记录恢复。但如果在清除图像的历史状态时，按住 Alt 键选择【清除历史记录】命令，所清除的历史状态将无法使用【返回】命令恢复。

6.1.2　历史记录画笔工具

历史记录画笔工具 ✍ 需要结合【历史记录】面板来使用，其主要功能是可以将图像的某一区域恢复至某一历史状态，以形成特殊效果。

下面以为图 6.2 所示的小狗增加动感聚焦效果为例，讲解如何使历史记录画笔工具 ✍。

①打开随书所附光盘中的文件【d6z\6.1.2-素材.tif】，如图 6.2 所示。

②选择【滤镜】|【模糊】|【径向模糊】命令，设置弹出的对话框如图 6.3 所示，得到图 6.4 所示的效果。

图 6.2　原图像

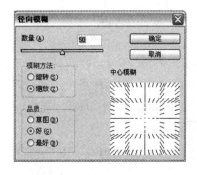

图 6.3　【径向模糊】对话框

<143>

③打开【历史记录】面板，将历史画笔源切换为执行【径向模糊】命令前的状态，如图6.5所示。

图6.4　应用【径向模糊】命令后的效果　　　　图6.5　选择历史画笔源

④在工具箱中选择历史记录画笔工具 ，并在其工具选项条中设置适当的画笔大小，设置作图模式及不透明度，如图6.6所示。

图6.6　历史记录画笔工具选项条

⑤用历史记录画笔工具 在小狗的周围进行涂抹，即可将此部分图像的状态恢复至执行【径向模糊】命令前的状态，得到如图6.7所示的效果。

图6.7　应用历史记录画笔后的效果

6.2　修饰图像

修饰图像类操作常用在两种情况下，第一种是通过修饰图像，改变图像的局部细节或修补图像的不足之处，第二种是在绘图后对图像进行修饰，从而使绘图时被忽略的细节得到纠正。

在 Photoshop 中常用的修饰图像的工具包括仿制图章工具 和修补工具 两大类，下面分别进行讲述。

6.2.1　图章工具

图章类工具能够将图像或图案的一部分复制至同一个图像文件的其他区域或另一个图像

<144>

文件中。虽然同样是复制操作，此工具不同于【拷贝】、【粘贴】命令之处在于，使用绘图工作方式进行复制具有非常大的灵活性，可以对图像的局部进行复制操作。

图章类工具包括两种，一种是仿制图章工具，另一种是图案图章工具。

1. 仿制图章工具

选择仿制图章工具后，其工具选项条如图 6.8 所示。

图 6.8　仿制图章工具选项条

下面讲解其中几个重要的选项。

◆【对齐】：在此复选框被选中的状态下，整个取样区域仅应用一次，即使操作由于某种原因而停止，再次继续使用仿制图案工具进行操作时，仍可从上次结束操作时的位置开始。反之，如果未选中此复选框，则每次停止操作再继续绘画时，都将从初始参考点位置开始应用取样区域，因此在操作过程中，参考点与操作点间的位置与角度关系处于变化之中，该选项对于在不同的图像上应用图像的同一部分的多个副本很有用。

◆【样本】：在此下拉菜单中，我们可以选择定义源图像时所取的图层范围，其中包括了【当前图层】、【当前和下方图层】，以及【所有图层】3 个选项，从其名称上便可以轻松理解在定义样式时所使用的图层范围。

◆【忽略调整图层】按钮：在【样本】下拉菜单中选择了【当前和下方图层】选项或【所有图层】选项时，该按钮将被激活，单击此按钮将在定义源图像时忽略图层中的调整图层。

注　意

调整图层的内容请参考本书 8.9 节。

在此以复制图 6.9 所示的图像中的豹子为例，讲解如何使用仿制图章工具，其操作方法如下所述。

①打开随书所附光盘中的文件【d6z\6.2.1-素材.tif】，如图 6.9 所示。

②选择仿制图章工具，在其工具选项条中选择合适的笔刷，设定【模式】和【不透明度】，选择【对齐】复选框。

③按住 Alt 键（此时光标为⊕形）单击要取样的图像，在此单击豹子的后脚，如图 6.10 所示。

图 6.9　素材文件

图 6.10　单击要取样的图像

<145>

④释放 Alt 键，在要得到复制图像的区域按住鼠标左键不放并拖动鼠标，此时图像中将出现十字光标与圆圈光标，其中十字光标为取样点，而圆圈光标为复制处，如图 6.11 所示。

⑤不断在新的位置拖动光标，即可复制取样处的图像得到图 6.12 所示的效果。

图 6.11　两个光标复制中的状态　　　　图 6.12　应用仿制图章工具复制后的图像

注　意

按住 Shift 键并拖动鼠标，将会使仿制图章以直线方式复制。

2. 图案图章工具

图案图章工具用来选择图像的某一部分，然后将选择区作为图案来绘制。图案图章工具的工具选项条如图 6.13 所示，其中的选项说明请参看前面的介绍。

图 6.13　图案图章工具选项条

与仿制图章工具不同的是，图案图章工具用一个自定义或预设的图案覆盖制作区域。

6.2.2　使用【仿制源】面板

CS3 版本之前，使用图章工具无法实现定义多个仿制源点的功能，换言之，当我们按住 Alt 键再次从一个新的图像区域开始定义复制源点时，旧的复制源点将被取代，自 CS3 版本以来，不仅解决了这一问题，而且还能够在复制时旋转和缩放被复制图像，从而为复制工作增强了极大的灵活性，下面将详细讲解【仿制源】面板。

1. 认识【仿制源】面板

选择【窗口】|【仿制源】命令，即可显示如图 6.14 所示的【仿制源】面板。

可以看出，【仿制源】面板的结构非常清晰，最上面一排图标用于定义多个仿制源，第二栏用于定义进行仿制操作时，图像产生的位移、旋转角度、缩放比例等。第三排用于处理仿制动画，最下面的一栏用于定义进行仿制时显示的状态。

2. 定义多个仿制源

要定义多个仿制源，可以按下面的步骤操作。

①打开随书所附光盘中的文件【d6z\6.2.2-素材.tif】，如图 6.15 所示。

<146>

②在工具箱中选择仿制图章工具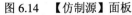。

图 6.14　【仿制源】面板　　　　　　　　　图 6.15　素材图像

③按住 Alt 键,用仿制图章工具 在图像中胡萝卜的头部单击一下,以创建一个仿制源点,此时【仿制源】面板如图 6.16 所示,可以看出在第 1 个仿制源图标 的下方,有当前通过单击定义的仿制源的文件名称。

④在【仿制源】面板中单击第 2 个仿制源图标 ,将光标放于此图标上,可以显示热敏菜单如图 6.17 所示,从菜单中可以看出,这是一个还没有使用的仿制源。

图 6.16　定义了第 1 个仿制源的面板　　　　图 6.17　尚未使用的仿制源图标

⑤按住 Alt 键,用仿制图章工具 在图像中辣椒的头部单击一下,即可创建第 2 个仿制源点。

按同样的方法,可以使用仿制图章工具 定义多个仿制源点。

3. 使用多个仿制源点

按上面所讲述的方法得到多个仿制源点后,可以按下面的方法使用不同的仿制源点。

①确认要使用的仿制源点,例如要从胡萝卜的头部开始进行仿制操作,单击面板中左起第 1 个仿制源图标,因为在上一案例操作中,我们用此图标进行了相关定义。

②使用仿制图章工具 在图像空白处进行拖动复制操作,即可从胡萝卜的头部开始进行仿制操作,如图 6.18 所示。

③接下来的操作要复制辣椒的头部,因此单击面板中左起第 2 个仿制源图标,因为在上一案例操作中,我们用此图标进行了有关辣椒头部的定义。

<147>

④使用仿制图章工具 在图像左侧空白处进行拖动复制操作，即可从辣椒的头部开始进行仿制操作，操作效果如图 6.19 所示。

图 6.18　使用第 1 个仿制源点进行操作后的效果　　　图 6.19　使用第 2 个仿制源点进行操作后的效果

按同样的方法，即可使用仿制图章工具 在多个仿制源点中进行选择，并进行复制操作。

4．定义显示效果

使用最新的【仿制源】面板，可以定义在进行仿制操作时图像的显示效果，以便于我们更准确地预知仿制操作所得到的效果。

下面分别讲解【仿制源】面板中，用于定义仿制时的显示效果的若干选项的意义。

◆【显示叠加】：单击此复选框，可以在仿制操作中显示预览效果，图 6.20 所示为选中后未操作前的预览状态，图 6.21 所示为选中后操作中的操作效果，可以看出在叠加预览图显示的情况下，我们能够更加准确地预知操作后的效果，从而避免错误操作。

图 6.20　操作前的状态　　　　　　　　　　图 6.21　操作中的状态

◆【不透明度】：此参数用于制作叠加预览图的不透明度的显示效果，数值越大，显示效果越实在、清晰，图 6.22 所示为数值为 20％的显示效果，图 6.23 所示为数值为 80％的显示效果。

图 6.22　数值为 20％的显示效果　　　　　　图 6.23　数值为 80％的显示效果

<148>

◇【自动隐藏】：此复选项被选中的情况下，在点按左键进行仿制操作时，叠加预览图像将暂时处于隐藏状态，不再显示。

◇【模式列表】：在此下拉列表中可以显示叠加预览图像与原始图像的叠加模式，其叠加模式如图 6.24 所示，各位读者可以尝试选择不同的模式时的显示状态。

◇【复位变换】：单击此按钮，可以将 W、H 及角度数值输入框中的数值重新设置为 0。

◇【已剪切】：此复选项及【显示叠加】复选项被选中的情况下，Photoshop 将操作中的预视区域的大小剪切为画笔大小，图 6.25 所示为未选中状态，图 6.26 所示为选中状态。

图 6.24　模式列表

图 6.25　未选中的状态

◇【反相】：此复选项被选中的情况下，叠加预览图像呈反相显示状态，如图 6.27 所示。

图 6.26　选中【已剪切】复选项预视区域剪切为画笔大小

图 6.27　反相显示状态

5. 变换仿制效果

除了控制显示状态，使用新的【仿制源】面板最大的优点在于，我们能够在仿制中控制所得到的图像与原始被仿制的图像的变换关系，例如，我们可以按一定的角度进行仿制，或者使进行仿制操作后得到的图像与原始图像呈现一定的比例。

下面介绍具体操作方法。

①接上一案例，在【仿制源】面板中单击面板中左起第 2 个仿制源图标。

②设置【仿制源】面板如图 6.28 所示。

③此时可以看出叠加预览图像已经与被复制图像呈现一定的夹角，如图 6.29 所示。

④使用仿制图章工具　在图像空白处进行拖动复制操作，即可得到旋转了一定角度的仿制效果，如图 6.30 所示。

⑤在【仿制源】面板中单击面板中左起第 1 个仿制源图标，设置【仿制源】面板如图 6.31

所示。

⑥此时可以看出叠加预览图像已经与被复制图像不仅呈现一定的夹角，而且还成比例地被缩小，如图 6.32 所示。

图 6.28 【仿制源】面板

图 6.29 预览状态

图 6.30 仿制后的效果

图 6.31 再次设置【仿制源】面板

⑦使用仿制图章工具 ，在图像空白处进行拖动复制操作，即可得到旋转了一定角度并进行了缩放的仿制效果，如图 6.33 所示。

图 6.32 预览状态

图 6.33 仿制后的效果

⑧再次设置面板如图 6.34 所示，进行仿制操作后的效果如图 6.35 所示。

6.2.3 修复工具

在 PhotoShop 中有 4 个修复工具，使用这些工具，可以非常快速、有效地去除人物脸部的

<150>

皱纹、雀斑和红眼。

图 6.34 设置面板参数

图 6.35 仿制操作后的效果

1. 污点修复画笔工具

污点修复画笔工具 可以用于去除照片中的杂色或污斑，此工具与下面将要讲解到的修复画笔工具 非常相似，不同的是使用此工具不需要进行采样操作，只需要用此工具在图像中有杂色或污斑的地方单击一下即可去除此处的杂色或污斑。

打开随书所附光盘中的文件【d6z\6.2.3-1-素材.tif】，图像如图 6.36 所示，图 6.37 中左图所示为用修复画笔工具 单击前的效果，图 6.37 右图所示为直接在照片中单击色斑后的效果。

图 6.36 素材图像（右图为放大后的局部效果）

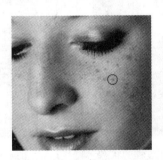
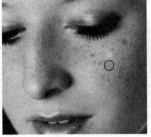

图 6.37 修复污点局部前后对照

图 6.38 所示为去处色斑后的整体的效果。

2. 修复画笔工具

要使用修复工具 可以参阅下面所示的实例。

<151>

①打开随书所附光盘中的文件【d6z\6.2.3-2-素材.tif】。

图 6.38　修复后的效果

②在工具箱中选择修复画笔工具 ，并在其工具选项条中进行如图 6.39 所示的设置。

图 6.39　修复画笔工具选项条

在修复画笔工具 选项条中，重要的参数讲解如下：

◆【取样】：用取样区域的图像修复需要改变的区域。

◆【图案】：用图案修复需要改变的区域。

◆【样本】：在此下拉菜单中，我们可以选择定义源图像时所取的图层范围，其中包括了【当前图层】、【当前和下方图层】，以及【所有图层】3 个选项。

◆【忽略调整图层】按钮 ：在【样本】下拉菜单中选择了【当前和下方图层】或【所有图层】时，该按钮将被激活，单击该按钮以后将在定义源图像时忽略图层中的调整图层。

③按 Alt 键在肩膀的其他完好区域取样，在有颜色及文字的区域上涂抹，其效果如图 6.40 所示，操作过程如图 6.41 所示，按此方法去除其他地方的文字及颜色得到如图 6.42 所示的效果。

图 6.40　在有颜色及文字的区域涂抹　　　图 6.41　操作过程的状态　　　图 6.42　涂抹后的效果

注　意

在使用修复画笔工具 时，十字为取样点，小圆圈为当前涂抹的区域。

④继续在肩膀处皮肤肌理较好的区域按 Alt 键进行取样，然后在需要加强皮肤质感的区域

<152>

涂抹，即可得到如图 6.43 所示的最终效果。

图 6.43　添加肌理后的效果

3. 修补工具

修补工具 的操作方法与修复画笔工具 不同，在此以一个实例来讲解如何使用此工具，其具体操作方法如下所述。

①打开随书所附光盘中的文件【d6z\6.2.3-3-素材.tif】。选择修补工具 ，并在其工具选项条中进行如图 6.44 所示的设置。

图 6.44　修补工具的工具选项条

②用此工具选择胸部不需要的区域，其使用方法与套索工具 类似，如图 6.45 所示。

③将修补工具 置于选择区域内，将其拖至如图 6.46 所示的位置，释放鼠标得到如图 6.47 所示的效果。

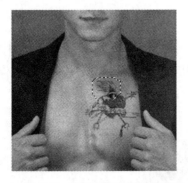　　　　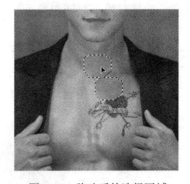

图 6.45　选择胸部右侧的细纹　　　　图 6.46　移动后的选择区域

注　意

在使用修补工具 进行工作时，也可以使用其他选择工具制作一个精确的选择区域，然后选择此工具将选择区域拖动至无瑕疵的图像。

④按 Ctrl+D 组合键取消选区，按照第 1 步~第 3 步的操作制作出如图 6.48 所示的最终效果。图中 6.49 所示为修补前后的对比效果。

<153>

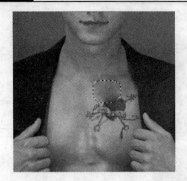 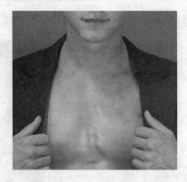

图 6.47　释放光标所得效果　　　　　　　图 6.48　精细调整所得效果

   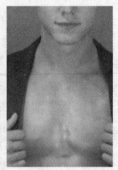

图 6.49　修补前后的对比效果

6.3　变换图像

利用 Photoshop 的变换命令，可以选择区域中的图像在整体上进行变换，例如可以缩放对象、倾斜对象、旋转对象、翻转对象或扭曲对象等。

要用变换命令变换对象，可以按下述步骤操作。

①打开一幅需要变换的图像，使用任何一种选择工具，选择需要进行变换的图像。

②在【编辑】|【变换】子菜单命令中选择需要使用的变换命令，此时被选择图像四周出现变换控制框，其中包括 8 个控制句柄，以及 1 个控制中心点，如图 6.50 所示。

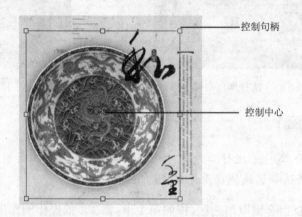

控制句柄

控制中心

图 6.50　使用变换工具选中对象后显示的控制句柄和中心点

<154>

③拖动 8 个控制句柄中任一个，即可对图像进行变换。

④得到需要的效果后，在变换控制框中双击鼠标以确定变换效果，如果要在操作中取消变换操作则按 Esc 键直接退出变换操作。

⑤在操作中可以移动变换控制中心点，以改变变换控制基准点。

6.3.1　缩放对象

要缩放图像可以按照如下所述方法进行操作：

①选中要缩放的图像，选择【编辑】|【变换】|【缩放】命令或按 Ctrl+T 组合键调出自由变换控制框。

②将鼠标光标放至变换控制框中的变换控制句柄上，当光标变为双箭头↔时拖动鼠标，即可改变图像的大小。其中拖动左侧或右侧的控制句柄，可以在水平方向改变图像大小；拖动上方或下方的控制句柄，可以在垂直方向上改变图像大小；拖动角部控制句柄，可以同时在水平或垂直方向改变图像大小。

③得到需要的效果后释放鼠标，并双击变换控制框以确认缩放操作。

图 6.51 显示水平缩放图像的操作示例。

6.3.2　旋转图像

旋转图像的操作类似于缩放图像，只是进行旋转图像操作时，将光标移至变换控制框附近，光标会变为一个弯曲箭头↶，此时拖动鼠标，即可以中心点为基准旋转图像。

图 6.52 所示为旋转图像示例，其中笔者将变换控制中心点移至左上角处。

 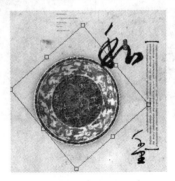

　　图 6.51　水平缩放图像的操作示例　　　　　　　图 6.52　旋转图像示例

注　意

如果需要按 15° 的倍数旋转图像，可以在拖动鼠标的时候按住 Shift 键，得到需要的效果后，双击变换控制框即可。

6.3.3　斜切图像

斜切图像的操作类似于缩放图像，只是进行斜切图像操作时，将光标移至变换控制框附近，光标会变为一个箭头▶‡，此时拖动鼠标，即可使图像在光标移动的方向上发生斜切变形。

<155>

6.3.4 翻转图像

翻转图像操作包括水平翻转和垂直翻转两种，操作如下所述：

◈ 如果要水平翻转图像，可以选择【编辑】|【变换】|【水平翻转】命令。

◈ 如果要垂直翻转图像，可以选择【编辑】|【变换】|【垂直翻转】命令。

6.3.5 扭曲图像

扭曲图像是应用非常频繁的一类变换操作，通过此类变换操作，可以使图像在任何一个控制句柄处发生变形，其操作方法如下所述。

①打开随书所附光盘中的文件【d6z\6.3.5-素材 1.tif】和【d6z\6.3.5-素材 2.tif】，如图 6.53 所示，选择【编辑】|【变换】|【扭曲】命令。

②将光标移至变换控制框附近或控制句柄上，当光标变为一个箭头 ▸ 时拖动鼠标， 即可使图像发生拉斜变形。

③得到需要的效果后释放鼠标，并双击变换控制框以确认扭曲操作。

图 6.54 所示为通过对处于选择状态的图像执行扭曲操作的过程，图 6.55 所示为通过将图像扭曲将被选图像贴入打印纸上的效果。

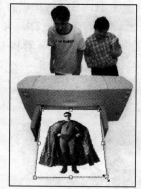

图 6.53　原图像效果　　　　　图 6.54　扭曲操作中的状态　图 6.55　扭曲操作后效果

6.3.6 透视图像

通过对图像应用透视变换命令，可以使图像获得透视效果，其操作方法如下所述：

①打开随书所附光盘中的文件【d6z\6.3.6-素材.psd】，如图 6.56 所示。选择【编辑】|【变换】|【透视】命令。

②将光标移至变换控制句柄上，当光标变为一个箭头 ▸ 时拖动鼠标，即可使图像发生透视变形。

③得到需要的效果后释放鼠标，并双击变换控制框以确认透视操作。

图 6.57 所示效果为使用此命令并结合图层操作，制作出的具有空间透视效果的图像，图 6.58 所示为在变换时的自由变换控制框状态。

<156>

图 6.56　素材图像

图 6.57　制作的透视效果

图 6.58　自由变换控制框状态

注　意

执行此操作时应该尽量缩小图像的观察比例，尽量多显示一些图像周围的灰色区域，以便于拖动控制句柄。

6.3.7　精确变换

通过以上所述的各种变换操作，可以对图像进行粗放型变换，如果要对图像进行精确变换操作，则需要使用变换工具 [图] 选项条中的参数项。

要对图像进行精确变换操作，可以按下述操作指导进行操作。

① 选中要做精确变换的图像，按 **Ctrl+T** 组合键调出自由变换控制框。

② 在其工具选项条中设置图 6.59 所示的变换工具 [图] 选项条中的参数项。

图 6.59　变换工具选项条

工具选项条中的各项参数如下所述。

◆　使用参考点：在使用工具选项条对图像进行精确变换操作时，可以使用工具条中的 [图]确定操作参考点，在 [图] 中用户可以确定九个参考点位置。例如，要以图像的左上角点为参考点，单击 [图]使其显示为 [图] 即可。

◆　精确移动图像：要精确改变图像的水平位置，分别在 *X*、*Y* 数值输入框中输入数值。

◆　如果要定位图像的绝对水平位置，直接输入数值即可，如果要使填入的数值为相对于原图像所在的位置移动一个增量，应该单击 △ 按钮，使其处于被按下的状态。

◆　精确缩放图像：要精确改变图像的宽度与高度，可以分别在 **W**、**H** 数值输入框中输入数值。

<157>

◇ 如果要保持图像的宽高比，应该单击 ⬚ 按钮，使其处于被按下的状态。

◇ 精确旋转图像：要精确改变图像的角度，需要在 ⬚ 数值输入框中输入角度数值。

◇ 精确斜切图像：要改变图像水平及垂直方向上的斜切变形，可以分别在 ⬚、⬚ 数值输入框中输入角度数值。在工具选项条中完成参数设置后，可以单击 ⬚ 按钮确认，如果要取消操作可以单击 ⬚ 按钮。

6.3.8 再次变换

如果已进行过任何一种变换操作，可以选择【编辑】|【变换】|【再次变换】命令，以相同的参数值再次对当前操作的图像进行变换操作，使用此命令可以确保两次变换操作得到的效果相同。例如，如果上一次变换操作为将操作图像旋转 90°，选择此命令则可以对任意操作图像完成旋转 90° 的操作。

如果在选择此命令的时候按住 Alt 键，则可以对被操作图像进行变换的同时进行复制，如果要制作多个副本连续变换操作效果，此方法非常见效，下面我们通过一个小示例进行讲解。

①打开随书所附光盘中的文件【d6z\6.3.8-素材.tif】，如图 6.60 所示。此时的【图层】面板如图 6.61 所示。

图 6.60　素材图像

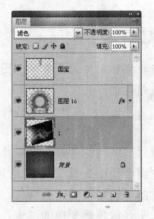

图 6.61　【图层】面板

②选择图层【1】，选择【编辑】|【变换】|【旋转】命令，并将旋转变换的中心点移至辅助线相交位置，如图 6.62 所示。

③按住 Shift 键将图像旋转至图 6.63 所示的位置，按 Enter 键确认变换操作。

图 6.62　移动变换中心点

图 6.63　旋转后的效果

<158>

④按住 Alt 键选择【编辑】|【变换】|【再次变换】命令，得到图 6.64 所示的效果。

⑤按住 Alt+Ctrl+Shift+T 组合键（【编辑】|【变换】|【再次变换】命令的快捷键）若干次，得到图 6.65 所示的复杂图案效果。

图 6.64 第一次再次变换后的效果   图 6.65 旋转多次后的效果

如果旋转的角度不同，通过上面的步骤进行操作后得到的效果也不同，图 6.66 所示为旋转角度为 45°时的效果。

如果在执行第 2 步操作时，对操作图像同时进行旋转与缩放操作，则可以得到类似于图 6.67 所示的效果，此效果各位读者可以自己尝试操作。

图 6.66 旋转多次后的效果   图 6.67 旋转并缩放的效果

6.3.9 变形图像

使用变形功能，我们可以对图像进行更为灵活和细致的变形操作，例如制作页面折角及翻转胶片等效果。

选择【编辑】|【变换】|【变形】命令即可调出变形网格，同时工具选项条将变为如图 6.68 所示的状态。

图 6.68 工具选项条

在调出变形控制框后，我们可以采用 2 种方法对图像进行变形操作：

◇ 直接在图像内部、节点或控制句柄上拖动，直至将图像变形为所需的效果。

◇ 在工具选项条上的【变形】下拉菜单中选择适当的形状，如图 6.69 所示。

图 6.69 工具选项条中的下拉菜单

变形工具选项条上的各个参数解释如下：

◆【变形】：在该下拉菜单中可以选择 15 种预设的变形选项，如果选择自定选项则可以随意对图像进行变形操作。

注　意

在选择了预设的变形选项后，则无法再随意对图形控制框进行编辑，需要在【变形】下拉菜单中选择【自定】选项后才可以继续编辑。

◆【更改变形方向】按钮　：单击该按钮可以改变图像变形的方向。

◆ 弯曲：在此输入正数或负数可以调整图像的扭曲程度。

◆ H、V 输入框：在此输入数值可以控制图像扭曲时在水平和垂直方向上的比例。

下面将以一个示例讲解变形控制框的使用方法。

①打开随书所附光盘中的文件【d6z\6.3.9-素材 1.tif】和【d6z\6.3.9-素材 2.tif】，如图 6.70 所示。

图 6.70　背景素材图像和标签素材图像

②使用移动工具　将标签图像拖至背景图像当中，按 Ctrl+T 组合键调出自由变换控制框，按住 Shift 键成比例缩小图像并将其移至绿色的瓶子处，在控制框中单击鼠标右键，在弹出的菜单中选择【变形】命令，此时的状态如图 6.71 所示。

③移动鼠标至变形网格的节点上方并按照如图 6.72 所示的效果进行编辑，按 Enter 键确认变换操作，使用线性渐变工具　为商标添加上明暗，得到如图 6.73 所示的效果，以同样的方法给红色的瓶子也制作一个标签，得到如图 6.74 所示的效果。

图 6.71　变形控制框的状态　　　图 6.72　拖动变形控制框的节点（右侧为放大观察效果）

图 6.73　调整明暗的效果　　　　　　图 6.74　最终效果

6.3.10　使用内容识别比例变换

内容识别比例变换功能，是最新的 CS4 版本新增的功能，使用此功能对图像进行缩放处理，可以在不更改图像中重要可视内容（如人物、建筑、动物等）的情况下调整图像大小。

图 6.75 所示为原素材，图 6.76 所示为使用常规变换缩放操作的结果，图 6.77 所示为使用内容识别比例变换对图像进行垂直放大操作后的效果，可以看出原图像中的人像基本没有受到影响。

图 6.75　原素材　　　　　图 6.76　常规缩放效果　　　　图 6.77　使用内容识别比例变换的效果

<161>

注意

此功能不适用于处理调整图层、图层蒙版、各个通道、智能对象、3D 图层、视频图层、图层组，或者同时处理多个图层。

此功能的使用方法如下所述。

①选择要缩放的图像后，选择【编辑】|【内容识别比例】命令。

②在图 6.78 所示的工具选项栏中设置相关选项。

图 6.78　内容识别比例工具选项栏

◇【数量】：在此可以指定内容识别缩放与常规缩放的比例。

◇【保护】：如果要使用 Alpha 通道保护特定区域，可以在此选择相应的 Alpha 通道。

◇【保护肤色】按钮：如果试图保留含肤色的区域，可以单击选中此按钮。

③拖动围绕在被变换图像周围的变换控制框，则可得到需要的变换效果。

第 7 章　通道和快速蒙版

导读

虽然，本书第 4 章已经讲解了数种制作选择的方法，但仍然有 2 种灵活、快捷的选区制作方法未进行讲述，即使用通道及快速蒙版。之所以将通道与快速蒙版单独放于同一章进行讲解，不仅因为两者在手法上非常相近，而且两者的功能同样强大。

在本章中，笔者将详细介绍 Photoshop 的通道及快速蒙版的概念，并通过实例讲解如何使用通道和快速蒙版绘制图像或制作需要的选区。

7.1　关于通道

在 Photoshop 中通道可以分为原色通道、Alpha 通道和专色通道 3 类，每一类通道都有不同的功用与操作方法。

7.1.1　原色通道

原色通道，简单地说就是保存图像的颜色信息和选区信息的场所。

例如，对于 CMYK 模式的图像，具有 4 个原色通道与 1 个原色合成通道。

其中，图像的青色像素分布的信息保存在青色原色通道中，因此当我们改变青色原色通道时，就可以改变青色像素分布的情况；同样图像的黄色像素分布的信息保存在黄色原色通道中，因此当我们改变黄色原色通道时，就可以改变黄色像素分布的情况，其他两个构成图像的原色洋红像素与黑色像素分别被保存在黄色原色通道及黑色原色通道中，最终看到的就是由这 4 个原色通道所保存的颜色信息所对应的颜色组合叠加而成的合成效果。

因此当打开一幅 CMYK 模式的图像并显示通道面板时，就可以看到有 4 个原色通道与一个原色合成通道显示在通道面板中，如图 7.1 所示。

而对于 RGB 模式图像，则有 4 个原色通道，即 3 个用于保存原色像素（R、G、B）的原色通道，即红色原色通道、绿色原色通道、蓝色原色通道和一个原色合成通道，如图 7.2 所示。

图像所具有的原色通道的数目取决于图像的颜色模式，位图模式及灰度模式的图像有一个原色通道；RGB 模式的图像有 4 个原色通道；CMYK 模式的图像有 5 个原色通道；Lab 模式的图像有 3 个原色通道；HSB 模式的图像有 4 个原色通道。

7.1.2　Alpha 通道

与原色通道不同的是 Alpha 通道是用来存放选区信息的，其中包括选区的位置、大小、是否具有羽化值和其值的大小。

例如，图 7.3 左图所示的 Alpha 通道为将右图所示的选区的信息保存得到的效果。

<163>

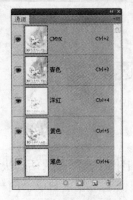

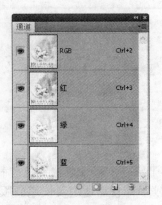

图 7.1　CMYK 模式的图像　　　　　　　　　图 7.2　RGB 模式图像

图 7.3　Alpha 通道及其保存的选区

7.1.3　专色通道

要理解专色通道，首先必须理解专色的概念。

专色是指在印刷时使用的一种预制的油墨，使用专色的好处在于，可以获得通过使用 CMYK 四色油墨无法合成的颜色效果，例如，金色与银色，此外可以降低印刷成本。

用专色通道，可以在分色时输出第 5 块或第 6 块，甚至更多的色片，用于定义需要使用专色印刷或处理的图像的局部。

7.2　深入操作通道

7.2.1　显示【通道】面板

与路径、图层和画笔一样，在 Photoshop 中要对通道进行操作必须使用【通道】面板，选择【窗口】|【通道】命令即可显示【通道】面板，如图 7.4 所示。

【通道】面板的组成元素较为简单，其下方按钮的释义如下所述。

◇【将通道作为选区载入】按钮　：单击此按钮可以将当前选择的通道所保存的选区调出。

◇【将选区存储为通道】按钮　：在选区处于激活的状态下，单击此按钮可以将当前

<164>

选区保存为 Alpha 通道。

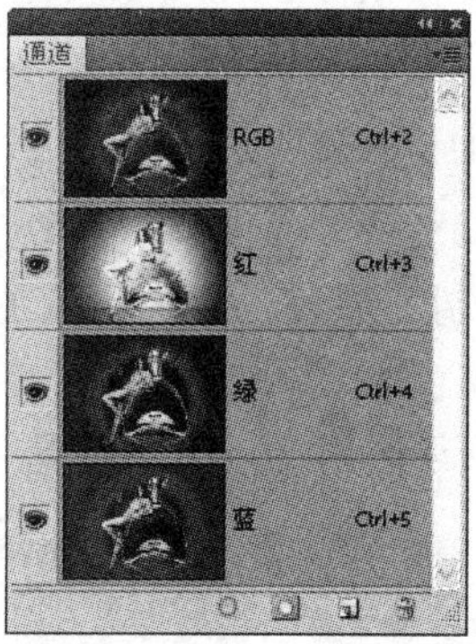

图 7.4　【通道】面板

◈【创建新通道】按钮：单击此按钮可以按默认设置新建一个 Alpha 通道。
◈【删除当前通道】按钮：单击此按钮可以删除当前选择的通道。

7.2.2　观察通道

和【图层】面板一样，每一个通道左边有一个眼睛图标，用于代表该通道是否可见。同样，如果此处未显示眼睛图标，则该通道隐藏，反之处于显示状态。

在此需要指出的是，可以同时显示 2 个、3 个或更多通道，以比较通道中的图像。

图 7.5 所示为 Alpha 通道及原图像，图 7.6 所示为同时显示 Alpha 通道与 RGB 通道的状态，通过观察可以看出在 Alpha 通道中所制作的选区，能够完全包围图像。

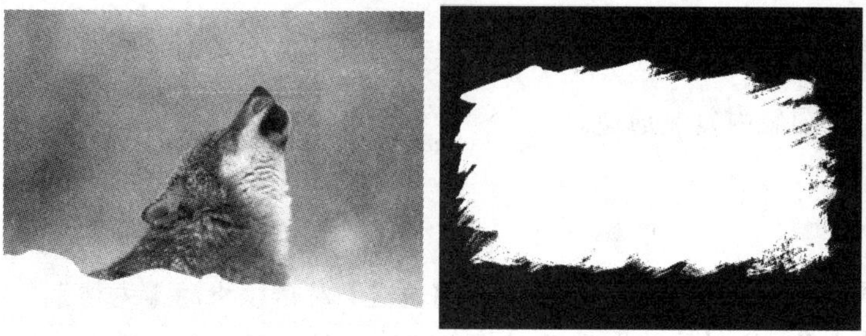

图 7.5　Alpha 通道及原图像

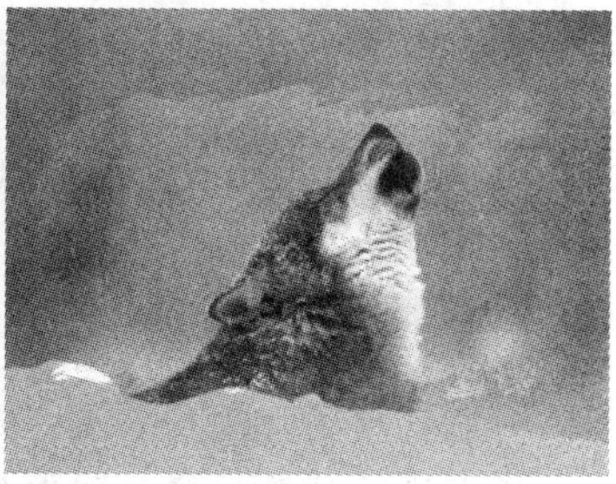

图 7.6　同时显示多通道

7.2.3　选择通道

要对通道进行操作，必须将该通道选中，此操作的重要性与选择正确的图层的重要性没有什么不同，要选择通道只需要单击该通道的名称。

如果要选择多个通道，可以按住 Shift 键单击这些通道，所有被选择的通道都会转换为蓝底白字显示。

注　意

可以同时选择专色通道与 Alpha 通道，但不可以同时选择专色通道与原色通道，或者 Alpha

通道与原色通道。

7.2.4 复制通道

通过复制通道对通道进行备份是非常普遍的做法，复制通道的操作方法有以下两种。

方法一：

①在【通道】面板中选择要复制的通道，并单击其右上角的按钮，在弹出的菜单中选择【复制通道】命令。

②设置弹出的对话框如图 7.7 所示，并单击【确定】按钮。

图 7.7 【复制通道】对话框

【复制通道】对话框中各参数释义如下：

◆【为】：在该文本输入框中输入文字，可以为新的通道命名。

◆【文档】：如果要在一幅图像内进行复制，保持【文档】选项处于默认状态；如果要将通道复制至新的图像中，可以在此下拉列表菜单中选择【新建】选项。

◆【反相】：如果要反相通过复制得到的通道，选择【反相】选项。

方法二：

在【通道】面板中选择要复制的通道，将通道拖至【通道】面板底部的【创建新通道】按钮上，此方法仅适用于在同一图像内复制通道。

注 意

如果打开了数幅尺寸与分辨率大小相同的图像，在【复制通道】对话框中的【文档】下拉列表框中将同时显示这些图像的名称，选择这些图像可以将当前选择的通道复制到所选择的图像中。

7.2.5 删除通道

要删除通道，可以在【通道】面板中选择要删除的通道，并将其拖至【通道】面板下方的【删除通道】按钮上即可。

也可以选择要删除的通道，在【通道】面板右上角单击按钮，在弹出的菜单中选择【删除通道】命令。

注 意

如果删除任一原色通道，图像的颜色模式将会自动转换为多通道模式，图 7.8 所示为在一

<166>

幅 RGB 模式的图像中，分别删除红、绿、蓝原色通道后的【通道】面板。

删除红通道

删除绿通道

删除蓝通道

图 7.8　删除原色通道后的【通道】面板

7.2.6　以原色显示通道

默认情况下原色通道以灰度来显示，如果需要用此通道的原色来显示通道，使用观察通道时更直观，可以按下述步骤操作。

①按 Ctrl+K 组合键打开【首选项】对话框，在【首选项】对话框上方的下拉列表菜单中选择【显示与光标】选项。

②在该对话框中选择【通道用原色显示】选项，并单击【确定】按钮即可。

7.2.7　改变通道的排列顺序

除原色通道外，其他通道的顺序是可以改变的。改变通道顺序的好处在于，可以按用户的习惯将有用的通道移至上方，将无用的或暂存的通道移至下方，从而在操作时更顺手。

要改变通道的排列顺序，可以在【通道】面板中选择并将通道拖至新位置上，当在目标位置出现粗黑线时释放鼠标左键，即可改变通道顺序，此操作类似于在【图层】面板改变图层的顺序。图 7.9 所示为改变通道排列顺序前后的【通道】面板。

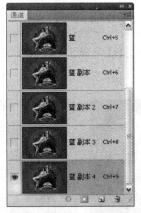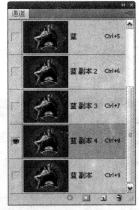

图 7.9　改变通道排列顺序前后的【通道】面板

7.2.8　改变通道的名称

在【通道】面板中除了原色通道外，其他通道的名称都可以按需要改变。

要改变通道的名称，可以在【通道】面板中双击该通道，等通道名称改变为一个文本输入

<167>

框时输入新的名称即可。

7.2.9 改变通道缩微预视图

如果某一个通道仅有不多的细节，通过将通道的缩微预视图放大显示，能够帮助操作者在【通道】面板中快速选择此类通道。

要改变通道的缩微预视图，在【通道】面板的右上角单击按钮 ，在弹出的菜单中选择【面板选项】命令，弹出如图 7.10 所示的对话框，在其中选择一种合适的缩微预视图尺寸并单击【确定】按钮即可。

图 7.10　【通道面板选项】对话框

7.2.10　分离与合并原色通道

通过分离原色通道操作，可以将一幅图像的所有原色通道分离成为单独的灰度图像文件，分离后原文件将被关闭。

合并原色通道是分离原色通道的逆操作，通过合并通道操作，可以将使用分离通道命令生成的若干个灰度图像或具有相同尺寸与分辨率的图像合并在一起，成为一个完整的图像文件。

1．分离原色通道

要分离原色通道，可以在【通道】面板弹出菜单中选择【分离通道】命令，图 7.11 所示为原图像及对应的【通道】面板，图 7.12 所示为选择【分离通道】命令后生成的 3 个独立的灰度文件。

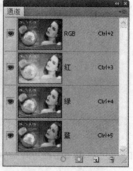

图 7.11　原图像及其对应的【通道】面板

<168>

图 7.12 分离原色通道生成的图像

2. 合并原色通道

要将多个灰度图像合并为原色通道，按以下步骤操作：

①打开需要合并的多个灰度图像，并选择任意一幅图像同时切换至【通道】面板。

②在【通道】面板弹出菜单中选择【合并通道】命令。

③设置弹出如图 7.13 所示的对话框，其中在【模式】下拉列表框中可以选择合并后生成的新图像的颜色模式。

④如果在图 7.13 所示的对话框中将图像的颜色模式选择为【RGB 颜色】，将弹出图 7.14 所示的对话框，分别在此对话框中的【红色】、【绿色】和【蓝色】3 个下拉列表菜单中选择要作为红、绿、蓝 3 个原色通道的图像名称，并单击【确定】按钮，即可将 3 幅灰度图像合并为一幅 RGB 模式的图像。

图 7.13 【合并通道】对话框

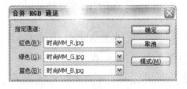

图 7.14 【合并 RGB 通道】对话框

⑤如果将颜色模式选择为【CMYK 颜色】，则将弹出图 7.15 所示的对话框，分别在此对话框中的【青色】、【洋红】、【黄色】和【黑色】4 个下拉列表菜单中选择要作为青、洋红、黄、黑 4 个原色通道的图像，并单击【确定】按钮即可将 4 幅灰度图像合并为一幅 CMYK 模式的图像。

图 7.15 【合并 CMYK 通道】对话框

7.2.11 保存 Alpha 通道

在保存图像文件时，该文件格式是否支持保存 Alpha 通道非常重要，不仅因为 Alpha 通道的存在会增加文件的大小，而且在于通过保存 Alpha 通道能够保证，将操作中有用的选区以 Alpha 通道的形式保存下来，以便于下一次修改操作。

<169>

如果需要保存 Alpha 通道，在保存文件时应该选择 PSD、TIFF 或 Raw 等文件格式，否则 Alpha 通道将被自动删除。

注 意

在判断该文件格式是否能够保存 Alpha 通道时，可以依据一个简单的原则，即在保存文件对话框中，观察【Alpha 通道】选项是否处于激活状态。如果处于激活状态如图 7.16 左图所示，则可以保存 Alpha 通道；否则不可以保存 Alpha 通道，如图 7.16 右图所示。

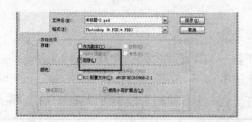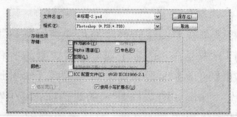

图 7.16　【存储为】对话框

7.3　关于 Alpha 通道

7.3.1　理解 Alpha 通道

如前所述，在 Photoshop 中通道除了可以保存颜色信息外，还可以保存选择区域的信息，此类通道被称为 Alpha 通道。

直截了当地说，在将选择区域保存为 Alpha 通道时，选择区域被保存为白色，而非选择区域被保存为黑色，如果选择区域具有不为 0 的羽化数值，则此类选择区域被保存为具有灰色柔和边缘的通道，选区与 Alpha 通道间的关系如图 7.17 所示。

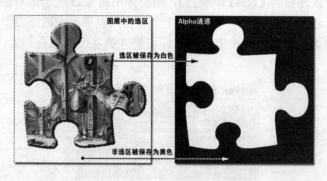

图 7.17　选区与 Alpha 通道的关系

使用 Alpha 通道保存选区的优点在于，可以用作图的方式对通道进行编辑，从而获得使用其他方法无法获得的选区，而且可以长久地保存选区。

7.3.2　通过 Alpha 通道创建选区

单击【通道】面板底部的【创建新通道】按钮 ，创建一个新的 Alpha 通道。

<170>

　　当 Alpha 通道被创建后，即可以用绘图的方式对其进行编辑。例如使用画笔绘图、使用选择工具创建选择区域然后填充白色或黑色，还可以用形状工具在 Alpha 通道中绘制标准的几何形状，总之所有在图层上可以应用的作图手段在此都同样可用。

　　在编辑 Alpha 通道时需要掌握的原则是：

◇ 用黑色作图可以减少选区。

◇ 用白色作图可以增加选区。

◇ 用介于黑色与白色间的任意一级灰色作图，可以获得不透明度值小于 100 或边缘具有羽化效果的选择区域。

　　在掌握编辑通道的原则后，可以使用更多、更灵活的命令与操作方法对通道进行操作，例如可以在 Alpha 通道中应用颜色调整命令，改变黑白区域的比例，从而改变选择区域的大小；也可以在 Alpha 通道中应用各种滤镜命令，从而得到形状特殊的选择区域；还可以通过变换 Alpha 通道来改变选择区域的大小。

　　下面讲解一个使用 Alpha 通道创建选区的实例。

　　①打开随书所附光盘中的文件【d7z\7.3.2-素材 1.tif】，如图 7.18 所示。切换至【通道】面板，单击创建新通道按钮 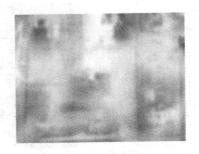，得到一个新的通道为 Alpha 1，此时的【通道】面板如图 7.19 所示。

图 7.18　素材图像

　　②设置前景色为白色，选择椭圆工具 ，在其工具选项条中单击填充像素按钮 ，按住 Shift 键绘制一个如图 7.20 所示的正圆，此时的【通道】面板如图 7.21 所示。

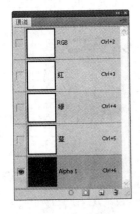

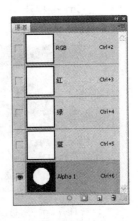

图 7.19　新建通道的【通道】面板　　　　图 7.20　绘制正圆　　　　图 7.21　编辑后的【通道】面板

<171>

③选择【滤镜】|【模糊】|【高斯模糊】命令，设置弹出的对话框如图 7.22 所示，得到如图 7.23 所示的效果。

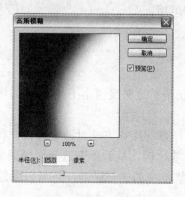

图 7.22　【高斯模糊】对话框

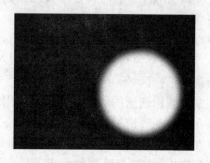

图 7.23　应用【高斯模糊】命令后的效果

④按 Ctrl+I 组合键执行【反相】操作，选择【滤镜】|【像素化】|【彩色半调】命令，设置弹出的对话框如图 7.24 所示，再次按 Ctrl+I 组合键执行【反相】操作，得到如图 7.25 所示的效果。

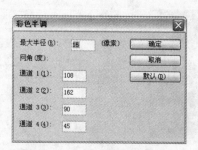

图 7.24　【彩色半调】对话框

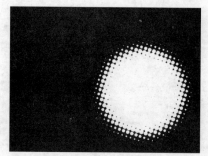

图 7.25　应用【彩色半调】命令后的效果

⑤打开随书所附光盘中的文件【d7z\7.3.2-素材 2.tif】，如图 7.26 所示。按 Ctrl+A 组合键执行【全选】操作，按 Ctrl+C 组合键执行【拷贝】操作，切换到当前操作的图像。

⑥按住 Ctrl 键单击 Alpha 1 的缩览图以载入其选区，返回【图层】面板，此时的选区形状如图 7.27 所示，选择【编辑】|【贴入】命令，得到如图 7.28 所示的效果。

图 7.26　素材图像

图 7.27　选区形状

⑦为图像添加主题文字，并使用画笔工具 ✐ 进行修饰后，可以得到图 7.29 所示的效果。

<172>

图 7.28　执行【贴入】操作后的效果

图 7.29　最终效果

通过上面的示例，我们可以看出通过在 Alpha 通道中进行绘画，然后使用滤镜命令对其进行编辑，可以得到使用其他方法无法得到的选择区域。

使用类似的方法得到图 7.30 中左图所示为的迷宫形的选择区域，此选择区域对应的 Alpha 通道如图 7.30 右图所示，此选择区域的制作步骤简要说明如下：

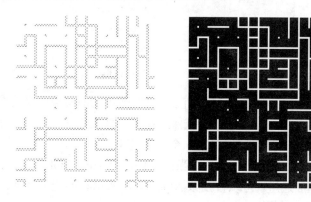

图 7.30　迷宫形的选择区域及对应的 Alpha 通道

①新建 Alpha 通道，并选择【滤镜】|【渲染】|【云彩】命令，再执行【滤镜】|【像素化】|【马赛克】命令，得到图 7.31 所示的效果。

②选择【滤镜】|【风格化】|【照亮边缘】命令，得到图 7.32 所示的效果。

③按 Ctrl+L 组合键调用【色阶】命令，通过设置弹出的对话框得到黑白分明的 Alpha 通道。

④按 Ctrl 键单击此 Alpha 通道，即可得到所需要的选择区域。

图 7.31　执行【马赛克】命令后的效果

图 7.32　执行【照亮边缘】命令后的效果

<173>

注　意

由于增加 Alpha 通道将增加图像文件的大小，因此如果能够在图层中直接用其他方法得到的选区，最好不用 Alpha 通道。

7.3.4　通过保存选区创建 Alpha 通道

在有一个选择区域存在的情况下，通过选择【选择】|【存储选区】命令也可以将选区保存为通道，选择此命令后弹出如图 7.33 所示的对话框。

图 7.33　【存储选区】对话框

◆【文档】：该下拉列表框中显示了所有已打开的尺寸大小与当前操作图像文件相同的文件的名称，选择这些文件名称可以将选择区域保存在该图像文件中。如果在下拉列表菜单中选择【新建】命令，则可以将选择区域保存在一个新文件中。

◆【通道】：在【通道】下拉菜单中列有当前文件已存在的 Alpha 通道名称及【新建】选项。如果选择已有的 Alpha 通道，可以替换该 Alpha 通道所保存的选择区域。如果选择【新建】命令可以创建一个新 Alpha 通道。

◆【新建通道】：选择该项可以添加一个新通道。如果在【通道】下拉菜单中选择一个已存在的 Alpha 通道，【新建通道】选项将转换为【替换通道】选项，选择此选项可以用当前选择区域生成的新通道替换所选择的通道。

◆【添加到通道】：在【通道】下拉菜单中选择一个已存在 Alpha 通道时，此选项可被激活。选择该项可以在原通道的基础上添加当前选择区域所定义的通道。

◆【从通道中减去】：在【通道】下拉菜单中选择一个已存在 Alpha 通道时，此选项可被激活。选择该项可以在原通道的基础上减去当前选择区域所创建的通道，即在原通道中以黑色填充当前选择区域所确定的区域。

◆【与通道交叉】：在【通道】下拉菜单中选择一个已存在的 Alpha 通道时，此选项可被激活。选择该项可以得到原通道与当前选择区域所创建的通道的重叠区域。

注　意

在选择区域存在的情况下，直接单击【通道】面板中的将选区存储为通道按钮 ⬚，就可以将当前选择区域保存为一个默认的 Alpha 通道，很显然此操作方法比选择【选择】|【存储选区】命令更简单。

<174>

7.3.5　将通道作为选区载入

如前所述，在操作时我们既可以将选区保存为 Alpha 通道，也可以将通道作为选择区域调出（包括原色通道与专色通道），在【通道】面板中选择任意一个通道，单击【通道】面板下方的将通道作为选区载入按钮　，即可将此 Alpha 通道所保存的选择区域调出。

除此之外，也可以选择【选择】|【载入选区】命令，适当设置弹出的如图 7.34 所示的对话框，此对话框中的选项与【存储选区】对话框中的选项大体相同，故在此不再重述。

◇　按住 Ctrl 键单击 Alpha 通道的缩览图可以直接载入此 Alpha 通道所保存的选择区域。

◇　按住 Ctrl+Shift 组合键单击 Alpha 通道的缩览图，可以增加 Alpha 通道所保存的选择区域。

◇　按住 Alt+Ctrl 组合键单击 Alpha 通道的缩览图，可以减去 Alpha 通道所保存的选择区域。

◇　按 Alt+Ctrl+Shift 组合键单击 Alpha 通道的缩览图，可以得到选择区域与 Alpha 通道所保存的选择区域交叉的选区。

图 7.34　【载入选区】对话框

7.4　Alpha 通道使用实例

在实例工作中，Alpha 通道常用于制作选区，在本节中笔者通过一个实例展示了如何使用 Alpha 通道选择不易选取的头发丝。

①打开随书所附光盘中的文件【d7z\7.4-素材.tif】，如图 7.35 所示。切换至【通道】面板，此时的【红】、【绿】、【蓝】通道中的图像状态如图 7.36 所示。

图 7.35　素材图像　　　　　图 7.36　【红】、【绿】、【蓝】通道中的图像状态

<175>

②观察三个通道图像可以看出【蓝】通道中的图像对比度、细节方面最好，因此复制【蓝】通道，得到【蓝 副本】，按 Ctrl+I 组合键执行【反向】操作，得到如图 7.37 所示的效果，此时的【通道】面板如图 7.38 所示。

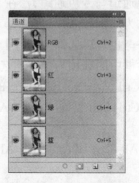

图 7.37　执行【反向】操作后的效果　　　　　图 7.38　【通道】面板

③按 Ctrl+L 组合键应用【色阶】命令，设置弹出的对话框如图 7.39 所示，得到如图 7.40 所示的效果。

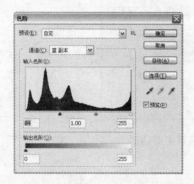

图 7.39　【色阶】对话框　　　　　图 7.40　应用【色阶】命令后的效果

④设置前景色的颜色值为黑色，选择画笔工具，并在其工具选项条中设置适当的画笔大小，沿着人物轮廓以外的区域上涂抹以将白色区域隐藏，得到如图 7.41 所示的效果。

⑤按 Ctrl+L 组合键应用【色阶】命令，设置弹出的对话框如图 7.42 所示，以使 Alpha 通道中的黑白更加分明，得到如图 7.43 所示的效果。

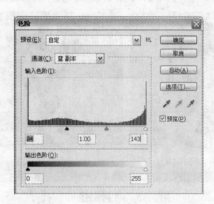

图 7.41　涂抹后的效果　　　　　图 7.42　【色阶】对话框

<176>

⑥设置前景色的颜色值为白色，选择画笔工具![画笔图标]，并在其工具选项条中设置适当的画笔大小，沿着人物的轮廓涂抹以将其填充白色，得到如图 7.44 所示的以人物的轮廓为界限的黑白分明的 Alpha 通道效果。

图 7.43　应用【色阶】命令后的效果　　　　　图 7.44　涂抹后的效果

⑦按住 Ctrl 键单击【蓝 副本】的缩览图以载入其选区，如图 7.45 所示，返回【图层】面板并选择【背景】图层，按 Ctrl+J 组合键执行【通过拷贝的图层】操作，隐藏【背景】图层，得到如图 7.46 所示的效果，图 7.47 中所示的效果为替换背景并水平翻人像后的效果。

图 7.45　载入的选区　　　　图 7.46　隐藏背景图层后的效果　　　　图 7.47　替换背景后的效果

7.5　快速蒙版

快速蒙版是一种制作选区的方法，其实质与使用 Alpha 通道制作选择区域异曲同功。下面我们通过选择图 7.48 中所示的小画家，讲解如何使用快速蒙版制作选择区域。

①打开随书所附光盘中的文件【d7z\7.5-素材.tif】，如图 7.48 所示。使用套索工具![套索图标]，绘制一个任意的选择区域，如图 7.49 所示。

②在工具箱中单击快速蒙版模式编辑按钮![按钮图标]，进入快速蒙版模式编辑状态，其效果如图 7.50 所示，可以看到在此模式下除当前选择区域外的其他区域均被一层淡淡的红色覆盖。

<177>

图 7.48　素材图像

图 7.49　创建一个任意选区

③设置前景色为白色，选择铅笔工具✐，并在其工具选项条中设置适当的画笔大小，在小画家的身上绘制，以消除其他区域所覆盖的红色，此步操作的目的在于通过消除红色增大选择区域，其效果如图 7.51 所示。

图 7.50　快速蒙版模式下显示的效果

图 7.51　去除部分红色

注　意

此步操作不用太精细，只需要大致将小画家身上的红色基本去除即可，身体边缘的细节可以在以下的步骤中去除。

④选择铅笔工具✐，并在其工具选项条中设置一个较小的画笔，沿小画家的身体边缘进行绘画，从而去除绘画处的红色，在需要的情况下应该放大图像进行绘制，其效果如图 7.52 所示。

⑤如果在绘画过程中，消除不应该增除的红色，可以设置前景色填充黑色，在不需要显示出来的多余位置进行绘画，从而再次以红色覆盖这些区域。

⑥继续进行绘画，直到小画家身体的所有区域包括身体边缘的细节的红色都被去消，其效果如图 7.53 所示。

⑦在工具箱中单击以标准模式编辑按钮▣，退出蒙版模式编辑状态，并得到精确的选择区域，如图 7.54 所示。

注　意

在快速蒙版模式下，几乎可以使用任何作图手段进行绘画，但其原则是要增加选择区域用

<178>

白色作为前景色进行绘画，要去除选择区域用黑色作为前景色进行绘画。

另外，使用介于黑色与白色间的任何一种具有不同灰色的颜色进行作图，可以得到具有不同透明度值的选择区域；使用画笔工具 在要选择的对象的边缘处进行绘画时，可以得到具有羽化值的选择区域。

图 7.52　放大显示以精细地去除红色

图 7.53　去除身体上的所有红色

图 7.54　返回正常模式得到精确的选择区域

虽然，在本例中笔者仅使用铅笔工具 进行操作，但是各位读者也可以尝试使用其他工具与命令，例如套索工具 、填充命令，甚至可以尝试使用滤镜命令。

图 7.55 所示为在图 7.54 所示的状态下，选择【滤镜】|【像素化】|【彩色半调】命令，所得到的效果及对应的选择区域。

图 7.55　应用滤镜后所得到的不规则选区

<179>

7.6　练习题

1. 广义的通道可以分为原色通道、_____、_____三类，每一类通道都有其不同的功用与操作方法。

2. 在 RGB 模式的图像中，有一个混合通道和____个颜色通道，它们分别是____、____、____。

3. 按住_____键单击通道缩览图，可以载入其选区。

4. 在 Alpha 通道中绘制的灰色区域，再将其选区调入图层中填充颜色，此时灰色区域所填充的颜色将呈现_____效果。

5. 通过使用_____命令，可以将选区存储为一个通道。

6. 打开随书所附光盘中的文件【d7z\7.6-6-素材.tif】，如图 7.56 所示。按照本章所讲解的知识，使用 Alpha 通道将毛笔字从书法作品中选择出来，制作为如图 7.57 所示的效果，在学习本书第 8 章后，将其制作为图 7.58 所示的具有阴影的效果。

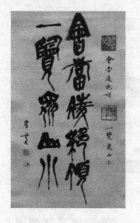
图 7.56　素材图像

图 7.57　制作后的效果

图 7.58　具有阴影的效果

<180>

第 8 章 图 层

导读

即使不能将图层称为 Photoshop 的【灵魂】，至少也能将其称为【精髓】。正是由于使用图层，以及基于图层的各种处理手段，才使设计人员的创意有了施展的舞台，最终制作出一幅幅令人拍案叫绝的图像珍品。

本章全面深入地讲解 Photoshop 图层的基本概念、使用方法和处理技巧。其中包括图层的基本操作，如创建、复制、删除图层、合并图层、应用图层蒙版、应用剪贴图层、图层样式等。

8.1 图层的基本特性

要更灵活地使用图层，必须了解图层的基本特性，下面我们分别讲解 Photoshop 中的图层的几个基本特性。

8.1.1 透明特性

图层最基本的特性是透明，即透过上面图层的透明部分，能够看到下方图层的图像效果，图 8.1 所示为图层透明特性示意图。

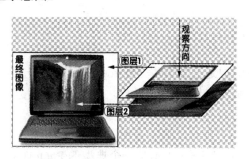

图 8.1　图层的透明特性示意图

在此图中可以看出，最终图像效果是由两个图层组成，即风景与计算机，由于处于上方的计算机屏幕部分是透明的，因此通过计算机的屏幕可以看到处于下方图层中的图像，即风景。

在 Photoshop 中图层中的透明部分是以灰白相间的方格来表现的。

8.1.2 分层管理特性

应用图层的分层管理特性，可以非常方便地改变处于不同图层上的对象，而不会影响其他图层，从而可以尝试各种设计复合图层，得到不同的效果。图 8.2 所示为改变计算机图层的不透明度后的效果。

<181>

8.1.3 可编辑性

图层具有很确定的可编辑性，这包括可以在图层中绘制图像，可以移动、复制、删除图层，也可以改变图层的混合模式或为其增加蒙版，图 8.3 所示为增加蒙版后的效果。

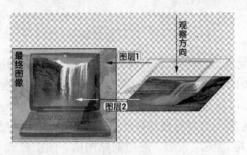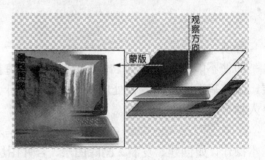

图 8.2 改变不同图层的透明度后的效果　　　　图 8.3 增加蒙版后的效果

注意

由于蒙版的白色显示相对应的图像，黑色隐藏相对应的图像，因此最终得到的效果是隐藏计算机图像的左侧图像而显示其下方的山水图像。

以上所讲解的是 Photoshop 中图层的 3 个优秀特性，虽然 Photoshop 图层上的功能远不止这些，在以后的讲解中，笔者将展示如何为图层添加图层样式得到各式精美的图层效果，如何在图层中应用智能对象功能，以提高图层编辑的灵活性。

8.2 【图层】面板

使用【图层】面板对图层进行操作是 Photoshop 处理图层的常用手段，虽然，也可以使用【图层】菜单下的各命令对图层进行操作，但其简易程度与使用【图层】面板相比相去甚远。

Photoshop 的图层功能几乎都可以通过【图层】面板来实现，因此要掌握图层操作，必须掌握【图层】面板的操作方法，图 8.4 所示是一个典型的 Photoshop【图层】面板，下面介绍其中各个图标的含义。

◆ 正常 ✔ 混合模式：在此下拉列表菜单中可以选择图层的混合模式。

◆ 不透明度:100% ▶：在此填入数值，可以设置图层的不透明度。

◆ 锁定: ☒ ✎ ✛ 🔒：在此单击不同按钮可以锁定图层的位置、可编辑性等属性。

◆ 填充:100% 填充透明度：在此填入数值，可以设置图层中绘图的笔画的不透明度。

◆ 👁 显示标志：此图标用于标志当前图处于显示状态。

◆ ▶ 🗀 组 1　图层组：此图标用于标记图层组。

◆【添加图层蒙版】按钮 ▢：点击此按钮可以为当前选择的编辑图层增加蒙版。

◆【创建新图层组】按钮 ▢：点击此按钮可以新建一个图层组。

◆【创建新的填充或调整图层】按钮 ◓：点击此按钮并在弹出的菜单中选择一个调整命

令，可以新建一个调整图层。

◆【创建新的图层】按钮 ⬜：点击此按钮可以新建一个图层。

◆【删除图层】按钮 🗑：点击此按钮可以删除一个图层。

【图层】面板中还有许多功能性图标在此不能尽列，有关内容将在以下的章节中详细讲解。

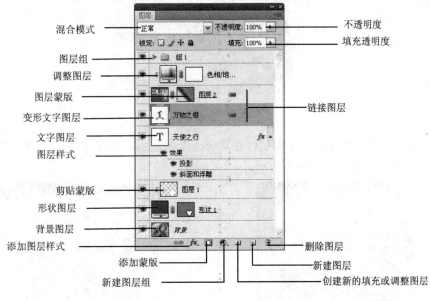

图 8.4 【图层】面板

8.3 图层操作

在常见的图层操作中包括选择图层、显示隐藏图层、创建新图层、删除图层、改变图层次序、改变图层不透明度、锁定图层属性等多种操作，掌握这些操作则可以掌握 50%图层操作技能与知识。

8.3.1 选择图层

选择图层是进行图层操作最基础的操作，因为如果要编辑一个图层，必须首先选择该图层，使其成为当前编辑图层，换言之，如果在错误的图层上进行正确的操作，得到的也必然是错误的结果。

1. 选择一个图层

要选择某一图层，只需在【图层】面板中单击需要的图层即可，如图 8.5 所示。处于选择状态的图层与普通图层有一定的区别，被选择的图层以灰底显示。

2. 选择多个图层

在 Photoshop 中，我们可以同时选择多个图层进行操作，其方法如下所述。

◆ 如果要选择连续的多个图层，在选择一个图层后，按住 Shift 键在【图层】面板中单击另一图层的图层名称，则两个图层间的所有图层都会被选中，如图 8.6 所示。

<183>

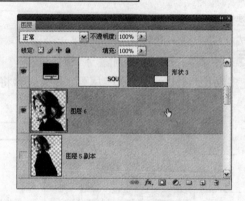

图 8.5　当前选择图层

　　◆ 如果要选择不连续的多个图层，在选择一个图层后，按住 Ctrl 键在【图层】面板中单击另一图层的图层名称，如图 8.7 所示。

图 8.6　选择连续的多个图层

图 8.7　选择不连续的多个图层

　　3. 在图像中选择图层

　　除了在【图层】面板中选择图层外，我们还可以直接在图像中使用移动工具 来选择图层，其方法如下所述。

　　◆ 选择移动工具 ，直接在图像中按住 Ctrl 键单击要选择的图层中的图像，如果已经在此工具的工具选项条中选择【自动选择图层】选项，则不必按住 Ctrl 键。

　　◆ 如果要选择多个图层，可以按住 Shift 键直接在图像中单击要选择的其他图层的图像，则可以选择多个图层。

8.3.2　显示和隐藏图层

　　由于图层具有透明特性，因此对一幅图像而言，最终看到的是所有已显示的图层的最终叠加效果。通过显示或隐藏某些图层，可以改变这种叠加效果，从而只显示某些特定的图层。

　　在【图层】面板中，单击图层左侧的眼睛图标即可隐藏此图层。再次单击可重新显示该图层，如图 8.8 所示。

<184>

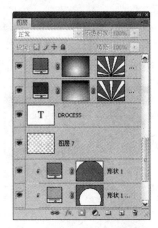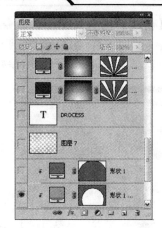

图 8.8 显示和隐藏图层

注 意

要只显示某一个图层而隐藏其他多个图层，可以按 Alt 键单击此图层的眼睛图标，再次单击则可重新显示所有图层。

8.3.3 创建新图层

创建新图层的操作方法如下所述。

①选择【图层】面板弹出菜单中的【新图层】命令，弹出如图 8.9 所示的【新建图层】对话框。

图 8.9 【新建图层】对话框

◆【名称】：在此文本框中输入新图层的名称。

◆【不透明度】：此数值用于设置新图层的不透明度。

◆【颜色】：在【颜色】下拉列表菜单中可以选择一种用于新图层的颜色。

◆【模式】：在此下拉列表菜单中选择新图层的混合模式。

②设置确定参数后单击【确定】按钮即可创建一个新图层。

更简单的方法是，直接单击【图层】面板底部的【创建新图层】按钮 ，这也是创建新图层的最常用的方法。

注 意

直接单击【创建新图层】按钮 得到的图层的相关属性都为默认值，如果需要在创建新图层时显示对话框，可以按 Alt 键单击此按钮。

<185>

选择【图层】|【新建】|【背景图层】命令，可以从当前背景层中创建新图层，使用此命令后背景层将转换为【图层 0】，如图 8.10 所示。此命令是一个可逆操作，即选择【图层】|【新建】|【背景图层】命令又可以将当前图层转换成为不可移动的背景图层。

图 8.10 【背景】图层转换为【图层 0】时的【图层】面板前后对比效果

8.3.4 复制图层

复制图层的方法有若干种，根据当前操作环境，可以选择一种最为快捷有效的操作方法。

1. 在图像内复制图层

要在同一图像中复制图层，可以按下述步骤操作。

①在【图层】面板中选择需要复制的图层。

②将图层拖动到【图层】面板底部的【创建新图层】按钮 上即可创建新图层。也可以选择【图层】|【复制图层】命令，或在【图层】面板弹出菜单中选择【复制图层】命令，设置弹出如图 8.11 所示的【复制图层】对话框。

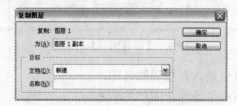

图 8.11 【复制图层】对话框

注　意

如果在此对话框的【文档】下拉列表菜单中选择【新建】选项，并在【名称】文本输入框中输入一个文件名称，可以将当前图层复制为一个新的文件。

2. 在图像间复制图层

要在两个图像间复制图层，可以按下述步骤操作。

①在源图像的【图层】面板中，选择要拷贝的图层。

<186>

②选择【选择】|【全选】命令，选择【编辑】|【拷贝】命令或按 Ctrl+C 组合键执行【拷贝】操作。

③选择目标图层，并选择【编辑】|【粘贴】命令或按 Ctrl+V 组合键执行【粘贴】操作。

也可以使用移动工具，并列两个图像文件，从源图像中拖动需要复制的图层到目标图像中，如图 8.12 所示，图 8.13 所示为复制后的效果。

图 8.12　直接拖动复制图像

图 8.13　复制后的效果

如果在执行拖动操作时按住了 Shift 键，则如果源图像与目标图像的文件大小相同，被拖动的图层会放于与源图像中它所处位置的相同位置；如果源图像与目标图像的大小不同，则被拖动的图层会放于目标图像的中间位置。

注 意

使用此方法可以将多个图层一次性拷贝至另一图像中。首先，选择要拷贝的图层，并按住 Ctrl 键单个选择要拷贝的图层，然后使用移动工具拖动选中的图层至目标图像上即可。

8.3.5　删除图层

1. 删除图层

要删除图层，可以按下述方法中的某一种进行操作。

◇ 选择需要删除的图层，单击【图层】面板底部的【删除图层】按钮，在弹出的对

<187>

话框中直接单击【确定】按钮，即可删除选择的图层。

◆ 选择需要删除的图层，选择【图层】|【删除】|【图层】命令，在弹出的对话框中直接单击【确定】按钮，即可删除选择的图层。

◆ 选择需要删除的图层，选择【图层】面板弹出菜单中的【删除图层】命令。

注 意

按 Alt 键单击【图层】面板底部的【删除图层】按钮，可以跳过弹出对话框而直接删除选择的图层。

2. 删除隐藏图层

如果需要删除的图层处于隐藏状态，可以按下面的方法操作，以将其删除。

◆ 选择需要删除的图层，选择【图层】|【删除】|【隐藏图层】命令，在弹出的对话框中直接单击【确定】按钮，即可删除选择的图层。

◆ 选择需要删除的图层，选择【图层】面板弹出菜单中的【删除隐藏图层】命令。

3. 一次删除多个图层

在 Photoshop 中，我们可以一次删除多个图层，其方法如下所述。

使用任意一种方法，选择需要删除的多个图层，单击【图层】面板底部的【删除图层】按钮，在弹出的对话框中直接单击【确定】按钮，即可删除选择的多个图层。

4. 按 Delete 键删除图层

在 Photoshop 中，如果当前选择的工具是移动工具，则可以通过直接按 Delete 键的方法删除图层，此操作对于删除普通图层和同时选中的多个图层都有效。

注 意

按 Delete 键删除图层时，需要注意图像中是否有选择区域或路径存在，在这两种对象中的任意一种存在的情况下，无法通过按 Delete 键直接删除图层。

8.3.6　重命名图层

在新建图层时 Photoshop 以默认的图层名为其命名，对于其他类图层例如文字图层，Photoshop 图层中的文字内容为其命名，但这些名称通常都不能满足需要，因此必须改变图层的名称，从而使其更便于识别。

要重命名图层，可以右击需要改变名称的图层，在弹出的快捷菜单中选择【图层属性】命令，弹出如图 8.14 所示的【图层属性】对话框，并在【名称】文本输入框中输入名称即可。

图 8.14　【图层属性】对话框

<188>

8.3.7 改变图层的次序

如前所述，由于上下图层间具有相互覆盖的关系，因此在需要的情况下应该改变其上下次序从而改变上下覆盖的关系，从而改变图像的最终视觉效果。

可以在【图层】面板中直接用鼠标拖动图层，以改变其次序，当高亮线出现时释放鼠标按钮，即可将图层放于新的图层次序中，从而改变图层次序。

图 8.15 所示为改变图层次序前的图像及【图层】面板，图 8.16 所示为改变次序后的效果。

图 8.15 改变图层次序前的效果

图 8.16 改变图层次序后的效果

要改变图层次序也可以在【图层】面板中选择需要移动的图层，选择【图层】|【排列】子菜单中的命令，其中可选的命令为：

◇ 选择【置于顶层】命令可将该图层移至所有图层的上方，成为最顶层。

◇ 选择【前移一层】命令可将该图层上移一层。

◇ 选择【后移一层】命令可将该图层下移一层。

◇ 选择【置于底层】命令可将该图层移至除背景层外所有图层的下方，成为最底层。

◇ 选择【反向】命令可以逆序排列当前选择的多个图层，图 8.17 所示为选择此命令前的状态及选择此命令后的效果。

> **注 意** 》》》

按 Ctrl+]组合键可以将一个选定图层上移一层，按 Ctrl+[组合键可将选择的图层下移一层，按 Ctrl+Shift+]组合键将当前图层置为最顶层，按 Ctrl+Shift+[组合键将当前图层置为底层。

<189>

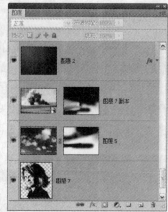

图 8.17　选择【反向】命令前后的效果

8.3.8　设置图层不透明度属性

通过设置图层的不透明度值可以改变图层的透明度，当图层的不透明度为 100%时，当前图层完全遮盖下方的图层，如图 8.18 所示。

而当不透明度小于 100%时，可以隐约显示下方图层的图像，图 8.19 所示为不透明度分别设置为 60%时及 30%时的对比效果。

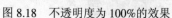

图 8.18　不透明度为 100%的效果　　　　图 8.19　设置不透明度数值为 60%和 30%的效果

8.3.9　设置填充透明度

与图层的不透明度不同，图层的【填充】透明度仅改变在当前图层上使用绘图类绘制得到的图像的不透明度，不会影响图层样式的透明效果。

图 8.20 所示为一个具有图层样式的图层，图 8.21 所示为将图层不透明度改变为 50%时的效果，图 8.22 所示为将填充透明度改变为 50%的效果。

可以看出，在改变填充透明度后，图层样式的透明度不会受到影响。

8.3.10　锁定图层属性

通过选择【图层】面板中的 锁定: 按钮，可以锁定图层的属性，从而保护图层的非透明区域、整个图像的像素或其位置不被误编辑。

1. 锁定透明区域

要锁定图层的透明区域不被编辑，可以在【图层】面板中单击 按钮。

<190>

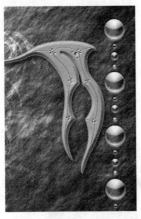

图 8.20 具有图层样式的图层　　图 8.21　改变不透明度后的效果　　图 8.22　改变填充透明度后的效果

2. 锁定图像

要锁定图层不被编辑，可以在【图层】面板中单击 按钮。

3. 锁定位置

要锁定图层位置不被移动，可以在【图层】面板中单击 按钮。

4. 部分锁定

要锁定图层全部属性，可以在【图层】面板中单击 按钮。

8.3.11　链接图层

一个或者几个图层能够被链接到一起成为一个图层整体，在此情况下如果移动、缩放或旋转其中某一个图层，则其他链接图层将随之一起发生移动、缩放或旋转，但当前可编辑的图层还是只有一个。

按住 Ctrl 键单击要链接的若干个图层以将其选中，在【图层】面板的左下角单击【链接图层】按钮 ，如图 8.23 所示。

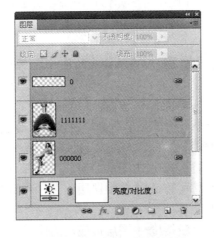

图 8.23　被链接在一起的图层

<191>

如果要取消图层的链接状态，可以在链接图层被选择的状态下单击【链接图层】按钮 即可将链接的图层解除链接。

8.3.12 显示图层边缘

要显示图层边缘，选择【视图】|【显示】|【图层边缘】命令即可，使用此命令后再选择图层时，图像的周围将出现一个带颜色的方框，如图 8.24 所示。

图 8.24 选择【图层边缘】命令前后的对比效果

8.4 对齐或分布图层

对齐分布图层是图层操作的常见操作，适用于许多不同对象分布于不同图层，而且需要对齐或按规律进行分布的情况。

虽然，在执行对齐与分布时可以使用辅助线与标尺以帮助操作，但如果使用相关菜单命令能够避免人为对齐或分布时出现的误差。

根据操作环境，可以有两类对齐及分布图层操作，一类是图层与图层前的对齐与分布操作；另一类是图层与选择区域间的对齐与分布操作。

由于两类操作基本类似，故在此仅讲解如何在图层与图层间执行对齐与分布操作。

注 意 ▶▶▶

在按下述方法执行操作前，需要将对齐及分布的图层选中或链接起来。

8.4.1 对齐图层

选择【图层】|【对齐】命令下的子菜单命令，可以将所有链接/选中图层的内容与当前操作图层的内容相互对齐。

◇ 选择【顶边】命令：可将链接/选中图层的最顶端像素与当前图层的最顶端像素对齐。

◇ 选择【垂直居中】命令：可将链接/选中图层垂直方向的中心像素与当前图层垂直方向的中心像素对齐。

◇ 选择【底边】命令：可将链接/选中图层最底端的像素与当前图层最底端的像素对齐，图 8.25 为未对齐前的图层及【图层】面板，图 8.26 为按底边对齐后的效果。

<192>

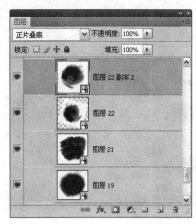

图 8.25　未对齐前的图层效果及【图层】面板

图 8.26　按底边对齐后的效果

◇　选择【左】命令：可将链接/选中图层最左端的像素与当前图层最左端的像素对齐。

◇　选择【水平居中】命令：可将链接/选中图层的水平方向的中心像素与当前图层的水平方向的中心像素对齐。

◇　选择【右边】命令：可将链接/选中图层最右端的像素与当前图层最右端的像素对齐。

8.4.2　分布图层

选择【图层】|【分布】命令下的子菜单命令，可以平均分布链接/选中图层，其子菜单命令如下所述。

◇　选择【顶边】命令：从每个图层的顶端像素开始，以平均间隔分布链接的图层，图 8.27所示为执行分布操作后的效果。

◇　选择【垂直居中】命令：从图层的垂直居中像素开始以平均间隔分布链接/选中图层。

◇　选择【底边】命令：从图层的底部像素开始，以平均间隔分布链接的图层。

◇　选择【左边】命令：从图层的最左边像素开始，以平均间隔分布链接的图层。

◇　选择【水平居中】命令：从图层的水平中心像素开始以平均间隔分布链接/选中图层，

<193>

图 8.28 所示为按水平居中平均分布操作后的效果。

◆ 选择【右边】命令：从每个图层的最右边像素开始，以平均间隔分布链接的图层。

图 8.27　按顶部平均分布后的效果　　　　图 8.28　按水平居中分布后的效果

注　意

Photoshop 只能对齐和分布那些像素大于 50%不透明度的图层，所以在对齐和分布图层时应注意满足此条件。

8.5　合并图层

当图像的处理基本完成的时候，可以将各个图层合并起来以节省系统资源，下面介绍 Photoshop 合并图层的操作方法。

8.5.1　合并任意多个图层

要合并任意多个图层，可以按住 Ctrl 键或 Shift 键在【图层】面板中选择要合并的多个图层，选择【图层】|【合并图层】命令或者选择【图层】面板弹出菜单中的【合并图层】命令。

8.5.2　合并所有图层

选择【图层】|【拼合图像】命令或者选择【图层】面板弹出菜单中的【拼合图像】命令，可以将所有可见图层合并至背景图层中，如果当前图像存在隐藏图层，系统将弹出对话框询问用户是否删除此图层。

合并所有图层后，Photoshop 将使用白色填充透明区域，图 8.29 所示为一幅具有透明区域的图像，图 8.30 所示为合并所有图层后的效果，可以看出此操作使透明区域转换为白色了。

8.5.3　向下合并图层

确保想要合并的两个图层都可见的情况下，在【图层】面板中选择两个图层中处于上方的图层，选择【图层】|【向下合并】命令或者选择【图层】面板弹出菜单中的【向下合并】命令，则可以合并两个相邻的图层。

<194>

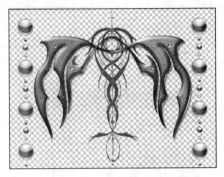

图 8.29　具有透明区域的图像

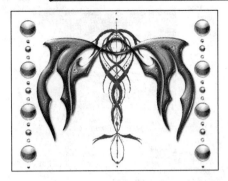

图 8.30　合并后的效果

8.5.4　合并可见图层

确保想要合并的所有图层都是可见的，选择【图层】|【合并可见图层】命令或选择【图层】面板弹出菜单中的【合并可见图层】命令，可以将所有可见图层合并为一个图层。

8.5.5　合并图层组

位于一个图层组中的图层可以全部合并于图层组中，通过此操作可以降低文件大小。要合并某一个图层组，只需要在【图层】面板中将其选中，并选择【图层】|【合并图层组】命令即可。

8.6　图层组

也许受到文件与文件夹间关系的灵感启发，从 6.0 开始在 Photoshop 中可以利用图层组来管理图层，使用图层组可以集中地对某一类图层执行复制、删除、隐藏等操作，不容置疑此功能大大提高了对图层进行操作的工作效率。

如前所述，图层与图层组间的关系有些类似于文件与文件夹的关系，因此图层组的功能与其使用方法非常容易理解和掌握。

图 8.31 所示为未使用图层前的【图层】面板，图 8.32 所示为使用图层组进行管理后的效果，可以看出图层结构清晰了许多，面板的使用率也高了许多。

要将图层组折叠起来，单击图层组名称前的三角形按钮▽使其转换为▷状态，即可。

在图层组处于折叠状态下，单击图层组名称前的三角形按钮▷使其转换为▽形，即可展开图层组。

8.6.1　新建图层组

选择【图层】|【新建】|【新建组】命令，或选择【图层】面板弹出菜单中的【新图层组】命令，弹出【新图层组】对话框。

在对话框中可以设置新图层组的【名称】、【颜色】、【模式】及【不透明度】等选项，根据需要设置选项后单击【确定】按钮即可创建新图层组。

<195>

图 8.31　未使用图层组　　　　　　　　　　图 8.32　图层组管理状态

8.6.2　通过图层创建图层组

可以通过选择多个图层创建一个新的图层组，并使这些被选择的图层包含在这个图层组中。图 8.33 所示为笔者选择的多个图层，选择【图层】|【图层编组】命令，即可将这些被选择的图层编入一个新的组中，如图 8.34 所示。

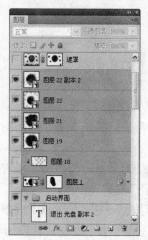

图 8.33　选择的多个图层　　　　　　　　　图 8.34　创建组的状态

注　意

在多个图层被选中的情况下，也可以直接按 Ctrl+G 组合键完成相同的操作。

8.6.3　将图层移入或移出图层组

可以将普通图层拖移至图层组中，从而将此图层加至图层组中。如果目标图层组处于折叠状态，则将图层拖移到图层组文件夹██或图层组名称上，当图层组文件夹和名称高光显示时，

<196>

释放鼠标左键，则图层被加于图层组的底部。

如果目标图层组处于展开状态，则将图层拖移到图层组中所需的位置，当高光显示线出现在所需位置时，释放鼠标按钮即可，图 8.35 所示为操作过程及操作结果。

要将图层移出图层组，只需在【图层】面板中单击该图层并将其拖至图层组文件夹 📁 或图层组名称上，当图层组文件夹和名称高光显示时，释放鼠标左键。

8.6.4　创建嵌套图层组

嵌套图层组的功能是指一个图层组中可以包含另外一个或多个图层组的功能，使用嵌套图层组可以使图层的管理更加高效，如图 8.36 所示是一个非常典型的多级嵌套图层组，在这些嵌套图层组中我们将嵌套于某一个图层组中的图层组称为【子图层组】。

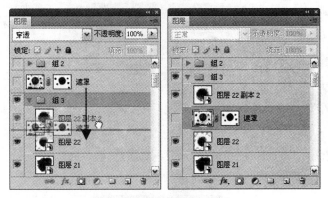

图 8.35　操作过程及操作结果

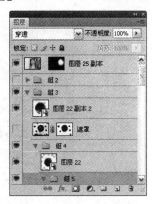

图 8.36　多级嵌套图层组

根据不同的图像状态，可以用不同的方法创建嵌套图层组：

◆　如果一个图层组中已经有一个或若干个图层，而且选择了其中的一个或多个图层，在此情况下直接单击【图层】面板中的【创建新组】按钮 📁，即可创建一个子图层组，如果选择的是图层组，则此操作会创建一个同级并列的图层组。

◆　如果将图层组拖至【图层】面板的【创建新组】按钮 📁 上，可以创建一个新图层组，同时将当前操作的图层组改变为新图层组的子图层组。

◆　也可以在创建一个图层组后，按 Ctrl 键单击【创建新组】按钮 📁 以创建一个子图层组。

8.6.5　复制与删除图层组

通过复制图层组，可以复制图层组中的所有图层，从而起到备份的作用，而通过删除图层组则可以删除图层组中的所有图层。

◆　在图层组被选中的情况下，选择【图层】|【复制组】命令，或选择【图层】面板弹出菜单中的【复制组】命令，即可以复制当前图层组。

◆　也可以将图层组拖至【图层】面板底部的【创建新组】按钮 📁 上，待高光显示线出现时释放鼠标左键，即可以复制该图层组。复制图层组后，图层组中的所有图层都被复制。

如果需要删除图层组，可以执行以下操作。

◆　将目标图层组拖移至【图层】面板下面的【删除图层】按钮 🗑 上，待高光显示线出现时释放鼠标左键即可。

◆ 也可以在目标图层组被选中的情况下选择【图层】面板弹出菜单中的【删除组】命令，在弹出的提示框中单击【仅限组】按钮，即可删除图层组；如果单击【组和内容】按钮，将删除图层组及其中的所有图层。

8.7 创建剪贴蒙版

剪贴蒙版通过使用处于下方图层的形状限制上方图层的显示状态，来创造一种剪贴画的效果。图 8.37 所示为创建剪贴蒙版前的图层效果及【图层】面板状态，图 8.38 所示为创建剪贴蒙版后的效果及【图层】面板状态。

图 8.37　未创建剪贴蒙版的图像及【图层】面板

图 8.38　创建剪贴蒙版后的图像效果及【图层】面板

可以看出建立剪贴蒙版后，两个剪贴蒙版图层间出现点状线，而且上方图层的缩览图被缩进，这与普通图层不同。

8.7.1 创建剪贴蒙版

可以通过以下 3 种方法创建剪贴蒙版。

◆ 按 Alt 键将光标放在【图层】面板中分隔两个图层的实线上（光标将会变为两个交叉的圆圈 ）单击即可。

◆ 在【图层】面板中要创建剪贴蒙版的两个图层中的任意一个中，选择【图层】|【创建剪贴蒙版】命令。

◆ 选择处于上方的图层，按 Alt+Ctrl+G 组合键执行【创建剪贴蒙版】操作。

<198>

8.7.2　取消剪贴蒙版

采用下述 3 种方法可以取消剪贴蒙版。

◆　按 Alt 键将光标放在【图层】面板中分隔两个编组图层的点状线上，等光标变为两个交叉的圆圈 时单击分隔线。

◆　在【图层】面板中选择剪贴蒙版中的任意一个图层，选择【图层】|【释放剪贴蒙版】命令。

◆　选择剪贴蒙版中的任一图层，按 Ctrl+Alt+G 组合键。

8.8　图层蒙版

图层蒙版是 Photoshop 图层的精华，通过使用图层蒙版可以创建许多梦幻般的图像效果，是合成图像中必不可少的技术手段。

图 8.39 所示为原图像及其对应的【图层】面板，图 8.40 所示为使用【图层 13】添加图层蒙版并对图层蒙版进行编辑后的效果，可以看出这两幅图已经很好地合成在一起了。

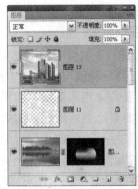

图 8.39　原图及对应的【图层】面板

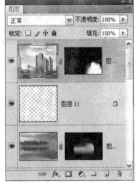

图 8.40　右下角的楼盘图像与背景图像合成后的效果

8.8.1　添加图层蒙版

为图层增加图层蒙版是应用图层蒙版的第一步，根据当前操作状态，可以选择下述两种情况中的任意一种为当前图层增加蒙版。

<199>

1. 添加显示或隐藏整个图层的蒙版

①在【图层】面板中选择想增加蒙版的图层，单击【图层】面板下方的【添加图层蒙版】按钮 ，或选择【图层】|【图层蒙版】|【显示全部】命令。

②如要创建一个隐藏整个图层的蒙版，可以按住 Alt 键单击【添加图层蒙版】按钮 ，或者选择【图层】|【图层蒙版】|【隐藏全部】命令。

2. 添加显示或隐藏选区的蒙版

如果当前图层中存在选区，可以按下述步骤操作以创建一个显示或隐藏选区的蒙版。

◇ 选择【图层】|【图层蒙版】|【显示选区】命令，可以创建一个显示图像所选选区，并隐藏图层其余部分的蒙版。

◇ 如果要创建一个隐藏所选选区并显示图层其余部分的蒙版，按 Alt 键单击 按钮，或者选择【图层】|【图层蒙版】|【隐藏选区】命令。

8.8.2 编辑图层蒙版

添加图层蒙版只是完成了应用图层蒙版的第一步，要使用图层蒙版还必须对图层的蒙版进行编辑，这样才能取得所需的效果。

要编辑图层蒙版，可以参考以下操作步骤。

①单击【图层】面板中的图层蒙版缩览图以将其激活，此时【图层】面板显示蒙版图标 。

②选择任何一种编辑或绘画工具，按照下述准则进行编辑。

◇ 如果要隐藏当前图层，用黑色在蒙版中绘图。

◇ 如果要显示当前图层，用白色在蒙版中绘图。

◇ 如果要使当前图层部分可见，用灰色在蒙版中绘图。

③如果要编辑图层而不是编辑图层蒙版，单击【图层】面板中该图层的缩览图以将其激活，此时【图层】面板显示画笔图标 。

注　意

如果要将一幅图像粘贴至图层蒙版中，按 Alt 键单击图层蒙版缩览图，以显示蒙版，选择【编辑】|【粘贴】命令或按 Ctrl+V 组合键执行【粘贴】操作，即可将图像粘贴至蒙版中。

8.8.3 隐藏图层蒙版

在需要的情况下可以按住 Shift 键并单击【图层】面板中的图层蒙版缩览图，或选择【图层】|【停用图层蒙版】命令，以暂时屏蔽图层蒙版。此时图层蒙版缩览图将显示一个红色的 X，如图 8.41 所示。

如果要显示蒙版可以再次按 Shift 键单击【图层】面板的图层蒙版缩览图，或选择【图层】|【图层蒙版】|【启用】命令。

8.8.4 取消图层蒙版的链接

在默认情况下，图层与其蒙版是处于链接状态的，此时【图层】面板中两者的缩览图之间有一个链接图标 。

在此状态下，如果用移动工具 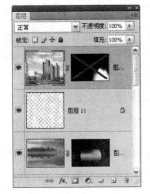 移动图层中的图像与图层蒙版中的任何一个图像时，图层中的图像与图层蒙版将一起移动，如图 8.42 所示。

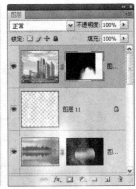

图 8.41　隐藏图层蒙版的状态　　　　　　图 8.42　处于链接状态下移动的效果

要改变这种状态，可以通过单击链接图标，以取消图层和图层蒙版的链接，此时可以单独移动图层中的图像或图层蒙版，如图 8.43 所示，可以看出楼体图像向左侧移动了，由于其蒙版未随之移动，因此有部分楼体隐入黑色的蒙版中，从而被隐藏。

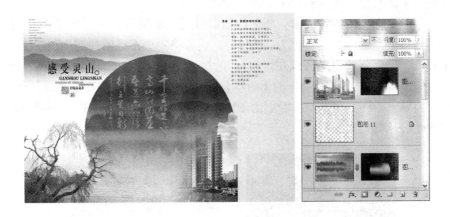

图 8.43　非链接状态下移动的效果

要重新建立链接，只需单击图层缩览图和图层蒙版缩览图之间的链接图标位置。

8.8.5　应用及删除图层蒙版

应用图层蒙版是指按图层蒙版所定义的灰度，定义图层中像素分布的情况，保留蒙版中白色区域对应的像素，删除蒙版中黑色区域所对应的像素。删除图层蒙版是指去除蒙版，不考虑其对于图层的作用。由于图层蒙版在实质上是以 Alpha 通道的状态存在的，因此删除无用的蒙版有助于减小文件大小。要应用或删除图层蒙版，可以参考以下操作指导。

①选择图层蒙版缩览图，单击【图层】面板下方的【删除图层】按钮 🗑。也可以选择【图层】|【图层蒙版】|【删除】命令。

②如果要应用图层蒙版，在弹出的对话框中单击【应用】按钮，如果不删除图层蒙版，单击【取消】按钮。

<201>

8.8.6 使用【蒙版】面板

　　【蒙版】面板是 Photoshop CS4 版本新增的特色功能，此面板能够提供用于调整蒙版的多种控制选项，使操作者可以轻松更改蒙版的不透明度、边缘柔化程度，可以方便地增加或删除蒙版、反相蒙版或调整蒙版边缘。选择【窗口】|【蒙版】命令后，显示如图 8.44 所示的【蒙版】面板。

　　此面板的主要功能及相对应的操作步骤如下所述。

1. 添加蒙版

　　在【蒙版】面板中分别单击【像素蒙版】按钮 或【矢量蒙版】按钮 ，可以分别为当前图层添加像素型蒙版或矢量型蒙版。

图 8.44　【蒙版】面板

2. 更改蒙版不透明度

　　【蒙版】面板中的【浓度】滑块可以调整选定的图层蒙版或矢量蒙版的不透明度，其使用步骤如下所述。

　　①在【图层】面板中，选择包含要编辑的蒙版的图层。

　　②单击【蒙版】面板中的【像素蒙版】按钮 或【矢量蒙版】按钮 将其激活。

　　③拖动【浓度】滑块，当其数值为 100%时，蒙版将完全不透明并遮挡图层下面的所有区域，此数值越低，蒙版下的更多区域变得可见。

　　图 8.45 所示为原图像效果及对应的【图层】面板，图 8.46 所示为在【蒙版】面板中将【浓度】数值修改为 60%时的效果，可以看出由于蒙版中黑色变成为灰色，因此被隐藏的图层中的【羊群】图像也开始显现出来。

图 8.45　原图像效果及对应的【图层】面板

3. 羽化蒙版边缘

　　可以使用【蒙版】面板中的【羽化】滑块直接控制蒙版边缘的柔化程度，而无需像以前一样再使用【模糊】滤镜对其操作，其使用步骤如下所述。

　　①在【图层】面板中，选择包含要编辑的蒙版的图层。

<202>

 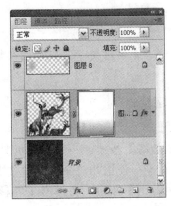

图 8.46　将数值设置为 60%时的效果

②单击【蒙版】面板中的【像素蒙版】按钮 或【矢量蒙版】按钮 将其激活。

③在【蒙版】面板中，拖动【羽化】滑块以将羽化效果应用至蒙版的边缘，使蒙版边缘在蒙住和未蒙住区域之间创建较柔和的过渡。

图 8.47 所示为有一个矢量蒙版的原图像效果及对应的【图层】面板，图 8.48 所示为在【蒙版】面板中将【羽化】数值修改为 50px 时的效果，可以看出由于矢量蒙版的边缘发生柔化，因此原来处于圆形矢量蒙版外面的图层中的【羊群】图像也开始显现出来。

 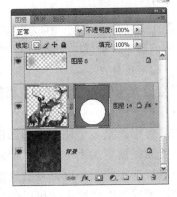

图 8.47　原图像效果及对应的【图层】面板

图 8.48　将数值设置为 50px 时的效果

<203>

注 意

在 CS4 版本之前，无法对矢量蒙版型图层执行柔化边缘操作，除非将矢量蒙版转换成为像素蒙版。

4．其他功能介绍

【蒙版】面板还集成了一些其他的对话框及功能，介绍如下。

◆ 单击【蒙版边缘】按钮，将弹出【调整蒙版】对话框，此对话框功能及使用方法等同于【调整边缘】对话框，使用此命令可以对蒙版进行平滑、收缩、扩展等操作。

◆ 单击【颜色范围】按钮，将弹出【色彩范围】对话框，可以使用对话框更好地在蒙版中进行选择操作。

◆ 如果希望暂时屏蔽蒙版，可以单击 👁 按钮，此操作等同于按住 Shift 键单击【图层】面板中的蒙版缩览图。

◆ 如果希望调用蒙版的选择区域，可以单击 ⚪ 按钮，此操作等同于按住 Ctrl 键单击【图层】面板中的蒙版缩览图。

◆ 如果希望应用蒙版，可以单击 ✦ 按钮。

8.9 调整图层

调整图层是一类比较特殊的图层，因为与其他图层相比，此类图层不具有作图的功能，其主要功能是用于做颜色调整，就其功能而言有些类似于【颜色调整】命令。

调整图层的优点如下所述：

◆ 调整图层不会改变图像的像素值，从而能够在最大程度上保证对图像做颜色调整时的灵活性。

◆ 使用调整图层可以调整多个图层中的图像，这也是通常使用的调整命令无法实现的。

◆ 可以通过改变调整图层的不透明度数值以改变对其下方图层的调整强度。

◆ 通过为调整图层增加蒙版，可以使其调整作用仅发生于图像的某一区域。

◆ 通过尝试使用不同的混合模式，可以创建不同的图像调整效果。

◆ 通过改变调整图层的顺序，可以改变调整图层的作用范围。

8.9.1 创建调整图层

在此以增加【色阶】命令调整图层为例，讲解如何创建调整图层，其操作步骤如下所述。

①单击【图层】面板下方【创建新的填充或调整图层】按钮 ⚪，在弹出的菜单中选择【色阶】命令如图 8.49 所示。

②设置弹出如图 8.50 所示的【调整】面板后，单击【确定】按钮。

按上述方法操作后，即可在图层中增加一个【色阶】调整图层，得到图 8.51 所示的效果。

如果需要对图像局部应用调整图层，应该先创建需创建调整图层的选区，然后再按上述方法操作，此时 Photoshop 自动按选择区域的形状与位置，为调整图层创建一个蒙版，此时所调整的区域将仅限于蒙版中的白色区域，如图 8.52 所示。

<204>

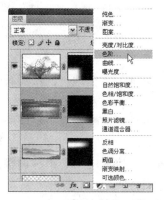
图 8.49　选择【色阶】命令

图 8.50　【调整】面板

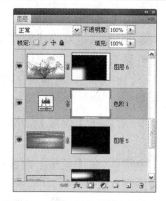
图 8.51　增加【色阶】调整图层

注　意

【调整】面板是 CS4 版本新增的功能，相对于 CS3、CS2 版本的用户而言，实际上的不同仅仅在于原本应该调整出的【颜色调整】对话框，被改变为面板的形式出现。

8.9.2　编辑调整图层

如前所述，调整图层具有图层属性，因此在需要的情况下可以通过编辑调整图层来改变其属性，从而得到丰富的图像调整效果。

编辑调整图层的操作包括，改变其不透明度、混合模式、添加蒙版以限制其编辑区域、改变调整命令的参数、改变调整类型等。

其中改变其不透明度、混合模式、添加蒙版以限制其编辑区域的操作与对常规图层的操作类似，要改变调整图层的调整参数，可以在【图层】面板上单击【调整】命令，在弹出的【调整】面板中修改相对应的参数。

8.9.3　使用【调整】面板

与 CS4 版本之前所有版本都不一样，在 Photoshop CS4 中如果创建一个调整图层，不再会弹出【调整】命令的对话框，取而代之的是一个全新的【调整】面板，如图 8.53 所示。在此面板中【调整】各类参数后，则调整效果就会直接反馈在图像中。

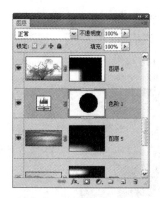
图 8.52　在有选区的情况下增加调整图层

图 8.53　参数调整状态的【调整】面板及【调整】面板初始界面

<205>

使用【调整】面板的优点集中体现在以下几点：

◆ 无需通过双击【图层】面板中的调整图层，只需要单击选中【图层】面板中的调整图层即可显示调整参数，从而可以更方便地对图像进行调整。

◆ 如果单击 箭头，可以回退至【调整】面板初级界面，可以非常方便地再次添加新的调整图层。

◆ 可以在【调整】面板初始界面中，通过单击上方的调整命令按钮，快速应用不同的调整命令。

◆ 可以在【调整】面板初始界面中，通过单击下方的预设列表，快速应用若干种调整命令的预设。

可以通过单击 按钮，使后面操作创建的调整图层，都成为剪贴蒙版图层。

虽然看起来【调整】面板是一个全新的面板，实际上其内核仍然是调整命令，因此基本的使用方法并没有发生本质变化，下面讲解此面板的基本使用操作步骤。

1．在【调整】面板中，单击调整图标或调整预设，或从【面板】菜单中选择【调整】命令。

2．直接设置参数调整状态的【调整】面板中的参数，或从【调整】面板初始界面上方单击一个调整命令的图层，以创建相对应的调整图层。

3．使用下面所讲述的功能按钮，以更加灵活地运用此面板。

◆ 要暂时隐藏或显示当前调整图层，单击【切换图层可见性】按钮 。

◆ 要将【调整】面板中的参数恢复到其原始状态，单击【复位】按钮 。

◆ 要删除当前调整图层，单击【删除此调整图层】按钮 。

◆ 要在当前的调整图层上再添加一个调整图层，单击箭头 ，在【调整】面板初始界面中单击调整命令图标，或选择某一个调整命令的预设。

◆ 要从【调整】面板初始界面返回到参数调整状态的【调整】面板，单击箭头 。

◆ 要扩展【调整】面板的宽度，单击【扩展视图】按钮 。

◆ 如果希望通过暂时隐藏或显示调整图层的效果观察调整效果，单击 按钮。

◆ 如果希望将当前调整图层改变为剪贴蒙版图层，单击【剪切到图层】按钮 。再次单击此按钮，可以取消此图层的剪贴蒙版状态，使调整应用于【图层】面板中该图层下的所有图层。

8.10 图层样式

使用图层样式可以快速得到投影、外发光、内发光、斜面和浮雕、描边等常用效果。除本书第 11 章将讲述的【动作】外，图层样式是另一个能够大幅度降低工作强度，提高工作效率的工具，如图 8.54 所示的精美图像均为使用图层样式直接得到的效果。

图 8.54　图层样式应用效果

<206>

8.10.1　图层样式类型

Photoshop 的图层样式包括投影、内阴影、外发光、内发光等几种，下面分别讲解这些图层样式的使用方法。

1. 投影

选择【图层】|【图层样式】|【投影】命令或者单击【图层】面板底部的【添加图层样式】按钮 fx.，在下拉菜单中选择【投影】命令，弹出图 8.55 所示的对话框。

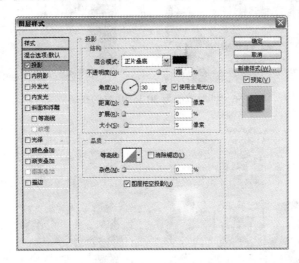

图 8.55　【投影】对话框

在【图层样式】对话框中进行适当设置即可得到需要的投影效果。下面详细讲解对话框中重要参数的意义。

◆【混合模式】：在此下拉列表框中，可以为投影选择不同的混合模式，从而得到不同的投影效果。单击左侧颜色块，可在弹出的【拾色器】对话框中为投影设置颜色。

◆【不透明度】：在此可以输入一个数值定义投影的不透明度，数值越大则投影效果越清晰，反之越淡。

◆【角度】：在此拨动角度轮盘的指针或输入数值，可以定义投影的投射方向。如果【使用全局光】复选框被选中，则投影使用全局性设置，反之可以自定义角度。

◆【距离】：在此输入数值，可以定义投影的投射距离，数值越大则投影的三维空间效果越确定，反之投影越贴近投射投影的图像。

◆【扩展】：在此输入数值，可以增加投影的投射强度，数值越大则投影的强度越大，图8.56 所示为其他参数值不变的情况下，扩展数值分别为 30 与 50 的情况下的投影效果。

◆【大小】：此参数控制投影的柔化程度大小，数值越大则投影的柔化效果越大，反之越清晰，图 8.57 所示为其他参数值不变的情况下，数值分别为 5 与 100 的投影效果。

◆【等高线】：使用等高线可以定义图层样式效果的外观，其原理类似于【图像】|【调整】|【曲线】命令中曲线对图像的调整原理。

单击此下拉列表框按钮，将弹出如图 8.58 所示【等高线列表选择】面板，在面板中可以选择数种 Photoshop 默认的等高线类型。

<207>

图 8.56　扩展数值为 30 与 50 时的投影效果

图 8.57　【大小】数值为 5 与 100 时不同的投影效果

图 8.59 所示为在其他参数与选项不变的情况下，分别选择两种不同的等高线类型所得到的不同阴影效果。

◇【消除锯齿】：选择此复选框，可以使应用等高线后的投影更细腻。

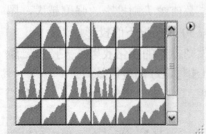

图 8.58　【等高线列表选择】面板

图 8.59　选择不同的等高线效果

<208>

2. 内阴影

使用【内阴影】图层样式，可以为非背景图层添加位于图层不透明像素边缘内的投影效果，使图层呈凹陷的外观效果，如图 8.60 所示。

图 8.60　应用【内阴影】图层样式后的效果

该样式对话框与【投影】样式完全相同故不再重述。

3. 外发光

使用【外发光】图层样式，可为图层增加发光效果，其对话框如图 8.61 所示。

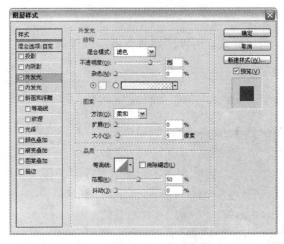

图 8.61　【外发光】对话框

由于此对话框中的大部分参数和选项与【投影】图层效果样式相同，故在此仅讲述不同的参数与选项。

◆【发光方式】：在此对话框中可以设置两种不同的发光方式，一种为纯色光，另一种为渐变式光。在默认情况下，发光效果为纯色，如图 8.62 所示。如果要得到渐变式发光效果，需要在对话框中选择渐变类型选择下拉列表框，并在弹出的渐变类型选择面板中选择一种渐变效果，即可得到图 8.63 所示的渐变式发光效果。

◆【方法】：在该下拉列表框中可以设置发光的方法，选择【柔和】选项，所发出的光线边缘柔和；选择【精确】选项，光线按实际大小及扩展度显示。

图 8.62　纯色外发光效果　　　　　　　图 8.63　渐变式外发光效果

◆【范围】：此处的数值控制发光中作为等高线目标的部分或范围，数值偏大或偏小都会使等高线对发光效果的控制程度不明显。

为图像添加外发光的效果，如图 8.64 所示。

4. 内发光

使用【内发光】图层样式，可以给图像增加内发光的效果，该样式的对话框与【外发光】样式相同，不再重述。

5. 斜面和浮雕

使用【斜面和浮雕】图层样式，可以创建具有斜面或浮雕效果的图像，其对话框如图 8.65 所示。

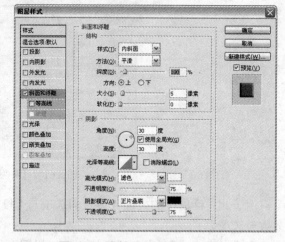

图 8.64　应用【外发光】后的效果　　　　　图 8.65　【斜面和浮雕】对话框

◆【样式】：选择【样式】中的各选项可以设置各种不同的效果。在此可以分别选择【外斜面】、【内斜面】、【浮雕效果】、【枕状浮雕】和【描边浮雕】5 种效果，其中在此基础上也可设置【平滑】、【雕刻清晰】和【雕刻柔和】3 种效果，其效果如图 8.66 所示。

◆【深度】：此参数值控制斜面和浮雕效果的深度，数值越大则效果越明显。

◆【方向】：在此可以选择斜面和浮雕效果的视觉方向，如果选择【上】复选框，则在视

<210>

觉上斜面和浮雕效果呈现凸起效果，选择【下】复选框，则在视觉上斜面和浮雕效果呈现凹陷效果。

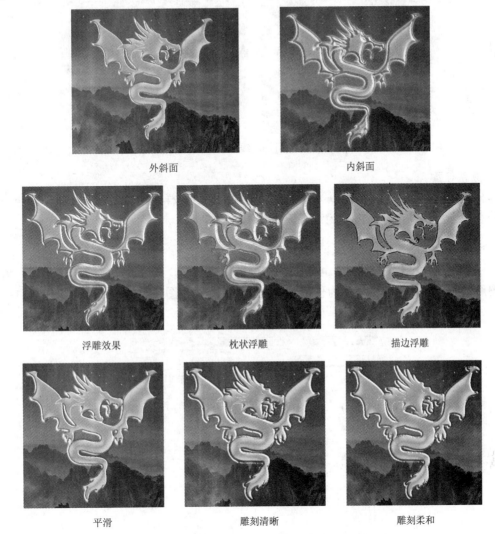

图 8.66　三种创建【斜面和浮雕】效果的方法

◇【软化】：此参数控制斜面和浮雕效果亮部区域与暗部区域的柔和程度，数值越大则亮部区域与暗部区域越柔和。

◇【高光模式】、【暗调模式】：在两个下拉列表框中，可以为形成导角或浮雕效果的高光与暗调部分选择不同的混合模式，从而得到不同的效果。如果分别点击左侧颜色块，还可以在弹出的拾色器中为高光与暗调部分选择不同的颜色，因为在某些情况下，高光部分并非完全为白色，可能会呈现某种色调，同样暗调部分也并非完全为黑色。

6. 光泽

使用【光泽】图层样式，可以在图层内部根据图层的形状应用投影，通常用于创建光滑的磨光及金属效果，其对话框中各参数与选项均有相关介绍，故不再重述。

<211>

图 8.67 所示为应用等高线取得的光泽效果。

图 8.67　应用等高线取得的光泽效果

7. 颜色叠加

选择【颜色叠加】样式，可以为图层叠加某种颜色。此样式的对话框非常简单，在其中设置一种叠加颜色，并选择所需要的混合模式及不透明度即可。

8. 渐变叠加

使用【渐变叠加】图层样式，可以为图层叠加渐变效果，其对话框如图 8.68 所示，图 8.69 中左图所示为原图像，中图所示为使用【渐变叠加】样式为图像添加了一个前景色从白色到透明色的效果，右图所示为在中图基础上叠加图形的效果。

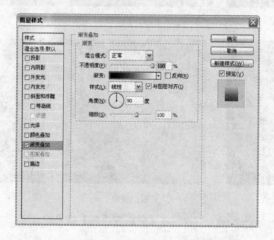

图 8.68　【渐变叠加】对话框

图 8.69　应用【渐变叠加】前后的对比效果

<212>

◇【样式】：在此下拉列表框中可以选择【线性】、【径向】、【角度】、【对称】和【菱形】五种渐变类型。

◇【与图层对齐】：在此复选框被选中的情况下，渐变由图层中最左侧的像素应用至最右侧的像素。

9. 图案叠加

使用【图案叠加】图层样式，可以在图层上叠加图案，其对话框及操作方法与【颜色叠加】样式相似，图 8.70 所示为使用此样式为图像添加具有图案拼贴效果的上下边界的效果。

图 8.70　应用【图案叠加】前后的对比效果

10. 描边

使用【描边】样式可以用颜色、渐变或图案三种方式为当前图层中的图像勾画轮廓，其对话框如图 8.71 所示。

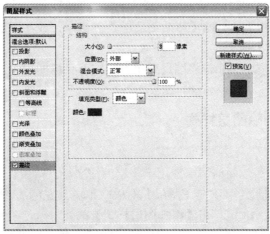

图 8.71　【描边】对话框

◇【大小】：此参数用于控制描边的宽度，数值越大则生成的描边宽度越大。

◇【位置】：在此下拉列表框中，可以选择外部、内部、居中三种位置。选择【外部】选项，描边效果完全处于图像的外部；选择【内部】选项，描边效果完全处于图像的内部；选择【居中】选项，描边效果一半处于图像的外部，一半处于图像内部。

◈【填充类型】：在此下拉列表框中，可以设置描边类型，其中有【颜色】、【渐变】及【图案】三个选项。图 8.72 所示为分别选择【渐变】选项及【图案】选项后得到的描边效果。

选择【渐变】选项的描边效果   选择【图案】选项的描边效果

图 8.72　两种描边效果

虽然，使用上述任何一种图层样式，都可以获得非常确定的效果，但在实际应用中通常同时使用数种图层样式。

8.10.2　复制、粘贴图层样式

如果两个图层需要设置同样的图层样式，可以通过复制与粘贴图层样式操作，减少重复性操作。要复制图层样式，可按下述步骤操作。

①在【图层】面板中选择包含要复制的图层样式的图层。

②选择【图层】|【图层样式】|【拷贝图层样式】命令，或在图层上单击右键在弹出的菜单中选择【拷贝图层样式】命令。

③在【图层】面板中选择需要粘贴图层样式的目标图层。

④选择【图层】|【图层样式】|【粘贴图层样式】命令，或在图层上单击右键在弹出的菜单中选择【粘贴图层样式】命令。

除使用上述方法外，按住 Alt 键将图层效果直接拖至目标图层中，如图 8.73 所示，也可以起到复制图层样式的效果。

8.10.3　屏蔽和删除图层样式

1. 屏蔽图层样式

通过屏蔽图层样式，可以暂时隐藏应用于图层的图层样式效果。

要屏蔽某一个图层样式，可以在【图层】面板中单击其左侧的 👁 图标，以将其隐藏，如图 8.74 所示。也可以按住 Alt 键单击【添加图层样式】按钮 𝑓𝑥，在弹出的菜单中选择需要隐藏的图层样式名称的命令。

要屏蔽某一个图层的所有图层样式，可以单击【图层】面板中该图层下方【效果】左侧的 👁 图标，如图 8.75 所示。

2. 删除图层样式

删除图层样式的作用在于，使用图层样式不再发挥使用，同时减小文件大小。

<214>

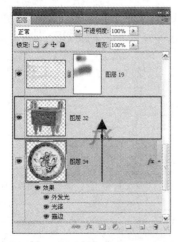

图 8.73　拖动图层样式进行复制

图 8.74　屏蔽某一个图层样式

图 8.75　屏蔽所有图层样式

◆ 在【图层】面板中将其选中，拖至【删除图层】按钮 🗑，如图 8.76 所示，即可删除此图层样式。

◆ 要删除某个图层上的所有图层样式，可以在【图层】面板中选择该图层，并选择【图层】|【图层样式】|【清除图层样式】命令。也可以在【图层】面板中，选择图层下方的【效果】将其拖至【删除图层】按钮 🗑 上，如图 8.77 所示。

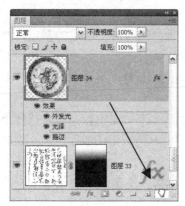

图 8.76　删除某一个图层样式

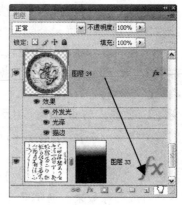

图 8.77　删除所有图层样式

8.11　图层的混合模式

在 Photoshop 中图层的混合模式非常重要，几乎每一种绘画与编辑调整工具都有混合模式选项。正确地、灵活地运用各种混合模式，往往能创造许多匪夷所思的效果，并对调整图像的色调、亮度有相当大的作用。

点击图层混合模式下拉列表框，将弹出如图 8.78 所示的混合模式下拉列表菜单，其中列有 25 种可以产生不同效果的混合模式。

在此以上下两图层相叠加且上方图层的不透明度等于 100%为例,解释各混合模式的含义。

◆【正常】：选择该选项，上方图层完全遮盖下方图层。

◆【溶解】：如果上方图像具有柔和的半透明边缘则选择该选项，可创建像素点状效果。

<215>

图 8.78　图层面板混合模式菜单

◆【变暗】：选择此模式，将以上方图层中较暗像素代替下方图层中与之相对应的较亮像素，且下方图层中的较暗区域代替上方图层中的较亮区域，因此叠加后整体图像呈暗色调。

◆【正片叠底】：选择此模式整体效果显示由上方图层及下方图层的像素值中较暗的像素合成的图像效果。

◆【颜色加深】：此模式与颜色减淡模式相反，通常用于创建非常暗的投影效果。

◆【线性加深】：察看每一个颜色通道的颜色信息，加暗所有通道的基色，并通过提高其他颜色的亮度来反映混合颜色，此模式对于白色无效。

◆【深色】：选择此模式，可以依据图像的饱和度，用当前图层中的颜色，直接覆盖下方图层中的暗调区域颜色。

◆【变亮】：此模式与变暗模式相反，Photoshop 以上方图层中较亮像素代替下方图层中与之相对应的较暗像素，且下方图层中的较亮区域代替上方图层中的较暗区域，因此叠加后整体图像呈亮色调。

◆【滤色】：此选项与正片叠底相反，在整体效果上显示由上方图层及下方图层的像素值中较亮的像素合成图像效果，通常能够得到一种漂白图像中颜色的效果，图 8.79 所示为原图像、图 8.80 所示为设置为【滤色】混合模式后的效果。

◆【颜色减淡】：选择此模式可以生成非常亮的合成效果，其原理为上方图层的像素值与下方图层的像素值采取一定的算法相加，此模式通常被用来创建光源中心点极亮的效果。

◆【线性减淡（添加）】：察看每一个颜色通道的颜色信息，加亮所有通道的基色，并通过降低其他颜色的亮度来反映混合颜色，此模式对于黑色无效。

◆【浅色】：与【深色】模式刚好相反，选择此模式，可以依据图像的饱和度，用当前图层中的颜色，直接覆盖下方图层中的高光区域颜色。

◆【叠加】：选择此选项，图像最终的效果取决于下方图层。但上方图层的明暗对比效果也将直接影响到整体效果，叠加后下方图层的亮度区与投影区仍被保留，图 8.81 所示为设置为【叠加】图层混合模式后的效果。

◆【柔光】：使颜色变亮或变暗，具体取决于混合色。如果上方图层的像素比 50% 灰色亮，

<216>

则图像变亮；反之，则图像变暗。

◆【强光】：此模式的叠加效果与柔光类似，但其加亮与变暗的程度较柔光模式大许多。

◆【亮光】：如果混合色比 50％灰度亮，图像通过降低对比度来加亮图像，反之通过提高对比度来使图像变暗。

◆【线性光】：如果混合色比 50％灰度亮，图像通过提高对比度来加亮图像，反之通过降低对比度来使图像变暗。

◆【点光】：此模式通过置换颜色像素来混合图像，如果混合色比 50％灰度亮，比源图像暗的像素会被置换，而比源图像亮的像素无变化；反之，比源图像亮的像素会被置换，而比源图像暗的像素无变化。

◆【实色混合】：使用此混合模式时，可以创建一种近似于色块化的混合效果。

◆【差值】：选择此模式可从上方图层中减去下方图层相应处像素的颜色值，此模式通常使图像变暗并取得反相效果。

◆【排除】：选择此模式可创建一种与差值模式相似但对比度较低的效果。

◆【色相】：选择此模式，最终图像的像素值由下方图层的亮度与饱和度值及上方图层的色相值构成。

◆【饱和度】：选择此模式，最终图像的像素值由下方图层的亮度和色相值及上方图层的饱和度值构成。

◆【颜色】：选择此模式，最终图像的像素值由下方图层的亮度及上方图层的色相和饱和度值构成。

◆【明度】：选择此模式，最终图像的像素值由下方图层的色相和饱和度值及上方图层的亮度构成。

图 8.79　素材图像

图 8.80　设置为【滤色】后的的效果　　　　图 8.81　设置为【叠加】后的效果

<217>

8.12　智能对象

智能对象是 Photoshop 提供的一项较先进的功能，下面我们从几个方面来讲解有关于智能对象的理论知识与操作技能。

8.12.1　智能对象是什么

简单地说，我们可以将智能对象理解为一个容器，一个封装了位图或矢量信息的容器，换言之，我们可以用智能对象的形式将一个位图文件或一个矢量文件嵌入到当前工作的 Photoshop 文件中。

从嵌入这个概念上说，我们可以将以智能对象形式嵌入到 Photoshop 文件中的位图或矢量文件理解为当前 Photoshop 文件的子文件，而 Photoshop 文件则是其父级文件。

以智能对象形式嵌入到 Photoshop 文件中的位图或矢量文件，与当前工作的 Photoshop 文件能够保持相对的独立性，当我们修改当前工作的 Photoshop 文件或对智能对象执行缩放、旋转、变形等操作时，不会影响到嵌入的位图或矢量文件的源文件。

实际上，当我们在改变智能对象时，只是在改变嵌入的位图或矢量文件的合成图像，并没有真正改变嵌入的位图或矢量文件。

在 Photoshop 中智能对象表现为一个图层，类似于文字图层、调整图层或填充图层，如图 8.82 所示，在图层的缩览图右下方有明显的标志。

下面我们通过一个具体的示例来认识智能对象，图 8.83 所示的作品，龙的图像使用了智能对象，图 8.84 所示为此图像的【图层】面板，在此智能对象即图层【0】。

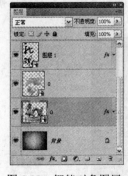  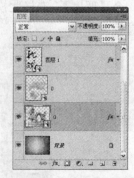

图 8.82　智能对象图层　　　　　图 8.83　智能对象图层　　　　　图 8.84　对应的【图层】面板

双击图层【0】，则 Photoshop 将打开一个新文件，此文件就是嵌入到智能对象图层【0】中的子文件，可以看出该智能对象由两个图层构成，【图层】面板如图 8.85 所示，其效果如图 8.86 所示。

图 8.85　智能对象对应的【图层】面板　　　　　图 8.86　智能对象效果

<218>

8.12.2 智能对象的优点

使用智能对象的优点是显而易见的，笔者将其总结如下：

◆ 当我们工作于一个较复杂的 Photoshop 文件时，可以将若干个图层保存为智能对象，从而降低 Photoshop 文件中图层的复杂程度，使我们便于管理和操作 Photoshop 文件。

◆ 如果在 Photoshop 中对图像进行频繁的缩放，会引起图像信息的损失，最终导致图像变得越来越模糊，但如果我们将一个智能对象进行频繁缩放，则不会使图像变得模糊，因为我们并没有改变外部的子文件的图像信息。所以可以将那些可能要进行频繁缩放操作的图层转换成为智能对象图层，以避免缩放后发生图像质量损失。

◆ 由于 Photoshop 不能够处理矢量文件，因此所有置入到 Photoshop 中的矢量文件都会被位图化，避免这个问题的方法就是以智能对象的形式置入矢量文件，从而既能够在 Photoshop 文件中使用矢量文件的效果，又保持了外部的矢量文件在发生改变时，Photoshop 的效果能够发生相应的变化。

◆ 在以前的版本中我们无法在智能对象图层中使用滤镜命令，自 CS3 版本以来，可以而且仅可以，在智能对象图层使用智能滤镜的功能，从而获得对滤镜效果的可逆性编辑。如果在普通图层上使用【滤镜】|【转换为智能滤镜】命令，则会弹出提示对话框。

在上一小节所示例的文件中，我们为智能对象中的某一个图层添加图层样式后得到图 8.87 所示的效果，保存并关闭此智能对象文件后，则原图像将做相应的改变，图 8.88 所示为改变前后的对比效果。

图 8.87 为智能对象添加图层样式后的效果

图 8.88 改变前后的对比效果

注 意

由于以智能对象形式嵌入到 Photoshop 中的子文件并不是以链接形式嵌入的，因此当我们删除该子文件后，不会影响到 Photoshop 文件中的智能对象，而且当我们修改外部的子文件时，不会影响到嵌入的智能对象。

8.12.3　创建智能对象

可以通过以下方法创建智能对象：

◆ 使用【置入】命令为当前工作的 Photoshop 文件置入一个矢量文件或位图文件，甚至是另外一个有多个图层的 Photoshop 文件。

◆ 选择一个或多个图层后，在【图层】面板中选择【转换为智能对象】命令或选择菜单命令【图层】|【智能对象】|【转换为智能对象】。

◆ 直接将一个 PDF 文件或 AI 软件中的图层拖入 Photoshop 文件中。

◆ 在 AI 软件中对矢量对象执行拷贝操作，到 Photoshop 中执行粘贴操作。

◆ 使用【文件】|【打开为智能对象】命令将一个符合要求的文件直接打开成为一个智能对象。

8.12.4　创建嵌套多级智能对象

智能对象支持多级嵌套，即一个智能对象中可以包含另一个智能对象，要创建多级嵌套的智能对象，可以按下面的方法操作：

◆ 选择智能对象图层及另一个或多个图层，在【图层】面板中选择【转换为智能对象】命令或选择【图层】|【智能对象】|【转换为智能对象】命令。

◆ 选择智能对象图层及另一个智能对象图层，按上述的方法进行操作。

8.12.5　复制智能对象

我们可以在 Photoshop 文件中对智能对象进行复制以创建一个新的智能对象图层，新的智能对象与原智能对象可以处于一种链接关系，也可以是一种非链接关系。

如果两者保持一种链接关系，则无论我们修改两个智能对象的哪一个，都会影响到另一个智能对象，反之两者处于非链接关系时，两者之前没有相互影响的关系。

如果希望新的智能对象与原智能对象处于一种链接关系，执行下面的操作。

①选择智能对象图层。

②选择【图层】|【新建】|【通过拷贝的图层】命令。

③也可以直接将智能对象拖至【图层】面板中的【创建新图层】按钮 🔲 上。

如果希望新的智能对象与原智能对象处于一种非链接关系，执行下面的操作。

①选择智能对象图层。

②选择【图层】|【智能对象】|【通过拷贝新建智能对象】命令。

8.12.6　对智能对象进行操作

受到许多方面的限制，我们能够对智能对象进行的操作是有限的，我们可以对智能对象进

<220>

行以下操作：

◆ 对其进行缩放、旋转、变形、透视或扭曲等操作。

◆ 可以改变智能对象的混合模式、不透明度数值，还可以为其添加图层样式。

◆ 不可以直接对智能对象使用除【阴影/高光】、【变化】外的其他颜色调整命令，但可以通过为其添加一个专用的调整图层的方法来迂回解决问题。

注　意

在 CS4 版本之前无法对智能对象进行透视与扭曲操作。

8.12.7　编辑智能对象的源文件

如前所述智能对象的优点是我们能够在外部编辑智能对象的源文件，并使所有改变反映在当前工作的 Photoshop 文件中，要编辑智能对象的源文件可以按以下的步骤操作。

①在【图层】面板中选择智能对象图层。

②直接双击智能对象图层，或选择【图层】|【智能对象】|【编辑内容】命令，也可以直接在【图层】面板的菜单中选择【编辑内容】命令。

③无论是使用上面的哪一种方法，都会弹出如图 8.89 所示的对话框，以提示操作者。

图 8.89　提示对话框

④直接单击【确定】按钮，则进入智能对象的源文件中。

⑤在源文件中进行修改操作，然后选择【文件】|【存储】命令，并关闭此文件。

⑥执行上面的操作后，则修改后源文件的变化会反映在智能对象中。

如果希望取消对智能对象的修改，可以按 **Ctrl+Z** 组合键，此操作不仅能够取消在当前 Photoshop 文件中智能对象的修改效果，而且还能够使被修改的源文件也回退至未修改前的状态。

8.12.8　导出智能对象

通过导出智能对象的操作，可得到一个包含所有嵌入到智能对象中位图或矢量信息的文件。要导出智能对象，按下面的步骤操作。

①选择智能对象图层。

②选择【图层】|【智能对象】|【导出内容】命令。

③在弹出的【存储】对话框中为文件选择保存位置并对其进行命名。

8.12.9　替换智能对象

可以用一个智能对象替换 Photoshop 文件中的另一个智能对象，要进行这一操作，参考以下步骤。

<221>

①选择智能对象图层。

②选择【图层】|【智能对象】|【替换内容】命令。

③在弹出的对话框中选择用于替换当前选择的智能对象的文件。

如果在替换之前，我们对智能对象进行缩放、旋转等变换操作，则执行替换操作后，新的智能对象仍然能够保持原变换属性。

8.12.10　栅格化智能对象

由于智能对象具有许多编辑限制，因此如果我们希望对智能对象进行进一步操作时，例如使用滤镜命令对其操作，则必须要将其栅格化，即转换成为普通的图层。

选择智能对象图层后，选择【图层】|【智能对象】|【栅格化】命令即可将智能对象转换成为图层。另外，也可以直接在智能对象图层的名称上单击右键，在弹出的菜单中选择【栅格化图层】命令即可。

<222>

第 9 章　文　　字

导读

本章主要讲解了在 Photoshop 中如何进行有关于文字的操作，其中包括如何输入横排或竖排文字、如何设置文字的属性、如何将文字转换成为普通图层或形状图层、如何制作具有扭曲效果的文字或制作沿路径进行绕排的文字。本课的学习重点是 9.2 节所讲述的添加文字，9.3 节所讲述的设置文字属性、及 9.5 节所讲述的为文字添加特殊效果的方法。

9.1　文字与图层

使用 Photoshop 制作各种精美的图像时，文字是点饰画面不可缺少的元素，恰当的文字可以起到画龙点睛的功效，而如果为文字赋予合适的艺术效果，更可以使图像的美感得到极大的提升。近年来甚至出现了电脑艺术字风潮，将各种精美的电脑艺术字作为主体进行展示。

Photoshop 具有很强的文字处理能力，我们不仅可以很方便地制作出各种精美的艺术效果字，如图 9.1 所示，甚至可以用 Photoshop 做适量的排版操作。

图 9.1　艺术文字示例

值得一提的是 Photoshop 保留了基于矢量的文字轮廓，从而在进行缩放文字、调整文字大小、存储 PDF 或 EPS 文件的操作后，生成的文字具有清晰的与分辨率无关的光滑边缘，而且利用新版本的新增功能，我们还能够制作出绕排路径的文字及异形轮廓文字。

在 Photoshop 中文字是以一个独立图层的形式存在的，例如，在图 9.2 所示的设计作品中存在不少文字设计元素，图 9.3 所示为此作品对应的【图层】面板，可以看出这些文字设计元素均以独立的图层存在。

图 9.2　设计作品　　　　　　　图 9.3　设计作品对应的【图层】面板

文字图层具有与普通图层不一样的可操作性，在文字图层中我们无法使用画笔、铅笔、渐变等工具，只能对文字进行变换、改变颜色等有限操作。

因为文字图层所具有的这些特殊性，使我们无法使用作图手段改变文字图层中的文字。但我们可以改变文字图层中的文字，而且保持原文字所具有的基本属性不变，这些属性包括颜色、图层样式、字体、字号、角度等。

9.2　输入并编辑文字

在所有我们看到的平面设计作品中，文字的排列形式不外乎是水平、垂直、倾斜、曲线绕排这 4 种，图 9.4 所示为水平文字。

图 9.4　水平文字示例

<224>

图 9.5 所示为招贴及广告设计作品中应用垂直排列的文字的示例。

图 9.5 垂直排列的文字

图 9.6 所示为电影海报及书籍封面设计中应用倾斜排列的文字的示例。

图 9.6 倾斜排列的文字

本节将讲解如何为设计作品添加水平及垂直排列的文字，及如何将水平或垂直排列的文字改变为倾斜排列，将文字绕排于曲线上的示例与操作请参考本章第 9 节。

9.2.1 输入水平文字

要为设计作品添加水平排列的文字，可以按下面所讲述的步骤操作。

①在工具箱中选择横排文字工具 T 。

②设置横排文字的工具选项栏，如图 9.7 所示。

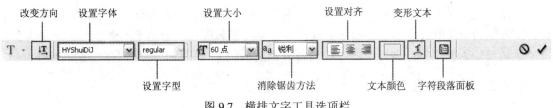

图 9.7 横排文字工具选项栏

③使用横排文字工具 T.在图像中要放置文字处单击一下，以在该位置插入一个文本光标，如图 9.8 所示，在光标后面输入要添加的文字，如图 9.9 所示。

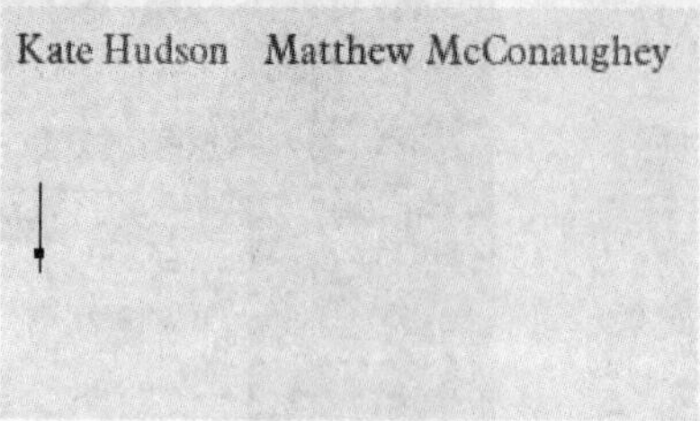

图 9.8　插入一个文本光标

图 9.9　输入文字

④如果在输入文字时希望文字出现在下一行，可以按 Enter 键，使文本光标出现在下一行，如图 9.10 所示，然后再输入其他文字，如图 9.11 所示。

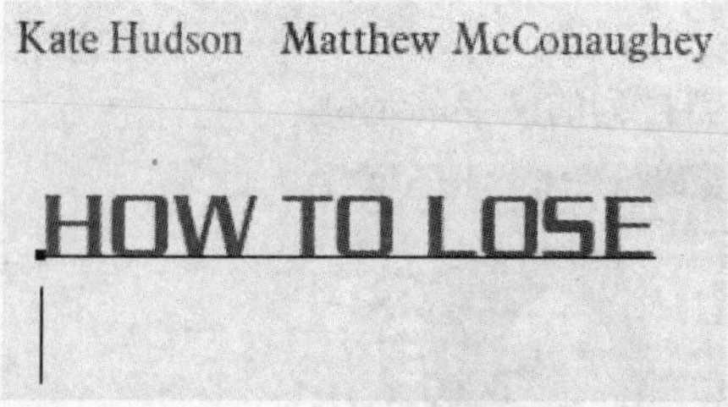

图 9.10　出现在下一行的光标

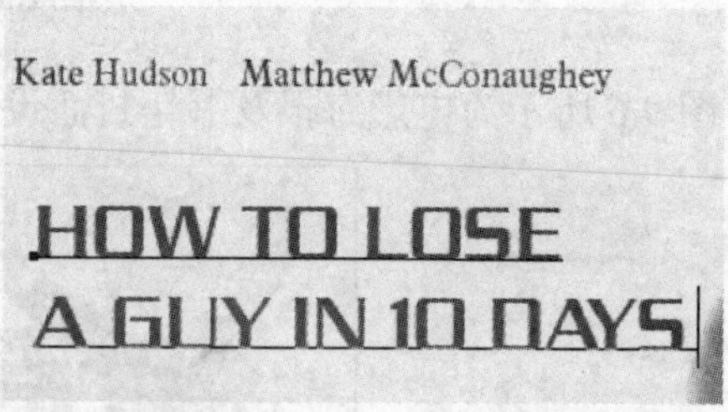

图 9.11　输入第二行文字后的效果

⑤对于已输入的文字可以在文字间通过插入文本光标再按 Enter 键将一行文字打断成为两行，如在一行文字的不同位置执行多次此操作，则可以得到多行文本，如图 9.12 所示。

⑥如果希望将两行文字连接成为一行，可以通过在上一行文字的最后面插入文本光标并按 Delete 键完成，图 9.13 所示为笔者将文字【A 】及【GUY IN】两行文字连接成为一行的效果示例。

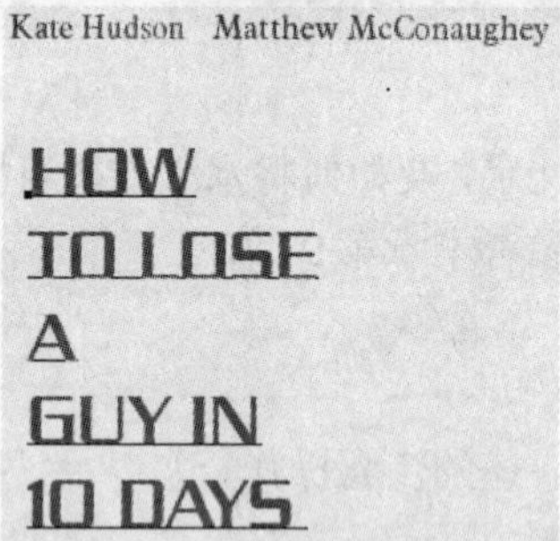

图 9.12　将文字打断成为多行的操作

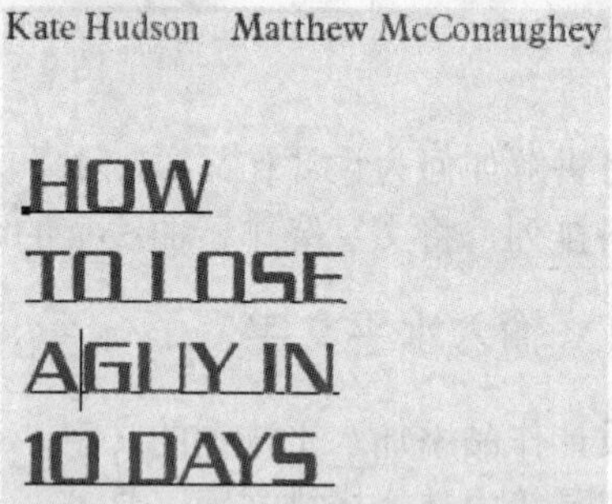

图 9.13　连接两行文字

⑦输入文字时工具选项栏的右侧会出现【提交所有当前编辑】按钮 ✓ 与【取消所有当前编辑】按钮 ⊘ 。如果所有文字已经输入完成，可以单击工具选项栏中的【提交所有当前编辑】按钮 ✓ 确认已输入的文字；如果单击【取消所有当前编辑】按钮 ⊘ ，则可以取消输入操作。

9.2.2　输入垂直文字

为设计作品添加垂直排列文本的操作方法与添加水平排列的文本的操作方法相同。

<226>

在工具箱中选择直排文字工具 $\boxed{\text{T}}$ ，然后在页面中单击并在光标后面输入文字，则可以得到呈垂直排列的文字，其效果如图 9.14 所示。

图 9.14　完成后的效果

无论是在输入水平排列的文字还是垂直排列的文字时，当光标处于文字行区域内则显示为文本光标，如图 9.15 所示。

但如果将光标在文字区域内插入，然后移动鼠标到文字行区域外，则文本光标将转变成为移动工具 $\overset{+}{\leftrightarrow}$ 光标，如图 9.16 所示，用此光标可以直接拖动正在输入的文字，以改变文字的位置，如图 9.17 所示。

图 9.15　显示文本光标　　　　图 9.16　显示移动工具光标　　　图 9.17　在输入状态下移动文本

如果在文字输入状态下，还可以暂时按住 Ctrl 键使文字的周围显示变换控制句柄，如图 9.18 所示，在此状态下不仅可以通过拖动控制句柄改变正在输入的文字的大小，还可以改变文字的倾斜角度如图 9.19 所示，执行完变换操作后，可以释放 Ctrl 键重新返回文字输入状态中。

在输入水平排列的文字时，上述操作技巧同样有效，各位读者可以自行尝试。

9.2.3　制作倾斜排列的文字

Photoshop 并没有提供能够直接输入具有一定倾斜角度的文字，因此要得到这样的文字只能够通过改变水平或垂直排列的文字来得到。

<227>

图 9.18　变换控制句柄　　　　　　　　　　　　图 9.19　旋转文字示例

图 9.20 所示为垂直排列的文字，图 9.21 所示为笔者按 Ctrl+T 组合键并改变文字旋转角度的效果，图 9.22 所示为确认旋转变换操作后的倾斜排列的文字。

图 9.20　原文字　　　　　　　图 9.21　旋转状态的文字　　　　　　图 9.22　变换后的文字

按同样的方法对水平排列的文字进行操作，同样可以得到倾斜排列的文字，其操作较为简单，故不再重述。

9.2.4　相互转换水平及垂直排列的文字

在需要的情况下，我们可以相互转换水平文字及垂直文字的排列方向，其操作步骤如下：
①在工具箱中选择横排文字工具 T.或直排文字工具 IT.。
②执行下列操作中的任意一种，即可改变文字方向。
◇　单击工具选项栏中的【更改文字方向】按钮 IT，可转换水平及垂直排列的文字。
◇　选择【图层】|【文字】|【垂直】命令将文字转换成为垂直排列。
◇　选择【图层】|【文字】|【水平】命令将文字转换成为水平排列。

9.2.5　创建文字型选区

文字型选区是一类特别的选区，此类选区具有文字的外形，由于创建文字型选区的工具与文字工具处于同一个工具组中，因此笔者将这一部分知识放在此处进行讲解，以便于各位读者分类学习记忆。

创建文字型选区的步骤如下所述。
①打开随书所附光盘中的素材文件【d9z\9.2.5-素材.tif】，在工具箱中选择横排文字蒙版工

<228>

具 ■ 或直排文字蒙版工具 ■ ，具体选择哪一种工具取决于希望得到的文字型选区的状态。

②在图像中单击插入一个文本光标。

③在文本光标后面输入文字，在输入状态中图像背景呈现淡红色且文字为实体，如图 9.23 所示。

④在工具选项栏中单击【提交所有当前编辑】按钮 ✔ 退出文字输入状态，即可得到图 9.24 所示的文字型选择区域。

图 9.23　输入状态中　　　　　　　　图 9.24　退出文字输入状态后

9.2.6　使用文字型选区设计作品

使用文字型选择区域可以非常轻松地创建图像型文字，下面通过一个示例讲解其操作方法。

①打开随书所附光盘中的素材文件【d9z\9.2.6-素材 1. psd】，在工具箱中选择横排文字蒙版工具 ■ ，创建如图 9.25 所示的文字型选择区域。

②打开随书所附光盘中的素材文件【d9z\9.2.6-素材 2. jpg】，如图 9.26 所示，按 Ctrl+A 组合键执行【全选】操作，按 Ctrl+C 组合键执行【拷贝】操作。

图 9.25　文字型选择区域　　　　　　　图 9.26　原素材图像

③切换至文字型选择区域所在图像，选择【编辑】|【粘贴入】命令，可得到图 9.27 所示的图像文字效果。

<229>

④为文字添加图层样式后得到图 9.28 所示的效果，添加其他的文字及设计元素，则可以得到如图 9.29 所示的效果。

图 9.27　图像文字效果　　　　图 9.28　添加图层样式后的效果　　　　图 9.29　最终效果

注 意

如果执行【编辑】|【粘贴入】命令操作后，得到的图像没有很好地显示于选择区域中，可以在工具箱中选择移动工具移动粘贴入当前文件中的图像，直至得到较好的显示效果。

9.2.7　输入点文字

点文字及段落文字是文字在 Photoshop 中存在的两种不同形式，无论用哪一种文字工具创建的文本都将以这两种形式之一存在。

点文字的文字行是独立的，即文字行的长度随文本的增加而变长，而不会自动换行，如果需要换行必须按 Enter 键。

要输入点文字可以按下面的操作步骤进行。

①选择横排文字工具或直排文字工具。

②用光标在图像中单击，得到一个文本插入点。

③在工具选项栏或【字符】面板和【段落】面板中设置文字选项。

④在光标后面输入所需要的文字后单击【提交所有当前编辑】按钮以确认操作。

9.2.8　输入段落文字

段落文字与点文字的不同之处在于，文字显示的范围由一个文本框界定，当输入的文字到达文本框的边缘时，文字就会自动换行，当我们改变文字框的边框时，文字会自动改变每一行显示的文字数量，以适应新的文本框。

输入段落文字可以按以下操作步骤进行。

①选择横排文字工具或直排文字工具。

②在页面中拖动光标创建段落文字定界框，文字光标显示在定界框内，如图 9.30 所示。

③在工具选项栏或【字符】面板和【段落】面板中设置文字属性。

④在文字光标后输入文字，如图 9.31 所示，单击【提交所有当前编辑】按钮确认。

如前所述，我们能够通过调整文本框来改变其中文字的排列，下面我们就来讲解如何调整文本框。

<230>

①用文字工具在图像中的段落文本中单击一下以插入一个光标，此时即可显示文本框。

②将光标放在文本框的控制句柄上，待光标变为双向箭头↖时拖动，通过拖动改变文本框，如图 9.32 所示。

图 9.30　创建定界框

图 9.31　输入文字

图 9.32　改变文本框的操作示例

9.2.9　相互转换点文字及段落文字

点文字和段落文字也可以相互转换，要转换时只需在选择【图层】|【文字】|【转换为点文本】命令或选择【图层】|【文字】|【转换为段落文本】命令即可。

9.3　设置文字格式

除了在输入文字前通过在工具选项栏中设置相应的文字格式选项来格式化文字，还可以使用【字符】面板对其进行格式化操作，其操作如下所述。

①在【图层】面板中双击要设置文字格式的文字图层缩览图，或利用文字工具在图像中的文字上双击，以选择当前文字图层中要进行格式化的文字。

②单击工具选项栏中的显示【字符】和【段落】面板按钮，弹出如图 9.33 所示的【字符】面板。

③在面板中设置需要改变的选项，单击工具选项栏中的【提交所有当前编辑】按钮✓确认即可。

下面我们介绍【字符】面板中比较常用而且重要的参数，例如【设置行间距】、【垂直缩放】、【水平缩放】、【设置所选字符的字距调整】、【设置基线偏移】等参数对于文字的影响。

<231>

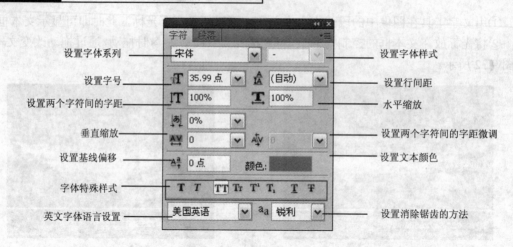

图 9.33　【字符】面板

◆【设置行间距】：在此数值框中输入数值或在下拉列表框中选择一个数值，可以设置两行
文字之间的距离，数值越大行间距越大，图 9.34 所示是为同一段文字应用不同行间距后的效果。

图 9.34　为段落设置不同行间距的效果

◆【垂直缩放】/【水平缩放】：这两个数值能够改变被选中的文字的水平及垂直缩放比例，
得到较【高】或较【宽】的文字效果，图 9.35 所示为改变 HOW、LOSE、IN、10 等文字的垂
直缩放数值为 150%时的效果，图 9.36 所示为将水平缩放数值改变为 150%时的效果。

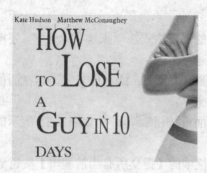 

图 9.35　改变文字垂直缩放数值后的效果　　　　图 9.36　改变文字水平缩放数值后的效果

◆【设置所选字符的字距调整】：此数值控制了所有选中的文字的间距，数值越大间距越

<232>

大，图 9.37 所示是设置不同文字间距的效果。

图 9.37 设置不同文字间距的效果

◆【设置基线偏移】：此参数仅用于设置选中的文字的基线值，正数向上移负数向下移，图 9.38 所示是原文字效果及分别选中文字 TO、OSE、UY，并改变【基线偏移】数值后的效果。

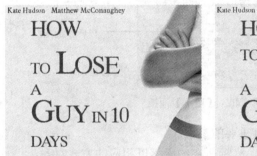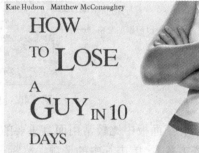

图 9.38 调整基线位置

◆【字体特殊样式】：单击其中的按钮，可以将选中的文字改变为该按钮指定的特殊显示形式。这些按钮的作用是将文字改变为粗体、斜体、全部大写、小型大写、上标、下标或为文字添加下画线和删除线。

◆【设置消除锯齿的方法】：在此下拉列表框中选择一种消除锯齿的方法。

图 9.39 所示的两幅设计作品中的文字，均可以通过改变文字的字体、字号、字间距、基线偏移数值后得到，各位读者可以自己尝试制作。

图 9.39 两副作品中的文字效果

<233>

9.4 设置段落格式

通过上一节我们掌握了如何为文字设置格式，但大多数设计作品的文字段落需要同时设置文字的格式及段落的格式，例如段前空、段后空、对齐方式，等等，下面我们来学习如何使用【段落】面板设置文本的段落属性。

①选择相应的文字工具，在要设置段落属性的文字中单击插入光标。如果要一次性设置多段文字的属性，用文字光标刷黑选中这些段落中的文字。

②单击【字符】面板右侧的【段落】标签，弹出如图 9.40 所示【段落】面板。

③设置按需要改变段落的某些属性后，单击工具选项栏中的【提交所有当前编辑】按钮✔以确认操作。

图 9.40　【段落】面板

下面我们介绍面板中比较常用而且重要的参数。

◇【对齐方式】：单击其中的选项，光标所在的段落以相应的方式对齐。

◇【左缩进值】：设置文字段落的左侧相对于左定界框的缩进值。

◇【右缩进值】：设置文字段落的右侧相对于右定界框的缩进值。

◇【首行缩进值】：设置选中段落的首行相对其他行的缩进值。

◇【段前添加空格】：设置当前文字段与上一文字段之间的垂直间距。

◇【段后添加空格】：设置当前文字段与下一文字段之间的垂直间距。

◇【连字】：设置手动或自动断字，仅适用于 Roman 字符。

图 9.41 所示为原段落文字，图 9.42 所示为改变对齐方式、左缩进值、右缩进值、段前添加空格、段后添加空格等参数后的效果。

图 9.41　原文字段落效果

图 9.42　改变文字段落属性后的效果

<234>

9.5　扭曲变形文字

Photoshop 具有使文字变形的功能，这一功能可以使设计作品中的文字效果更加丰富，图 9.43 所示为原文字及使用扭曲变形文字功能制作的 15 种不同的扭曲文字效果。

9.5.1　制作扭曲变形文字

下面我们以制作如图 9.44 所示的广告为例，讲解如何制作扭曲变形的文字。

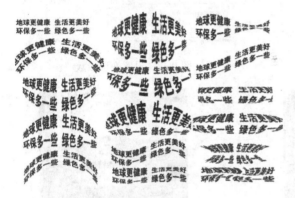

图 9.43　15 种不同的扭曲文字效果

图 9.44　公益广告效果

①打开随书所附光盘中的文件【d9z\9.5.1-素材.tif】，如图 9.45 所示。将前景色设置为【6868d3】。

②选择横排文字工具，并在其工具选项条中设置适当的字体和字号，在图像中单击一下，输入文字【注重的是驾驶感觉】，如图 9.46 所示。

图 9.45　素材图像

图 9.46　输入文字

③单击工具选项栏中的【创建变形文本】按钮，弹出【变形文字】对话框，单击【样式】下拉列表按钮，弹出变形选项，如图 9.47 所示。

④选择变形样式【扇形】后，设置对话框的参数如图 9.48 所示。

⑤单击【变形文字】对话框中的【确定】按钮确认变形效果，得到如图 9.49 所示的变形文字效果。

⑥选择移动工具，选择文字将其移动到画面右边与左边的方向盘对称，状态如图 9.50 所示。

<235>

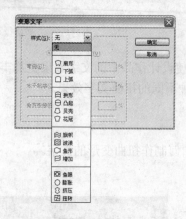

图 9.47　对话框及【样式】下拉列表　　　　　　　图 9.48　设置变形参数

图 9.49　变形后的文字　　　　　　　　图 9.50　设置第二行文字变形参数

⑦此时由于文字不突出，将其添加一个白边来修饰，单击【添加图层样式】按钮 **fx.**，在弹出菜单中选择【描边】命令，弹出对话框设置如图 9.51 左图所示，确认后效果如图 9.51 右图所示，然后使用横排文字工具 **T**，输入其他文字完成作品，效果如图 9.52 所示。

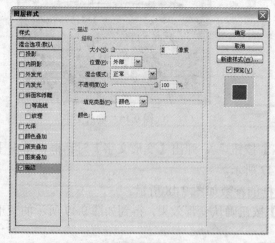

【图层样式】对话框　　　　　　　　　　生成的描边效果

图 9.51　图层样式设置及生成的效果

<236>

图 9.52 最终效果

下面我们来认识【变形】文字对话框中的重要参数。

◆【样式】：在此下拉列表框中可以选择 15 种不同的文字变形效果。

◆【水平】/【垂直】：选择【水平】选项可以使文字在水平方向上发生变形，选择【垂直】选项可以使文字在垂直方向上发生变形。

◆【弯曲】：此参数用于控制文字扭曲变形的程度。

◆【水平扭曲】：此参数用于控制文字在水平方向上的变形的程度，数值越大则变形的程度也越大。

◆【垂直扭曲】：此参数用于控制文字在垂直方向上的变形的程度。

9.5.2 取消文字变形效果

如果取消文字变形效果，可以在【变形文字】对话框中的【样式】下拉菜单中选择【无】选项。

9.6 转换文字

在 Photoshop 中文字图层与普通图层、形状图层、路径之间存在着一定的相互转换关系，下面我们来一一讲解这些转换关系。

9.6.1 转换为普通图层

如前所述，文字图层具有不可编辑的特性，因此如果希望在文字图层中进行绘画或使用颜色调整命令、滤镜命令对文字图层中的文字进行编辑，可以选择【图层】|【栅格化】|【文字】命令，将文字图层转换为普通图层。

图 9.53 为原文字图层对应的【图层】面板，图 9.54 所示为转换成为普通图层后的效果。

9.6.2 转换为形状图层

选择【图层】|【文字】|【转换为形状】命令，可以将文字转换为与其轮廓相同的形状，相应的文字图层也会被转换成为形状图层，图 9.55 为将文字图层转换为形状图层后的【图层】面板。

<237>

图 9.53　原文字图层对应的【图层】面板

图 9.54　转换成为普通图层后的效果

　　将文字图层转换成为形状图层的优点在于，能够通过编辑形状图层中的形状路径节点得到异形文字效果。

9.6.3　生成路径

　　选择【图层】|【文字】|【创建工作路径】命令，可以由文字图层得到与文字外形相同的工作路径，图 9.56 所示为由文字图层生成的路径。

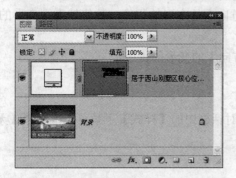

图 9.55　转换为形状图层后的【图层】面板

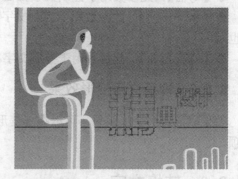

图 9.56　由文字图层生成的路径

　　从文字生成路径的优点在于，能够通过对路径进行描边、编辑等操作得到具有特殊效果的文字，图 9.57 及图 9.58 所示效果均能够通过先输入标准字体，再将文字转换成为路径，最后对路径进行编辑得到异形字体的方法得到。

图 9.57　编辑文字路径得到的艺术文字 1

图 9.58　编辑文字路径得到的艺术文字 2

注　意

　　此操作与将文字图层转换成为形状图层不同之处在于，文字图层转换成为形状图层后，该图层不再存在。生成路径后，文字图层仍然存在而不会消失。

<238>

9.7 沿路径绕排文字

利用此功能我们能够将文字绕排于任意形状的路径上，实现如图 9.59 所示的设计效果。

9.7.1 制作沿路径绕排文字的效果

下面我们讲解制作沿路径绕排文字的具体操作步骤。

①打开随书所附光盘中的文件【d9z\9.7.1-素材. psd】，选择钢笔工具 ，并在其工具选项栏中单击【路径】按钮 ，绘制如图 9.60 所示的路径。

图 9.59　绕排文字效果　　　　　　　　　　　图 9.60　绘制路径

②在工具箱中选择横排文字工具 T ，将此工具放于路径线上，直至光标变化为的形状，用光标在路径线上单击一下以在路径线上创建一个文本光标点，如图 9.61 所示。

图 9.61　插入文本光标点（右侧为放大图）

③在文本光标点的后面输入所需要的文字，即可得到如图 9.62 所示的沿路径绕排的文字效果。

图 9.62　输入文字后的效果

<239>

9.7.2 路径绕排文字实现原理

制作沿路径绕排的文字后，如果切换至【路径】面板则可以看到在此面板上生成了一条新的路径，其名称则为路径上绕排的文字，如图 9.63 所示，这条路径被我们称为绕排文字路径，沿路径绕排的文字效果正是借助于此路径才得以实现。

这条路径与我们绘制的普通路径有以下不同之处：

◆ 此路径属于一种暂存路径，即当我们在【图层】面板中选择绕排于路径上的文字图层时，则此路径显示，反之则隐藏。

◆ 无法通过单击【删除路径】按钮 🗑 或将该路径拖至【删除路径】按钮 🗑 上删除该路径。

◆ 此路径的名称无法更改。

◆ 如果双击此路径则将弹出【存储路径】对话框，将此路径保存成为普通路径。

9.7.3 更改路径绕排文字的效果

当文字已经被绕排在路径上以后，我们仍然可以修改文字的各种属性，其中包括字号、字体、水平或垂直排列方式及其他文字的属性。

操作方法非常简单，只需要在工具箱中选择文字工具，将沿路径绕排的文字刷黑选中，然后在【字符】面板中修改相应的参数即可，图 9.64 所示为笔者修改文字的字号与字体后的效果。

除此之外还可以通过修改绕排有文字的路径的曲率及节点的位置，来修改路径的形状，从而影响文字的绕排形状。

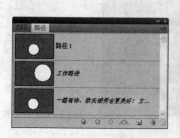

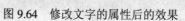

图 9.63　绕排文字路径　　　　　　　图 9.64　修改文字的属性后的效果

图 9.65 所示为笔者通过修改节点的位置及路径线曲率后的文字绕排效果，可以看出文字的绕排形状已经随着路径形状的改变而发生了改变。

图 9.65　修改路径形状后的效果

<240>

除了通过改变路径的形状来改变绕排于路径上的文字外，还可以改变文字相对于路径的位置，其方法如下所述。

①选择直接选择工具 或路径选择工具 。

②将工具放于绕排于路径上的文字上，直至光标变成为 形。

③用此光标拖动文字，即可改变文字相对于路径的位置，如图 9.66 所示。

图 9.66　改变文字相对于路径的位置后的效果

注　意

如果当前路径的长度不足以显示全部文字，在路径末端的小圆将显示为 形。

9.8　图文绕排

我们可以在 Photoshop 中制作以前只能在排版软件中才可以完成的图文绕排效果，如图 9.67 所示，从而使用 Photoshop 设计制作出页面丰富的广告或宣传单。

图 9.67　图文绕排效果

下面我们将通过 3 个小节从 3 个方面来学习有关图文绕排的知识与技巧。

9.8.1　制作图文绕排效果

下面我们通过制作图 9.68 所示的宣传广告中的图文混排效果，来讲解在 Photoshop 中制作这种效果的基本操作步骤。

<241>

图 9.68　宣传广告的效果

①打开随书所附光盘中的文件【d9z\9.8.1-素材.psd】，如图 9.69 所示。

②在工具箱中选择钢笔工具 ，并在其工具选项条中单击【路径】按钮 ，绘制需要添加的异形轮廓，如图 9.70 所示。

图 9.69　素材文件效果

图 9.70　绘制路径

③在工具箱中选择横排文字工具 ，并在其工具选项条中设置适当的字体和字号，将工具光标放于第 2 步所绘制的路径中间，直至光标转换成为 状，如图 9.71 所示。

④用此光标在路径中单击一下（不要单击路径线），从而得到一个文本插入点光标，此时路径被虚线框包围，如图 9.72 所示。

图 9.71　变化的光标

图 9.72　得到一个文本插入点光标

⑤在文本光标点后面输入所需要的文字，即可得到所需要的效果，如图 9.73 所示。

可以看出，在实现图文绕排效果时，路径的形状起到了关键性的作用，因此要得到不同形状的绕排效果，只需要绘制不同形状的路径即可。

<242>

9.8.2 图文绕排效果实现原理

虽然，我们已经掌握了制作图文绕排效果的基本方法，但仍然不清楚实现这种效果的原理，下面我们来讲解图文绕排效果的实现原理。

在 Photoshop 中我们是依靠一条暂存路径来制作图文绕排效果的，在执行上一节所讲述的步骤后，【路径】面板将生成一条新的暂存路径，其名称为路径中的文字，如图 9.74 所示。

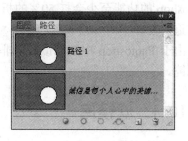

图 9.73 输入文字后的效果　　　　　　　　　图 9.74 暂存路径

9.8.3 更改图文绕排效果

理解图文绕排效果的实现原理，对于我们掌握更改图文绕排效果有很大好处。这使我们能够通过修改暂存路径的节点位置及控制句柄的方向改变路径的形状，从而使排列于暂存路径中的文字也将随之发生变化，如图 9.75 所示。

修改暂存路径线及路径节点的方法，请参阅本书相关章节，笔者在此不再赘述。

图 9.75 修改路径后的文字效果

<243>

第 10 章　滤　镜

导读

虽然，在感觉上滤镜是一个为图像增加花哨效果的功能，但实际上如果没有滤镜功能模块，Photoshop 的功能至少会打 50％的折扣，许多效果将无法实现，由此不难看出滤镜在图像处理中的重要性。

由于 Photoshop 中的滤镜数量非常多，限于篇幅本章仅讲解 Photoshop 中的各种重要的内置滤镜。

10.1　滤镜库

滤镜库是 Photoshop 滤镜功能中最为强大的一个命令，此功能允许我们重叠或重复使用某几种或某一种滤镜，从而使滤镜的应用变化更加繁多，所获得的效果也更加复杂。

要使用此功能可以选择【滤镜】|【滤镜库】命令，此命令弹出的对话框如图 10.1 所示。

图 10.1　【滤镜库】对话框

从对话框中可以看出，实际上此对话框是许多滤镜的集成式对话框，对话框的左侧为预览区域，中间部分为命令选择区，而其右侧则是参数调整及滤镜效果添加/删除区域，在对话框右上角的下拉列表框中还可以选择其他滤镜命令。

注　意

并非所有滤镜命令都被集成在此对话框中。

<244>

10.1.1　认识滤镜效果图层

滤镜库的最大特点在于，此命令提供了累积应用滤镜命令的功能，即在此对话框中，可以对当前操作的图像应用多个相同或不同的滤镜命令，并将这些滤镜命令得到的效果叠加起来，以得到更加丰富的效果。

例如，我们还可以对其执行【粗糙蜡笔】命令并添加【壁画】命令，从而使两种滤镜所得到的效果产生叠加效应，此时对话框如图 10.2 所示。

两个滤镜图层

图 10.2　应用了两种滤镜效果

10.1.2　滤镜效果图层的操作

滤镜效果图层的操作也跟图层一样灵活，其中包括添加、删除、修改参数、改变滤镜效果图层的顺序等操作。

1. 添加滤镜效果图层

要添加滤镜效果图层可以在参数调整区的下方，单击【新建效果图层】按钮 ，此时所添加的新滤镜效果图层将延续上一个滤镜效果图层的命令及其参数，如图 10.3 所示。

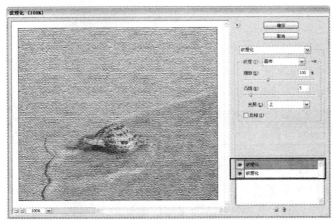

图 10.3　添加一个滤镜效果图层的效果

<245>

◆ 如果需要使用同一滤镜命令，以增加该滤镜的效果，则无需改变此设置，通过调整新滤镜效果图层上的参数，即可得到满意的效果。

◆ 如果需要叠加不同的滤镜命令，可以选择该新增的滤镜效果图层，在命令选择区域中选择新的滤镜命令，此时参数调整区域中的参数将同时发生变化，调整这些参数，即可得到满意的效果，此时对话框如图 10.4 所示。

◆ 如果使用两个滤镜效果图层，仍然无法得到满意的效果，可以按同样的方法再新增滤镜效果图层并修改命令或参数，以累积使用相同的滤镜命令，直至得到满意的效果。

图 10.4　修改滤镜效果图层命令后的效果

2. 改变滤镜效果图层的顺序

滤镜效果图层的优点不仅在于能够叠加滤镜效果，而且还可以通过修改滤镜效果图层的顺序，修改应用这些滤镜所得到的效果。

例如图 10.5 中右图所示的效果为按左图所示的顺序叠加 2 个滤镜命令所得到的，如图 10.6 所示的效果为修改这些滤镜效果图层的顺序后所得到的，可以看出当滤镜效果图层的顺序发生变化时所得到的效果也不相同。

图 10.5　原滤镜效果图层及对应的效果

3. 隐藏及删除滤镜效果图层

如果希望查看在某一个或某几个滤镜效果图层添加前的效果，可以单击该滤镜效果图层左侧的眼睛图标，以将其隐藏起来，图 10.7 所示为隐藏 1 个滤镜效果图层的对应效果。

<246>

图 10.6　修改后的滤镜效果图层顺序及对应的效果

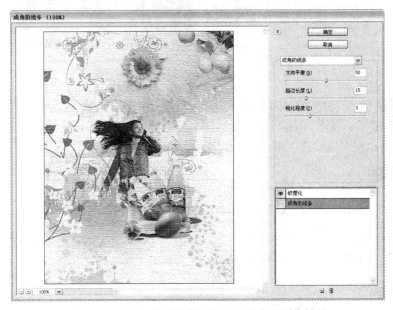

图 10.7　隐藏 1 个滤镜效果图层时对应的图像效果

对于不再需要的滤镜效果图层，我们可以将其删除，要删除这些图层可以通过单击将其选中，然后单击【删除效果图层】按钮 🗑 即可。

10.2　特殊功能滤镜

10.2.1　消失点

使用该命令我们可以在保持图像透视角度不变的情况下，对图像进行复制、修复及变换等操作，选择【滤镜】|【消失点】命令即可调出其对话框，如图 10.8 所示。

下面分别介绍对话框中各个区域及工具的功能：

◇　工具区：在该区域中包含了用于选择和编辑图像的工具。

◇　工具选项区：该区域用于显示所选工具的选项及参数。

◇　工具提示区：在该区域中简单地显示了对该工具的提示信息。

<247>

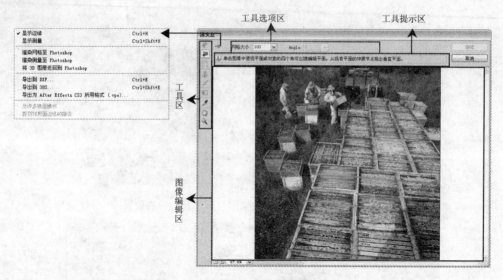

图 10.8　【消失点】对话框

◇　图像编辑区：在此可对图像进行复制、修复等操作，同时可以即时预览调整后的效果。

◇　选择工具：使用该工具可以选择和移动透视网格。在工具选项区中选择【显示边缘】选项，会显示出透视网格及选区的边缘，否则将隐藏其边缘。

注意

在选择任何工具的情况下，【显示边缘】选项都会出现在工具选项区域中。

◇　透视网格工具：使用该工具可以绘制透视网格来确定图像的透视角度。在工具选项区中的【网格大小】输入框中可以设置每个网格的大小。

注意

透视网格是随 PSD 格式文件一起存储的，当用户需要再次进行编辑时，再次选择该命令即可看到以前所绘制的透视网格。

◇　矩形选框工具：使用该工具可以在透视网格内绘制选区，以选中要复制的图像，而且所绘制的选区与透视网格的透视角度是相同的。选择此工具时，在工具选项区域中的【羽化】和【不透明度】数值输入框中输入数值，可以设置选区的羽化和透明属性；在【修复】下拉菜单中选择【关】选项，则可以直接复制图像，选择【亮度】选项则按照目标位置的亮度对图像进行调整，选择【开】选项则根据目标位置的状态自动对图像进行调整；在【移动模式】下拉菜单中选择【目标】选项，则将选区中的图像复制到目标位置，选择【源】选项则将目标位置的图像复制到当前选区中。

注意

当没有任何网格时则无法绘制选区。

◇　仿制图章工具：使用该工具按住 Alt 键可以在透视网格内定义一个源图像，然后在

<248>

需要的地方进行涂抹即可。在其工具选项区域中可以设置仿制图像时的【画笔直径】、【硬度】、【不透明度】及【修复】选项等参数。

◇ 画笔工具 ✎：使用该工具可以在透视网格内进行绘图。在其工具选项区域中可以设置画笔绘图时的【直径】、【硬度】、【不透明度】及【修复】选项等参数，单击【画笔颜色】右侧的色块，在弹出的【拾色器】对话框中还可以设置画笔绘图时的颜色。

◇ 变换工具 ▦：由于复制图像时，图像的大小是自动变化的，当对图像大小不满意时，即可使用此工具对图像进行放大或缩小操作。选择其工具选项区域中的【水平翻转】和【垂直翻转】选项后，则图像会被执行水平和垂直方向上的翻转操作。

◇ 吸管工具 ✐：使用该工具可以在图像中单击以吸取画笔绘图时所用的颜色。

◇ 测量工具 📏：使用此工具可以测量从一点到另外一点的距离，以及相对于透视关系来说，当前所测量的直线的角度。

◇ 抓手工具 ✋：使用该工具在图像中拖动可以查看未完全显示出来的图像。

◇ 缩放工具 🔍：使用该工具在图像中单击可以放大图像的显示比例，按住 Alt 键在图像中单击即可缩小图像显示比例。

该对话框弹出菜单中各主要命令的功能解释如下。

◆【显示边缘】：选中此命令时，则显示出透视网格的边缘线。

◆【显示测量】：选中此命令，则显示我们使用测量工具 📏 在图像中所做的测量线及其结果。

◆【导出到 DXF】：选择此命令或按 Ctrl+E 组合键，在弹出的对话框中选择文件保存的路径及名称，可以将当前内容导出成为 DXF 格式的文件。

◆【导出到 3DS】：选择此命令或按 Ctrl+Shift+E 组合键，在弹出的对话框中可以将当前文件导出成为 3DS 格式的文件，以供在 3ds max 中使用。

下面将以一个具体实例来讲解该命令的使用方法：

①打开随书所附光盘中的文件【d10z\10.2.1-素材.tif】，按 Ctrl+Alt+V 组合键或选择【滤镜】|【消失点】命令以调出【消失点】对话框。

②使用透视网格工具 ▦ 沿左侧中间的箱子的 4 角绘制一个透视网格，如图 10.9 所示。

图 10.9　绘制透视网格后的【消失点】对话框

<249>

③使用矩形选框工具 在上一步绘制的透视网格内双击，从而将以透视网格的边缘为依据创建选区。

④按住 Alt 键将选区中的图像拖至图像的右下角。

注 意

在拖动图像的过程中就可以感觉到图像的透视角度和大小都在发生变化，读者可以反复操作几次进行验证。

⑤按照上一步的方法连续复制，直至得到如图 10.10 所示的效果。

⑥得到满意的效果后，单击【确定】按钮退出对话框即可。图 10.11 所示为图像的整体效果。

图 10.10　调整透视后的【消失点】对话框

图 10.11　应用后的效果

注 意

按住 Alt 键时，原【取消】按钮会变为【复位】按钮，单击该按钮可将对话框中的参数复位到本次打开对话框时的状态；按住 Ctrl 键时，原【取消】按钮会变为【默认值】按钮，单击该按钮可将对话框中的参数恢复为默认数值。

10.2.2　液化

选择【滤镜】|【液化】命令弹出如图 10.12 所示【液化】对话框，使用此命令可以对图像进行液化变形处理。

◆ 涂抹工具 ：使用此工具在图像画面上拖动，可以使图像的像素随着涂抹产生变形效果。

◆ 重建工具 ：使用此工具在图像上拖动，可将操作区域恢复原状。

◆ 顺时针旋转工具 ：使用此工具在图像画面上拖动，可使图像产生顺时针旋转效果，如果在操作时按住了 Alt 键，则可以使图像反向旋转。

◆ 挤压工具 ：使用此工具在图像画面上拖动，可以使图像产生挤压效果，即图像向操作中心点处收缩从而产生挤压效果。

<250>

图 10.12 【液化】对话框

◆ 膨胀工具 ◇：使用此工具在图像上拖动，可以使图像产生膨胀效果，即图像背离操作中心点从而产生膨胀效果。

◆ 移动工具 ：使用此工具在图像上拖动，可以移动图像。

◆ 镜像工具 ：使用此工具在图像上拖动，可以使图像产生镜像效果。

◆ 湍流工具 ：使用此工具能够使被操作的图像在发生变形的同时，具有紊乱效果。

◆ 冻结工具 ：使用此工具可以冻结图像，被此工具涂抹过的图像区域，将受蒙版保护从而无法进行编辑操作。

◆ 解冻工具 ：使用此工具可以解除使用冻结工具 所冻结的区域去除蒙版，使其还原为可编辑状态。

◆ 缩放工具 ：单击此工具一次，图像就会放大到下一个预定的百分比。

◆ 拖动抓手工具 ：通过此工具 可以显示出未在预视窗口中显示出来的图像。

◆ 拖动【画笔大小】三角滑块，可以设置使用上述各工具操作时，图像受影响区域的大小，数值越大则一次操作影响的图像区域也越大；反之，则越小。

◆ 拖动【画笔浓度】三角滑块，可以设置使用上述各工具操作时，一次操作所影响的图像的像素密度，数值越大则操作时影响的像素越多，操作区域及影响程度越大；反之则越小。

◆ 拖动【画笔压力】三角滑块，可以设置使用上述各工具操作时，一次操作影响图像的程度大小，数值越大则图像受画笔操作影响的程度也越大；反之越小。

◆ 在【重置方式】下拉列表框中选择一种模式并单击【重建】按钮，可使图像以该模式动态地向原图像效果恢复。在动态恢复过程中，按空格键可以中止恢复进程，从而中断进程并截获恢复过程的某个图像状态。

◆ 蒙版选项：在此区域可以通过单击选择 5 个按钮，在弹出的菜单中选择【无】、【全部蒙住】、【全部反相】3 个选项，来控制当前图像存在的选择区域、当前图层的不透明区域及当前图层的蒙版之间的叠加关系。

◆ 选中【显示图像】复选框：在对话框预览窗口中显示当前操作的图像。

<251>

◆ 选中【显示网格】复选框：在对话框预览窗口中显示辅助操作的网格。

◆ 在【网格大小】下拉列表框中选择相应的选项，可以定义网格的大小。

◆ 在【网格颜色】下拉列表框中选择相应的颜色选项，可以定义网格的颜色。

◆ 在【蒙版颜色】下拉列表框中选择相应的选项，可以定义图像冻结区域显示的颜色。

◆【显示背景】：在此复选框被选中的情况下，可以通过选择其下方的选项控制背景图层的显示方式。

◆【使用】：在此下拉列表框中，可以选择要显示的当前图像的图层，选择【全部图层】选项则显示全部图层，选择【背景图层】选项则显示背景图层。

◆【模式】：在此下拉列表框中，可以选择要显示图层的显示模式，其中有【显示在后面】、【显示在前面】和【混合】3 个选项可选。

◆【不透明度】：在此数值输入框中可以输入一个数值，以控制显示的背景图层的透明度。

【液化】命令的使用方法较为随意，只需在工具箱中选择需要的工具，然后在预览窗口中单击或拖曳图像的相应区域即可。

如果使用此命令对人脸、手臂进行操作，通过处理使原有神情发生变化。图 10.13 所示为原图像，图 10.14 所示为笔者使用膨胀工具对手臂进行处理后，使原本较纤细的手臂变得比较强壮的效果。

图 10.13　原图像　　　　　　　　　　图 10.14　对手臂处理后的效果

10.3　常用滤镜简介

虽然，Photoshop 提供了上百种内置滤镜，但在实际工作中，经常使用的滤镜不会超过其中的 10%，下面简单介绍这些滤镜。

10.3.1　高斯模糊

使用此滤镜可以精确控制图像的模糊程度，选择【滤镜】|【模糊】|【高斯模糊】命令，将显示如图 10.15 所示的【高斯模糊】对话框，左图为原图像，右图为高斯模糊后的效果。

10.3.2　动感模糊

使用【动感模糊】滤镜可以对图像进行模糊从而得到具有动感的模糊效果，其对话框如图所示，图 10.16 为应用【动感模糊】滤镜模糊后的效果。

<252>

 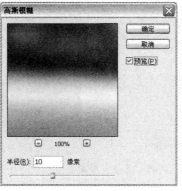 

原图　　　　　　　　　【高期模糊】对话框　　　　　　应用【高斯模糊】命令后的效果图

图 10.15　【高斯模糊】滤镜对话框及效果图

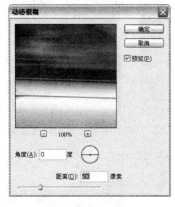 

图 10.16　应用【动感模糊】滤镜的对话框及效果图

10.3.3　径向模糊

使用此滤镜可以使图像产生一种在径向上模糊及放射状模糊的效果，选择【滤镜】|【模糊】|【径向模糊】命令，将显示【径向模糊】对话框，如图 10.17 所示为其对话框及使用滤镜得到的效果。

在此滤镜对话框中的参数为：【中心模糊】、【数量】、【模糊方法】、【品质】等参数项。

10.3.4　表面模糊

该命令可自动查找图像的边缘，并保留这些边缘图像，然后对边缘图像以外的图像进行模糊，以消除图像表面的杂点等。

选择【滤镜】|【模糊】|【表面模糊】命令，则弹出如图 10.18 所示的对话框，图 10.19 所示为原图像及应用该命令后的效果。

10.3.5　水波

使用【水波】滤镜可以生成水面涟漪效果，其对话框及其效果图如图 10.20 所示。

【径向模糊】对话框　　　　　　　　应用【径向模糊】命令后的效果

图 10.17　【径向模糊】滤镜的应用效果

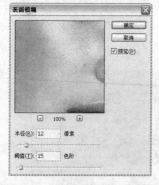

图 10.18　【表面模糊】对话框　　　图 10.19　应用【表面模糊】命令前后的对比效果

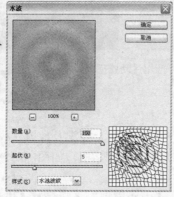

图 10.20　原图像和【水波】对话框及应用【水波】命令后的效果

10.3.6　蒙尘与划痕

使用【蒙尘与划痕】滤镜可以搜索图像或选择区域中的小缺陷，将其融入到周围图像中去，从而取消图像的划痕或斑点。图 10.21 所示原图像中的划痕，经过【蒙尘与划痕】滤镜处理后得到图 10.22 所示效果。

10.3.7　减少杂色

通常使用数码相机拍摄的照片较容易出现大量的杂点，使用【减少杂色】命令就可以轻易地将这些杂点去除，其对话框如图 10.23 所示。

<254>

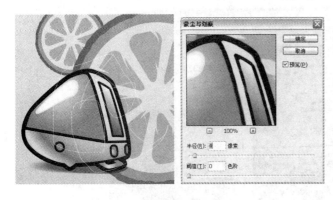

图 10.21 素材图像和【蒙尘与划痕】对话框　　　　图 10.22 应用【蒙尘与划痕】后的效果

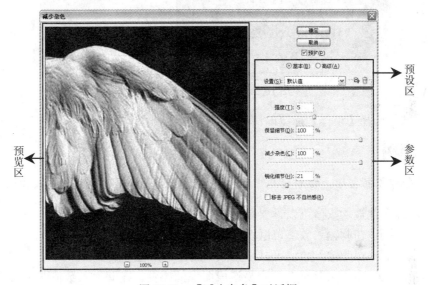

图 10.23 【减少杂色】对话框

预览区是用来在调整参数时观察图像的变化，单击【缩小显示比例】按钮■或【放大显示比例】按钮■可以缩小或放大图像的显示比例。

在预设区中的参数解释如下：

◆【基本】：在选择该选项的情况下，【减少杂色】对话框将列出常规调整时所用的参数，默认情况下该选项处于选中状态。

◆【高级】：选择该选项后，对话框将在【参数区】顶部显示出【整体】和【每通道】两个标签，如图 10.24 所示。分别选择不同的标签即可对图像进行更细致的调整。

◆【设置】：在该下拉菜单中可以选择预设的减少杂色调整参数，默认情况下该下拉菜单中只有一个【默认值】预设选项。

◆【存储当前预设的拷贝】按钮：单击该按钮，在弹出的对话框中输入一个预设名称，单击【确定】按钮即可将当前所做的参数设置保存成为一个预设文件，当需要再次使用该参数进行调整时，只需在【设置】下拉菜单中选择相应的预设即可。

◆【删除当前设置】按钮：单击该按钮在弹出的对话框中单击【是】按钮即可删除当前所选中的预设。

<255>

图 10.24 选择【高级】选项

在参数区域中选择【整体】标签的情况下，其中的参数解释如下：

注　意

在选择【整体】标签时，该对话框中的参数与选择【基本】选项时的参数相同。

◆【强度】：在此输入数值可以设置减少图像中杂点的数量。

◆【保留细节】：在此输入数值可以设置减少杂色后要保留的原图像细节。

◆【减少杂色】：在此输入数值可以设置减少图像中杂色的数量。

◆【锐化细节】：由于去除杂色后容易造成图像的模糊，在此输入数值即可对图像进行适当的锐化，以尽量显示出被模糊的细节。

◆【移去 JPEG 不自然感】：当存储 JPEG 格式图像时，如果保存图像的质量过低，就会在图像中出现一些杂色色块，选择该选项后可以去除这些色块。

在参数区域中选择【每通道】标签的情况下，其中的参数解释如下：

◆【通道】：在此下拉菜单中可以选择要进行调整的通道。

◆【缩览图】：在此可以查看所选通道中的图像状态及调整图像后的效果。

◆【强度】：在此输入数值可以设置减少图像中杂点的数量。

◆【保留细节】：在此输入数值可以设置减少杂色后要保留的原图像细节。

在图 10.25 所示的照片中，可以看出有非常明显的杂点，使用此命令处理后的效果如图 10.26 所示，可以看出杂点的状态大有改变。

10.3.8　彩色半调

此滤镜模拟在图像的每个通道上使用扩大的半调网屏形成的效果，如图 10.27 所示是原图和其使用的【彩色半调】滤镜对话框及效果图。

<256>

图 10.25 原图像

图 10.26 去除杂色后的效果

素材图像

【彩色半调】对话框

应用【彩色半调】后的效果

图 10.27 【彩色半调】滤镜应用示例

10.3.9 马赛克

使用【马赛克】滤镜，可以使图像产生马赛克效果，其对话框如图 10.28 所示，应用此滤镜可得到如图 10.29 所示的效果。

10.3.10 镜头光晕

使用【镜头光晕】滤镜可创建太阳光所产生的光晕效果，图 10.30 所示为原图、【镜头光晕】滤镜对话框及应用滤镜后的效果图。

在【亮度】数值输入框中输入数值或拖动三角滑块，可控制光源的强度；在图像缩略图中单击可以选择光源的中心点。

10.3.11 USM 锐化

【USM 锐化蒙版】滤镜可以调整图像边缘细节的对比度以强调边缘而产生更清晰的效果，其对话框及应用效果如图 10.31 所示。

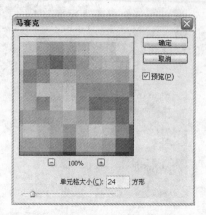

图 10.28　【马赛克】对话框

图 10.29　对选中图像应用【马赛克】后的效果

素材图像

【镜头光晕】对话框

应用【镜头光晕】命令后的效果

图 10.30　【镜头光晕】滤镜对话框及其效果图

素材图像

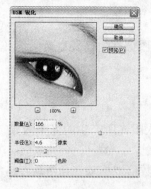

【USM 锐化】对话框

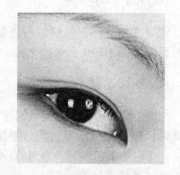

应用【USM 锐化】后的效果

图 10.31　【USM 锐化】滤镜的应用

◆【数量】：此参数控制图像的总体锐化程度，数值越大，图像的边缘锐化程度越大。

◆【半径】：此参数设置图像轮廓被锐化的范围，数值越大在锐化时图像边缘的细节被忽略得越多。

◆【阈值】：此参数控制相邻的像素间达到何值时才进行锐化，此数值越高锐化过程中忽略的像素也越多，在此处设置的数值范围为 0～15。

10.3.12　智能锐化

使用该命令可以对图像表面的模糊效果、动态模糊效果及景深模糊效果等进行调整，还可以根据实际情况，分别对图像的暗部与亮部分别进行锐化调整，如图 10.32 所示。

图 10.32　【智能锐化】对话框

在预设区中的参数解释如下：

◆【基本】：在选择该选项的情况下，【智能锐化】对话框将列出常规调整时所用的参数，默认情况下该选项处于选中状态。

◆【高级】：选择该选项后，对话框将在【参数区】顶部显示出【锐化】、【阴影】和【高光】3 个标签，如图 10.33 所示。分别选择不同的标签即可对图像进行更细致的调整。

图 10.33　设置参数后的效果

◆【设置】：在该下拉菜单中可以选择预设的智能锐化调整参数，默认情况下该下拉菜单中只有一个【默认值】预设选项。

◆【存储当前预设的拷贝】按钮：单击该按钮，在弹出的对话框中输入一个预设名称，

<259>

单击【确定】按钮即可将当前所做的参数设置保存成为一个预设文件，当需要再次使用该参数进行调整时，只需在【设置】下拉菜单中选择相应的预设即可。

◈【删除当前设置】按钮 🗑：单击该按钮在弹出的对话框中单击【是】按钮即可删除当前所选中的预设。

在参数区域中选择【锐化】标签的情况下，其中的参数解释如下：

注 意 ⟫⟫

在选择【锐化】标签时，该对话框中的参数与选择【基本】选项时的参数相同。

◈【数量】：在此输入数值可以设置图像整体的锐化程度。

◈【半径】：在此输入数值可以控制锐化图像时受影响的范围。

◈【移去】：在该下拉菜单中可以选择【高斯模糊】、【镜头模糊】和【动感模糊】3 个选项。根据图像的模糊类型可以在此选择相应的选项。

◈【角度】：当选择【动感模糊】选项时，该输入框会被激活，在此输入数值可以设置动感模糊时的方向。

◈【更加准确】：选择该选项后，Photoshop 会用更长的时间对图像进行更为细致的处理。

在参数区域中选择【阴影】标签的情况下，其中的参数解释如下：

◈【渐隐量】：在此输入数值可以设置减少对图像阴影部分的锐化百分比。

◈【色调宽度】：在此输入数值可以设置修改图像色调的范围。

◈【半径】：在此输入数值可以设置锐化阴影的范围。

在参数区域中选择【高光】标签的情况下，其中的参数与选择【阴影】标签时的参数相同，故不再详述。

例如图 10.34 所示为使用相机拍摄的照片，可以看出由于狗的移动使照片看起来有一些动态模糊效果，图 10.35 所示为使用该命令锐化图像后得到的效果，可以看出图像清晰了许多（如果在书中无法观察出 2 幅图像的差别可以打开本书的源文件进行对比）。

图 10.34　拍摄的照片　　　　　　　　图 10.35　应用【智能锐化】后的效果

10.4　智能滤镜

智能滤镜是 Photoshop 的一个强大功能，此功能可以使我们像为图层添加图层样式一样为图层使用滤镜命令，以便于在后面的操作中，对所添加的滤镜进行反复的修改，除此之外，还可以有选择地利用智能滤镜的图层蒙版，针对图像的局部使用滤镜。

下面讲解智能滤镜的使用方法。

10.4.1　添加智能滤镜

要添加智能滤镜可以按照下面的方法操作：

①选中要应用智能滤镜的智能对象图层。在【滤镜】菜单中选择要应用的滤镜命令，并设置适当的参数。

②设置完毕后，单击【确定】按钮退出对话框即可生成一个对应的智能滤镜图层。

③如果要继续添加多个智能滤镜，可以重复第 2 步～第 3 步的操作方法，直至得到满意的效果为止。

注意：如果我们选择的是没有参数的滤镜（例如查找边缘、云彩等），则直接对智能对象图层中的图像进行处理，并创建对应的智能滤镜。

例如图 10.36 所示的原图像及对应的【图层】面板，图 10.37 所示的是利用【滤镜】|【画笔描边】|【喷色描边】和【滤镜】|【锐化】|【锐化边缘】滤镜对图像进行处理后的效果，以及对应的【图层】面板，此时可以看到，在原智能对象图层的下方则多了一个智能滤镜图层。

图 10.36　素材图像及对应的【图层】面板

图 10.37　应用滤镜处理后的效果及对应的【图层】面板

可以看出一个智能对象图层，主要是由智能蒙版，以及智能滤镜列表构成的，其中智能蒙版主要是用于隐藏智能滤镜对图像的处理效果，而智能滤镜列表则显示了当前智能滤镜图层中所应用的滤镜名称。

10.4.2 编辑智能蒙版

使用智能蒙版，可以隐藏滤镜处理图像后的图像效果，其操作原理与图层蒙版的原理是完全相同的，即使用黑色来隐藏图像，用白色来显示图像，而用灰色则产生一定的透明效果。

要编辑智能蒙版，可以按照下面的方法进行操作。

①选中要编辑的智能蒙版。

②选择绘图工具，例如画笔工具、渐变工具等。

③根据需要设置适当的颜色，然后在蒙版中涂抹即可。

图 10.38 所示为直接在智能对象图层的【文字】图层上使用【马赛克】滤镜后的效果，图 10.39 所示为在智能蒙版中绘制黑白渐变后得到的图像效果，以及对应的【图层】面板，可以看出，由于左上方的黑色，导致了该智能滤镜的效果完全隐藏，并一直过渡到对应的白色区域。

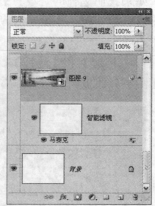

图 10.38　使用【马赛克】滤镜后的效果

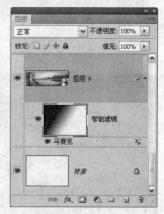

图 10.39　编辑智能蒙版后的效果

如果要删除智能蒙版，可以直接在蒙版缩览图中【智能滤镜】的名称上单击右键，在弹出的菜单中选择【删除滤镜蒙版】命令，或者选择【图层】|【智能滤镜】|【删除滤镜蒙版】命令即可，【图层】面板如图 10.40 所示。

在删除蒙版后，如果要重新添加蒙版，则必须在【智能滤镜】这 4 个字上单击右键，在弹

<262>

出的菜单中选择【添加滤镜蒙版】命令，如图 10.41 所示，或选择【图层】|【智能滤镜】|【添加滤镜蒙版】命令即可。

图 10.40 删除滤镜蒙版　　　　　　　　　　图 10.41 添加滤镜蒙版

10.4.3 编辑智能滤镜

如前所述智能滤镜的优点之一，就是可以反复编辑所应用的滤镜的参数，其操作方法非常简单，直接在【图层】面板中双击要修改参数的滤镜名称即可。

例如图 10.42 所示是笔者修改了【马赛克】滤镜前后的图像效果。

修改参数前　　　　　　　　　　　　　　　　修改参数后

图 10.42 修改智能滤镜参数前后的效果

需要注意的是，在添加了多个智能滤镜的情况下，如果我们编辑了先添加的智能滤镜，那么将会弹出类似如图 10.43 所示的提示框，此时，我们就需要在修改参数以后才能看到这些滤镜叠加在一起应用的效果。

10.4.4 编辑智能滤镜混合选项

通过编辑智能滤镜的混合选项，可以让滤镜所生成的效果与原图像进行混合。

要编辑智能滤镜的混合选项，可以双击智能滤镜名称后面的 ≒ 图标，调出类似如图 10.44 所示的对话框。

例如图 10.45 所示为按上面的方法操作将【马赛克】智能滤镜的混合模式分别设置成为【叠加】和【正片叠底】后得到的效果。

<263>

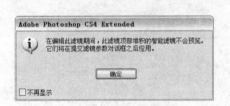

图 10.43　提示框　　　　　　　　　图 10.44　智能滤镜的【混合选项】对话框

设置为【叠加】模式的效果

设置为【正片叠底】模式的效果

图 10.45　修改滤镜混合模式的效果

可以看出，通过编辑每一个智能滤镜命令的混合选项，将使我们的操作具有更大的灵活性。

10.4.5　停用/启用智能滤镜

停用/启用智能滤镜可分为 2 种操作，即对所有的智滤镜操作和对单独某个智能滤镜操作。

要停用所有智能滤镜，可以在所属的智能对象图层最右侧的 图标上单击右键，在弹出的菜单中选择【停用智能滤镜】命令，即可隐藏所有智能滤镜生成的图像效果；再次在该位置单击右键，在弹出的菜单中可以选择【启用智能滤镜】命令。

更为便捷的操作是直接单击智能蒙版前面的眼睛图标 ，同样可以显示或隐藏全部的智能滤镜。

如果要停用/启用单个智能滤镜，也同样可以参照上面的方法进行操作，只不过需要在要停用/启用的智能滤镜名称上进行操作。

10.4.6　更换智能滤镜

通过学习前面所讲述的【滤镜库】命令可知，许多滤镜命令集成于【滤镜库】，如果在智能对象图层中使用了这些滤镜命令，可以通过【滤镜库】命令将一种滤镜改变为另一种滤镜命令，下面是具体操作方法。

<264>

①确认要更换的滤镜是被集成在【滤镜库】对话框中的，双击要更换的滤镜名称，以调出对应的对话框。

注　意

要查看一个滤镜命令是否集成于【滤镜库】对话框中，可以直接选择此命令，也可以选择【滤镜】|【滤镜库】命令，在其对话框中进行查看。

②在【滤镜库】对话框中间的滤镜选择框中，选择一个新的滤镜命令。

③设置适当的参数后，单击【确定】按钮退出对话框，即完成更换智能滤镜的操作。

例如图 10.46 所示就是笔者按照上面的操作方法，将【喷色描边】滤镜更换为【拼缀图】滤镜后的效果。

图 10.46　更换滤镜后的效果

10.4.7　删除智能滤镜

如果要删除一个智能滤镜，可直接在该滤镜名称上单击右键，在弹出的菜单中选择【删除智能滤镜】命令，或者直接将要删除的滤镜拖至【图层】面板底部的【删除图层】按钮　　上。

如果要清除所有的智能滤镜，则可以在智能滤镜上（即智能蒙版后的名称）单击右键，在弹出的菜单中选择【清除智能滤镜】命令，或直接选择【图层】|【智能滤镜】|【清除智能滤镜】命令即可。

第 11 章 动作、自动化与脚本

导读

动作、自动化与脚本都是 Photoshop 提供的用于提高工作效率的功能，其中动作的灵活性最大，我们能够根据需要录制应用于不同工作状态与情况的动作。自动化可以被看做 Photoshop 内置的动作，用于完成几个特定的任务，虽然也有许多参数可供调节，但在功能上有所限制。脚本是从 CS 版本才添加的功能，实用性不如前两者。

本章将详细讲解，如何在 Photoshop 中运行自动化的操作，简化复杂的操作，大幅度提高工作效率。其中包括应用预设的动作、创建自定义的动作、应用自动化命令等内容。

11.1 动作

在 Photoshop 中所谓的动作，就是将一系列重复的操作集成于一个命令集合中，通过运行这个命令集合，使 Photoshop 自动执行这一系列操作，从而大大提高工作效率，这个命令的集合被称为【动作】，录制操作的过程则即创建自定义的【动作】的过程。

选择【窗口】|【动作】命令，弹出如图 11.1 所示的【动作】面板。其中储存有软件预设的动作，对动作的编辑管理等操作也都需要在此面板中进行。

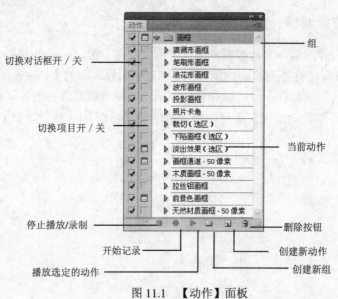

图 11.1 【动作】面板

由于此面板中的各个按钮在以下章节均有讲述，故在此讲解在以下章节中未讲解的重要组成元素。

◇ 组：即一个包括多个动作的动作文件夹。

<266>

◆ 切换对话框开/关：用于控制动作在运行的过程中是否显示有参数对话框的命令的对话框，如果在动作中某一命令的左侧显示▣标记，则表明运行此命令时显示对话框，否则不显示对话框。如果在动作的左侧显示▣标记，则表明运行至此动作中所有具有对话框的命令时，显示对话框，否则不显示。

◆ 切换项目开/关：用于控制动作或动作中的命令是否被跳过，如果在动作中某一命令的左侧显示✔标记，则此命令正常运行，如果该位置显为□标记，则表明命令被跳过。如果在某一动作的左侧显示红色的✔标记，则表明此动作中有命令被跳过，如果显示为✔标记则表明为正常运行，如果该位置显为□标记，则表明此动作中的所有命令均被跳过，不被执行。

11.1.1　应用预设动作

Photoshop 提供了大量预设动作，利用这些动作可以快速得到各种字体、纹理和边框效果，在此以为图像增加木制边框效果为例，讲解如何应用这些预设的动作。

1．打开随书所附光盘中的文件"d11z\11.1.1-素材.tif"，如图 11.2 所示。

2．如果要为图像添加木纹框的效果，选择【动作】面板中的【木质画框 50 像素】动作，如果单击动作名称左侧的三角按钮▶，可以显示动作所录制的操作命令列表，如图 11.3 所示。

图 11.2　打开要调整的图像

图 11.3　选择要执行的项目

3．单击【动作】面板中的【播放选定的动作】按钮▶，Photoshop 自动执行当前选择的动作中的所有命令，从而为图像添加木纹框效果，其效果如图 11.4 所示。

如果需要为很多图像添加木纹框效果，只需要单击【播放选定的动作】按钮▶即可快速完成。

在默认情况下，动作运行的速度非常快，以至于我们根本无法看清动作运行的过程，当然也就无从知晓其每一个操作步骤的内容。如果要修改动作播放的速度，可选择动作面板弹出菜单中的【回放选项】命令，设置弹出如图 11.5 所示的对话框。

◆【加速】：将以默认的速度播放动作。

◆【逐步】：在播放动作时，Photoshop 完全显示每一操作步骤的操作结果后，才进行下一步的操作。

◆【暂停】：可在其后的数值输入框中输入数值，控制播放动作时每一个命令暂停的时间。

<267>

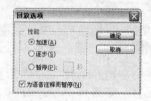

图 11.4　为图像添加木纹框　　　　　　　图 11.5　【回放选项】对话框

注　意

　　某些预设动作在运行时需要特定的条件，如应用【投影'文字'】动作，需要先创建一个文字；应用【制作剪贴路径'选区'】动作需要先创建一个选区等，因此在运行此类动作时应该首先创建动作名称右侧括号中标注的条件，然后再运行动作。

11.1.2　创建新动作

　　应用 Photoshop 预设动作的方法非常简单，但毕竟系统内部预设的动作数量及效果都很有限，因此需要掌握以下所讲述的创建新动作的方法，以丰富 Photoshop 的智能化功能。

　　自定义动作就是利用【动作】面板中的按钮将执行的操作录制下来，其具体操作步骤如下。

　　①确认要录制为动作的操作，例如录制制作木纹框的过程、录制更改图像模式的过程等。

　　②单击【动作】面板中的【创建新组】按钮 　，在弹出的对话框中设置新组的名称，如图 11.6 所示。单击【确定】按钮，在【动作】面板中增加一个新组。

　　③单击【动作】面板中的【创建新动作】按钮 　，弹出如图 11.7 所示的【新建动作】对话框。

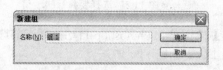

图 11.6　【新建组】对话框　　　　　　　图 11.7　【新建动作】对话框

　　④设置【新建动作】对话框中的参数后，单击【记录】按钮，此时【动作】面板中的【开始记录】按钮 　 显示为红色 　。

　　⑤完成编辑图像的操作后，单击【动作】面板中的【停止播放/记录】按钮 　，即可完整地录制一个动作。

　　图 11.7 所示的对话框中的参数释义如下所述。

　　◇【名称】：在此文本框中输入新动作的名称。

　　◇【组】：在此下拉列表菜单中选择一个组，以使新动作被包含在该组中。

<268>

◇【功能键】：在此下拉列表菜单中选择播放动作的快捷键，其中包括 F2～F12，并可以选择其后的 Shift 选项或 Ctrl 选项，以配合快捷键。

◇【颜色】：在此下拉列表菜单中选择一种颜色，以设置【动作】面板以【按钮】显示时，此动作的显示颜色。

11.1.3 编辑修改动作

对于一些不太完善的动作，可以利用【动作】面板中的相应命令进行编辑修改。

1. 在动作中添加命令

要在已录制完成的动作中增加新的命令，可以按下述步骤操作。

①在【动作】面板中单击动作名称左侧的三角形按钮，显示动作所包含的命令的列表。

②如果要在某命令的下面添加新命令，选择该命令。

③单击【动作】面板上的【开始记录】按钮 ，如图 11.8 所示。

④开始执行要添加的新操作或新的命令，完成添加后单击【停止播放/记录】按钮 即可，如图 11.9 所示。

图 11.8　开始录制

图 11.9　添加新操作

对于一些不能记录在动作中的命令，例如调整视图等命令的操作，可以单击【动作】面板右上角的按钮，在弹出的菜单中选择【插入菜单项目】命令，将其插入到动作中。

选择【插入菜单项目】命令后，弹出如图 11.10 所示的提示框。

图 11.10　【插入菜单项目】对话框

选择某一个菜单命令后，对话框将显示此命令的名称，例如笔者选择【图层】|【新调整图层】|【色阶】命令后，此时对话框改变为图 11.11 所示。

插入的命令直到动作被播放时才被执行，因为动作中没有记录插入命令中的数值，所以当命令被插入时文件保持不变。

如果插入的命令具有对话框，对话框会在播放时出现，此时动作暂停运行，直至用户单击【确定】按钮或【取消】按钮。

图 11.11　　【插入菜单项目】对话框

2. 重新排列动作

可以将一个动作或动作中的命令，通过拖动至另一个动作或命令的上面或下面，以改变它们的播放顺序。

也可以将一个组中的某一个命令拖至另一个组中，当高亮线出现在需要的位置时，释放鼠标，即可移动组中的命令，如图 11.12 所示。

图 11.12　将动作移到另一动作组

3. 更改动作选项

可以根据需要更改动作的名称、按钮颜色或快捷键。要改变动作的这些属性，单击【动作】面板右上角的按钮，在弹出的菜单中选择【动作选项】命令，设置弹出的如图 11.13 所示的对话框。

图 11.13　　【动作选项】对话框

此对话框中的参数在前面已有讲述，故在此不再重述。

4. 更改命令值

对于有对话框的命令，可以双击该命令名称，在弹出的对话框中更改以前的参数，使动作记录此命令的新参数值。

5. 复制组、动作和命令

选择一个组、动作或命令，单击【动作】面板右上角的按钮，在弹出的菜单中选择【复制】命令，可复制当前选择的组、动作或命令。

<270>

6. 删除组、动作或命令

在【动作】面板中选择要删除的组、动作或命令，将其拖曳至【动作】面板底部的【删除动作】按钮 中即可。

如果要删除所有动作，可以单击【动作】面板右上角的按钮 ，在弹出的菜单中选择【清除动作】命令，在弹出的对话框中直接单击【确定】按钮即可。

7. 复位动作

经过一段时间的操作，动作或其中命令的顺序将有所改变，此时可以单击【动作】面板右上角的按钮 ，在弹出的菜单中选择【复位动作】命令，将动作恢复至默认设置。

11.2　应用自动化命令

Photoshop 有一些预设的自动化操作，其中包括【批处理】、【限制图像】、【多页面 PDF 到 PSD】和【Web 照片画廊】等若干个命令，下面分别一一讲解。

11.2.1　批处理

【批处理】命令必须结合前面我们所讲解的【动作】来执行，此命令能够自动为一个文件夹中的所有图像应用某一个动作，选择【文件】|【自动】|【批处理】命令，弹出如图 11.14 所示的【批处理】对话框。

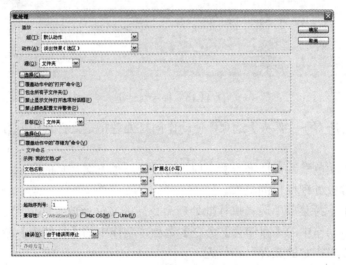

图 11.14　【批处理】对话框

此对话框中的各项设置意义如下：

◆ 在【播放】区域的【组】下拉列表框中的选项用于定义要执行的动作所在的组。

◆ 在【动作】下拉列表框中可以选择要执行的动作的名称。

◆ 在【源】下拉列表框中选择【文件夹】选项，然后单击其下面的 选择(C)... 按钮，在弹出的对话框中可以选择要进行批处理的文件夹。

◆ 选择【覆盖动作中'打开'命令】复选框，将忽略动作中录制的【打开】命令。

◆ 选中【包含所有子文件夹】复选框，将使批处理在操作时对指定文件夹中的子文件夹中的图像执行指定的动作。

◆ 在【目的】下拉列表框中选择【无】选项，表示不对处理后的图像文件做任何操作。选择【存储并关闭】选项，将进行批处理的文件存储并关闭以覆盖原来的文件。选择【文件夹】选项，并单击下面的 选择(H)... 按钮，可以为进行批处理后的图像指定一个文件夹，以将处理后的文件保存于该文件夹中。

◆ 在【错误】下拉列表框中选择【由于错误而停止】选项，可以指定当动作在执行过程中发生错误时处理错误的方式。

◆ 选择【将错误记录到文件】选项，将错误记录到一个文本文件中并继续批处理。

要应用【批处理】命令对一批图像文件进行批处理操作，可以参考下面的操作步骤：

①录制要完成指定任务的动作，选择【文件】|【自动】|【批处理】命令。

②从【播放】区域的【组】和【动作】下拉菜单中选择需要应用的动作所在的【组】及此动作的名称。

③从【源】下拉菜单中选择要应用【批处理】命令的文件，如果要进行批处理操作的图像文件已经全部打开，选择【打开的文件】选项。

④选择【覆盖动作中的'打开'命令】选项，动作中的【打开】命令将引用【批处理】的文件而不是动作中指定的文件名，选择此选项将弹出图 11.15 所示的提示对话框。

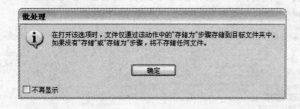

图 11.15　提示对话框

⑤选择【包含所有子文件夹】选项，使动作同时处理指定文件夹中所有子文件夹中的可用文件。

⑥选择【禁止颜色配置文件警告】选项，将关闭颜色方案信息的显示，这样可以在最大程度上减少人工干预批处理操作的机率。

⑦从【目的】下拉菜单中选择执行批处理命令后的文件所放置的位置。

⑧选择【覆盖动作中的【存储为】命令】选项，动作中的【存储为】命令将引用批处理的文件，而不是动作中指定的文件名和位置。

⑨如果在【目的】下拉菜单中选择【文件夹】选项，则可以指定文件命名规范并选择处理文件的文件兼容性选项。

⑩如果在处理指定的文件后，希望对新的文件进行统一命名，可以在【文件命名】区域设置需要设定的选项，例如，如果按照图 11.16 所示的参数执行批处理后，以 gif 图像为例，则存储后的第 1 个新文件名为"design001.gif"，第 2 个新文件名为"design002.gif"，依此类推。

⑪从【错误】下拉菜单中选择处理错误的选项。

⑫设置所有选项后单击【确定】按钮，则 Photoshop 开始自动执行指定的动作。

<272>

图 11.16 设置执行批处理后文件的名称

11.2.2 创建快捷批处理

使用【创建快捷批处理】命令，可以为一个批处理的操作创建一个快捷方式 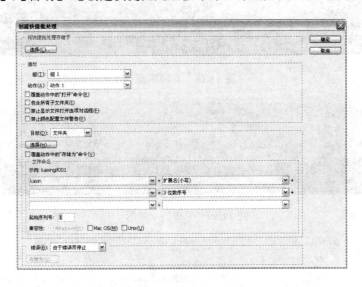，如果要对某文件应用此批处理，只需将其拖至此快捷图标上即可被执行。

选择【文件】|【自动】|【创建快捷批处理】命令，弹出如图 11.17 所示的对话框。

图 11.17 【创建快捷批处理】对话框

此对话框中的选项设置和【批处理】对话框中的相似，也要与【动作】相结合使用。

设置好对话框中的选项后，单击【确定】按钮，在【将快捷批处理存储于】区域的【选取】按钮后面定义的硬盘位置中生成一个快捷图标 。

11.2.3 用 Photomerge 制作全景图像

Photomerge 命令能够拼合具有重叠区域的连续拍摄照片，将其拼合成一个连续全景图像，例如图 11.18 所示为源图像，图 11.19 所示为使用 Photomerge 命令拼合后的全景图。

选择【文件】|【自动】|【Photomerge】命令，弹出如图 11.20 所示的对话框，要合成图像可以按照如下步骤进行操作：

①选择【文件】|【自动】|【Photomerge】命令，在弹出的对话框中的【使用】下拉列表菜单中选择一个选项。如果希望使用已经打开的文件，点击【添加打开的文件】按钮，注意单击此按钮前要保证已经保存了打开的图像文件。

◇【文件】：可使用单个文件生成 Photomerge 合成图像。

<273>

图 11.18　素材图像

图 11.19　生成的全景图

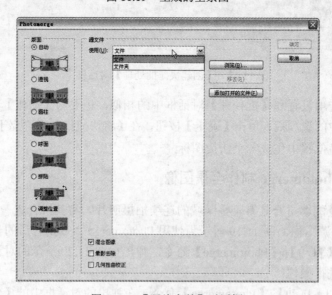

图 11.20　【照片合并】对话框

　　◆【文件夹】：使用存储在一个文件夹中的所有图像来创建 Photomerge 合成图像。该文件夹中的文件会出现在此对话框中。

<274>

②在对话框的左侧选择一种图片拼接类型，在此笔者选择了【自动】选项。如果是为360°全景图拍摄的图像，推荐使用【球面】选项。该选项会缝合图像并变换它们，就像这些图像是映射到球体内部一样，从而模拟观看 360°全景图的效果。

③根据需要选择下面讲解的选项，单击【确定】按钮退出此对话框，即可得到 Photoshop 按图片拼接类型生成的全景图像，如图 11.21 所示。

图 11.21　合成的效果

◆【混合图像】：选择此选项可以找出图像间的最佳边界并根据这些边界创建接缝，以使图像的颜色相匹配。关闭【混合图像】选项时，Photoshop 只以简单的矩形蒙版混合图像，如果要手动修饰处理蒙版，建议选择此选项。

◆【晕影去除】：选择此选项可以补偿由于镜头瑕疵或镜头遮光处理不当而导致边缘较暗的照片，以去除晕影并执行曝光度补偿操作。

◆【几何扭曲校正】：选择此选项可以补偿由于拍摄问题而导致照片中出现的桶形、枕形或鱼眼失真。

④使用裁剪工具 对图像进行裁切直至得到满意效果，图 11.22 所示为裁切后的效果。

图 11.22　裁切后的效果

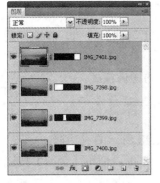

图 11.23　【图层】面板

此操作的实际情况是 Photoshop 将每一幅照片放至一个分层文件中，再根据每幅照片所在图层相互重叠的位置，有选择有针对地为每个图层添加图层蒙版，从而使这些照片拼接起来后，看上去像是一幅全景图像，图 11.23 所示为本示例执行操作后的【图层】面板，可以看出来每个图层均有不同形状的图层蒙版。

图 11.24 及图 11.25 所示为使用其他 2 种版面类型所得到的全景效果，通过观察水平面可以看出来得到的效果还是有不小的区别。

图 11.24   选择【透视】选项效果

图 11.25   选择【球面】选项效果

得到全景图后,可以根据需要对其进行颜色调整或细节修饰,从而得到更完美的全景图效果,图 11.26 展示了对选择【球面】选项得到的全景图进行处理后的效果。

图 11.26   选择【球面】选项并处理后的效果

11.2.4   条件模式更改

使用【条件模式更改】命令,可以将当前图像文件由任意一种模式转换为设置的一种模式。选择【文件】|【自动】|【条件模式更改】命令,弹出如图 11.27 所示的对话框。

此对话框中的各项说明如下:

◇ 在【源模式】区域中,可选择要转换图像的模式。如果单击【全部】按钮,将选择所有的模式复选项。

◇ 在【目标模式】区域的【模式】下拉列表框中,选择要转换的图像模式。

此命令的操作方法如下所述。

①创建一个新的动作,并开始记录动作。

②选择【文件】|【自动】|【条件模式更改】命令,弹出如图 11.28 所示的对话框。

③在【条件模式更改】对话框中为源模式选择一个或多个模式。还可以使用【全部】按钮来选择所有可能的模式,或者使用【无】按钮不选择任何模式。

<276>

图 11.27　【条件模式更改】对话框　　　　图 11.28　【条件模式更改】对话框

④从【模式】弹出菜单中选择要转换成的目标颜色模式。

⑤单击【确定】按钮，则此命令将作为一个操作步骤记录在【动作】面板中。

11.2.5　限制图像

选择【文件】|【自动】|【限制图像】命令，弹出如图 11.29 所示的对话框。

图 11.29　【限制图像】对话框

在对话框的【宽度】和【高度】数值输入框中输入数值，可以放大或缩小当前图像的尺寸，使其高度和宽度必须维持在所设置的数值以内，但仍然保存图像的亮宽比例。

11.3　应用脚本

Photoshop 从 CS 版本开始增加了对脚本的支持功能，在 Windows 平台上，使用 Visual Basic 或 JavaScript 所撰写的脚本都能够在 Photoshop 中调用。

使用脚本，我们能够在 Photoshop 中自动执行脚本所定义的操作，而操作范围既可以是单个对象也可以是多个文档。

Photoshop 内置了若干个脚本命令，下面我们分别讲解如何使用这些脚本命令。

11.3.1　图像处理器

此命令能够转换和处理多个文件，完成以下操作：

◆　将一组文件的文件格式转换为 JPEG、PSD 或 TIFF 格式之一，或者将文件同时转换为以上 3 种格式。

◆　使用相同选项来处理一组相机原始数据文件。

◆　调整图像大小，使其适应指定的大小。

与【批处理】命令不同，使用此命令不必先创建动作。要应用此命令处理一批文件，可以参考以下操作步骤。

<277>

①选择【文件】|【脚本】|【图像处理器】命令，弹出如图 11.30 所示的对话框。

②选择要处理的图像文件，可以通过选中【使用打开的图像】复选项以处理任何打开的文件，也可以通过单击 选择文件夹(F)... 按钮，在弹出的对话框中选择处理一个文件夹中的文件，如果希望处理当前选择的文件夹中所有子文件夹中的图像，应该选中【包含所有子文件夹】选项。

③选择处理后的图像文件保存的位置，可以通过选中【在相同位置存储】复选项在相同的文件夹中保存文件，也可以通过单击 选择文件夹(F)... 按钮，在弹出的对话框中选择一个文件夹用于保存处理后的图像文件，如果希望重复后所有的子文件夹中的图像仍然保存在同名文件夹中要选中【保持文件夹结构】选项。

④在【文件类型】区域可以选择将处理的图像文件保存为 JPEG、PSD、TIFF 中的一种或几种。如果选中【调整大小以适合】复选项，则可以分别在 W 和 H 数值输入框中输入尺寸，使处理后的图像恰合此尺寸。

⑤设置其他处理选项，如果还需要对处理的图像运行动作中定义的命令，选择【运行动作】复选项，并在其右侧选择要运行的动作。选择【包含 ICC 配置文件】复选项可以在存储的文件中嵌入颜色配置文件。

⑥设置完所有选项后，单击 运行 按钮。

11.3.2 将图层复合导出到文件

【文件】|【脚本】|【图层复合导出到文件】命令能够将当前图像中的每一个图层复合导出成为一个文件，选择此命令后，弹出的对话框如图 11.31 所示。

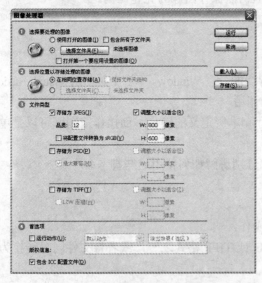

图 11.30 【图像处理器】对话框

图 11.31 【将图层复合导出到文件】对话框

要使用此命令可以参考以下操作步骤：

①在当前图像中创建若干个图层复合。

②选择【文件】|【脚本】|【图层复合导出到文件】命令，在弹出的对话框中单击 浏览...

<278>

命令，在弹出的对话框中确定由图层复合生成的文件保存的位置及其名称。

③设置对话框中的【文件名前缀】、【文件类型】等其他参数，文件类型包括 BMP、JPEG、PDF、PSD、Targa、TIFF、PNG-8、PNG-24 等 8 类。

④单击 运行 按钮，则 Photoshop 开始自动运行，并在运行结束后，弹出如图 11.32 所示的提示对话框，图 11.33 所示为保存在笔者指定的文件夹中的生成的 JPEG 格式文件。

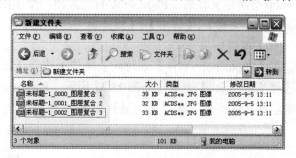

图 11.32　提示对话框　　　　　　图 11.33　生成的 JPEG 格式文件

11.3.3　将图层导出到文件

【文件】|【脚本】|【将图层导出到文件】命令与【图层复合导出到文件】命令不同，前者用于将图像中的每一个图层导出成为一个单独的文件，选择此命令后，弹出的对话框如图 11.34 所示。

要使用此命令可以参考以下操作步骤：

①在当前图像中创建若干个图层。

②选择【文件】|【脚本】|【将图层导出到文件】命令，在弹出的对话框中单击 浏览… 按钮，在弹出的对话框中确定由图层生成的文件保存的位置及其名称。

③设置对话框中的【文件名前缀】、【文件类型】等其他参数。

④单击 运行 按钮，则 Photoshop 开始自动运行，并在运行结束后，弹出如图 11.35 所示的提示对话框，图 11.36 所示为保存在笔者指定的文件夹中的生成的 PSD 格式文件。

图 11.34　【将图层导出到文件】对话框　　　　图 11.35　提示对话框

11.3.4 脚本事件管理器

脚本事件管理器是 Photoshop 提供的，用于为我们在 Photoshop 中所执行的操作定义触发脚本事件的功能。

下面我们通过一个小实例，讲解如何使用此命令。在此实例中，我们实现的效果是在 Photoshop 中新建文件后，Photoshop 自动弹出一个小的提示框显示已激活脚本。

①选择【文件】|【脚本】|【脚本事件管理器】命令，在对话框中选中【启用事件以运行脚本/动作】复选框。

②在【Photoshop 事件】下拉列表菜单中选择【新建文档】选项，在【脚本】下拉列表菜单中选择【欢迎.jcx】选项，如图 11.37 所示。Photoshop 在此提供了多个示例脚本可供选取，如果要运行其他脚本，选择【浏览】选项。

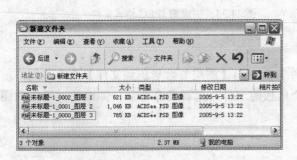

图 11.36　生成的 PSD 格式文件　　　　　图 11.37　设置选项后的对话框

③单击 添加(A) 按钮，此时的对话框如图 11.38 所示。

④单击 完成(D) 按钮，退出对话框。

⑤新建一个文档，则 Photoshop 会自动弹出如图 11.39 所示的对话框，表明已经激活了脚本事件。

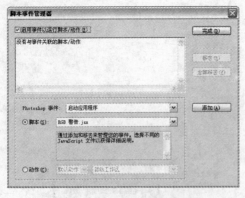

图 11.38　添加事件后的对话框

图 11.39　提示对话框

在上面的示例中，我们为事件添加了触发的脚本，按同样的方法可以触发已经录制好的动作，从而使事件的触发情况更加复杂。

<280>

11.4 练习题

1．录制一个动作，要求在这个动作中应用到调整图像大小和将图像模式改为 CMYK 的知识，并且动作的名称为【调整图像】，其位于【批处理】的组中。

2．使用第 1 题中所录制的动作执行【批处理】命令，对用户磁盘中的某个文件夹中的图像进行批处理。

3．创建一个多图层的文件，并创建若干个图层复合，分别使用【图层复合导出到文件】命令和【将图层导出到文件】命令对此文件进行处理，并比较使用这些命令处理后得到的不同结果。

<281>

第 12 章　3D 图层

导读

　　3D 功能绝对是 CS4 版本升级最大的亮点之一，虽然在 CS3 版本时 PS 已经初步具有一定的 3D 功能，但由于在灯光、纹理、3D 模型渲染及创建等方面的功能很差，因此没有太多的实用价值。

　　而 CS4 版本则在这些方面做了许多改变，我们不仅可以自由地创建基本的几何形体，还可以由一个灰度平面创建很有趣味的 3D 模型，更能够通过设置 3D 物体的纹理贴图及光照，获得丰富的 3D 渲染效果，从而使 3D 功能向着实用性跨出了有效的一步。

　　本章将详细讲解 3D 功能的各个细节。

12.1　3D 文件操作基础

　　3D 图层功能是 CS4 新增的一项引人瞩目的功能，使用这一新功能，设计师能够很轻松地将三维立体模型引入到当前操作的 Photoshop 图像中，从而为平面图像增加三维元素。

　　Photoshop CS4 支持多种 3D 文件格式，可以处理和合并现有的 3D 对象、创建新的 3D 对象、编辑和创建 3D 纹理及组合 3D 对象与 2D 图像。

12.1.1　正确显示 3D 物体

　　在 Photoshop CS4 中必须设定启用【OpenGL 绘图】选项，才能正常显示 3D 场景。

　　OpenGL 是一种软件和硬件标准，可在处理大型或复杂图像（如 3D 文件）时加速视频处理过程，使 Photoshop CS4 中的打开、移动、编辑 3D 模型时的性能得到极大提高，但开启 OpenGL 设置需要支持 OpenGL 标准的显示卡支持。

　　选择【编辑】|【首选项】|【性能】命令，在弹出的如图 12.1 所示对话框中左侧列表项中选择【性能】选项，选择【启用 OpenGL 绘图】选项，即可完成开启 OpenGL 设置的功能。

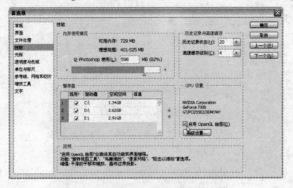

图 12.1　开启 OpenGL 设置对话框

<282>

12.1.2　导入 3D 模型

导入三维模型是在 Photoshop 中使用 3D 对象的常用方法，毕竟 Photoshop 不是一个功能强大的三维软件，不能够创建复杂的 3D 对象，要导入三维模型，可以按下面的步骤操作。

选择【文件】|【打开】命令，直接打开格式为三维模型的文件。

提　示

Photoshop 支持三维模型文件的格式有【*.3Ds】、【*.obj】、【*.u3D】及【*.dae】。单击【打开】按钮退出对话框后，软件将显示图 12.2 所示的对话框，以指示打开文件的进度。在打开一部分较为复杂的文件时，将显示图 12.3 所示的对话框，以指示当前打开的模型文件的详细信息。

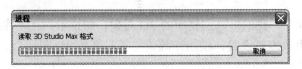

图 12.2　文件打开进程对话框

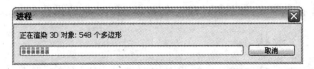

图 12.3　三维模型详细信息对话框

图 12.4 为打开随书所附光盘中的文件【d12z\12.1.2-素材. 3ds】后的状态，【图层】面板如图 12.5 所示。

图 12.4　打开后的三维模型的状态

图 12.5　【图层】面板

注　意

所有 3D 图层的右下角都会显示一个 ⬛ 形小图标，代表此图层为三维图层。使用【文件】|【打开】命令打开三维模型文件后，生成的图层按 Photoshop 默认的【图层 X】的形式进行命名。

12.1.3　渲染输出 3D 文件

完成 3D 文件的各类设置处理操作后，可以采用渲染的方法输出高品质图像，从而使

<283>

Photoshop 以更高的取样速率捕捉到更逼真的光照和阴影效果，渲染所需要的时间取决于 3D 场景中的模型、光照和映射情况，如果场景比较复杂，可能需要较长时间。

要完成此操作，只需要选择【3D】|【为最终输出渲染】命令。

12.1.4 存储 3D 文件

要保留 3D 模型的位置、光源、渲染模式、横截面等设置参数，选择【文件】|【存储】命令或【文件】|【存储为】命令，从而使 Photoshop 将包含 3D 图层的文件以 PSD、PSB、TIFF、或 PDF 格式储存起来。

12.2 创建新的 3D 对象

在 Photoshop CS4 中，我们可以创建新的 3D 对象，如锥形、立方体或圆柱体，并在 3D 空间移动此 3D 对象、更改渲染设置、添加光源或将其与其他 3D 图层合并。

注 意

这在以前的 CS4 版本中是无法实现的，创建新 3D 对象的操作包括以下几种。

12.2.1 创建 3D 形状

在 Photoshop CS4 中，我们可以创建最基础的几类规则型 3D 物体，下面讲解其基本操作步骤。

1. 打开或新建一个平面图像。

2. 选择【3D】|【从图层新建形状】命令，然后从子菜单中选择一个形状，这些形状包括圆环、球面或帽子等单一网格对象，以及锥形、立方体、圆柱体、易拉罐或酒瓶等对象。

3. 被创建的 3D 物体将直接以默认状态显示在图像中，可以通过旋转、缩放等操作对其进行基本编辑，图 12.6 展示了使用此命令创建的十种最基本的 3D 物体。

注 意

要创建 3D 物体，应该在【图层】面板中选择一个 2D 图层，如果选择 3D 图层，则无法激活【3D】|【从图层新建形状】命令。

12.2.2 创建 3D 明信片

【3D】|【从图层新建 3D 明信片】命令也可以用于创建 3D 对象，它不同于上面讲解的创建基本 3D 物体的操作，使用它可以将一个平面图像转换为 3D 明信片的两面的贴图材料，该平面图层也相应被转换成为 3D 图层。

图 12.7 所示为一个平面图层，图 12.8 所示为使用此命令将其转换成为 3D 明信片图层后，对其在 3D 空间内进行旋转的效果。

12.2.3 创建 3D 网格

【3D】|【从灰度新建网格】命令也可以生成一个 3D 物体，其原理是将一幅平面图像的

<284>

灰度信息映射成为 3D 物体的深度映射信息，从而通过置换生成深浅不一的 3D 立体表面，下面是基本操作步骤。

图 12.6　十类基本 3D 物体

图 12.7　平面素材图像

图 12.8　3D 空间内旋转的 3D 明信片效果

①打开或新建一个 2D 图像，并选择一个或多个要转换为 3D 网格的图层，图 12.9 所示为笔者使用的平面图像。

图 12.9　2D 素材图像

②选择【图像】|【模式】|【灰度】命令，或使用【图像】|【调整】|【黑白】命令将图象调整成为灰度效果。

注　意

如果跳过此操作，将 RGB 图像作为创建网格时的输入，则绿色通道会被用于生成深度映射。映射时较亮的像素生成 3D 物体表面上凸起的区域，较暗的像素生成凹下的区域。

③选择【3D】|【从灰度新建网格】命令，然后选择如下所述的各网格选项命令，各个选

项生成的 3D 物体对象如图 12.10 所示。

◆【平面】：将深度映射数据应用于平面表面。

◆【双面平面】：创建两个沿中心轴对称的平面，并将深度映射数据应用于两个平面。

◆【圆柱体】：从垂直轴中心向外应用深度映射数据。

◆【球体】：从中心点向外呈放射状地应用深度映射数据。

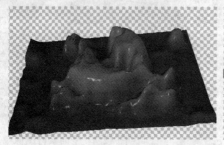 

平面　　　　　　　　　　　　　　　　双面平面

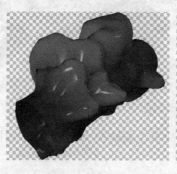 

圆柱体　　　　　　　　　　　　　　　球体

图 12.10　4 种不同的 3D 物体效果

如果选择了多个图层，则选择【3D】|【从灰度新建网格】子菜单命令中的各个命令时，Photoshop 以这些图层相互叠加的最终效果生成 3D 物体。

图 12.11 所示为有两个图层的图像及其对应的【图层】面板，将两个图全部选中后，选择【3D】|【从灰度新建网格】|【平面】命令，则生成图 12.12 所示的 3D 物体，可以看出来，该 3D 物体反映了这 2 个图层相互叠加的效果。

  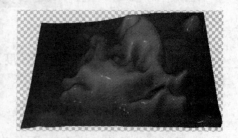

图 12.11　有两个图层的图像及对应的【图层】面板　　　　图 12.12　2 个图层生成的 3D 物体

如果使用的平面素材图像具有一定的透明度，如图 12.13 所示，则由此创建的 3D 物体也具有一定的透明度，如图 12.14 所示。

<286>

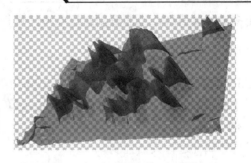

图 12.13　有透明度的平面素材图像　　　　　图 12.14　有透明度的 3D 物体

如前所述，由于 Photoshop 在依据平面素材图像生成 3D 物体时参考平面素材图像的亮度信息，因此当该图像的亮部与暗部的反差越大，则生成的 3D 物体的立体感越强，反之越弱。

图 12.15 所示为黑白反差非常大的一张平面素材图像，图 12.16 所示为依据此图像生成的 3D 物体。

图 12.17 所示为通过颜色调整命令操作，使同样的素材图像反差降低后的效果，图 12.18 所示为依据反差降低后的平面图像生成的 3D 物体，可以看出来 3D 物体的立体感降低了许多。

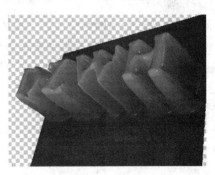

图 12.15　反差较大的平面素材图像　　　　　图 12.16　3D 物体 1

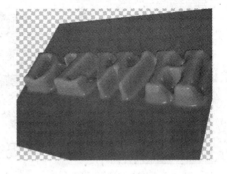

图 12.17　反差较小的平面素材图像　　　　　图 12.18　3D 物体 2

12.3　3D 场景及 3D 物体属性

在 Photoshop 中 3D 的功能得到大幅度提高，不仅有 3D 场景的概念，而且 3D 对象也拥有

<287>

了更多的物体属性，下面分别对这些概念进行讲解。

12.3.1　3D 面板

3D 面板是 3D 场景的控制中心，其作用类似于【图层】面板。选择【窗口】|【3D】命令或在【图层】面板中双击【3D 图层】按钮 ，都可以显示图 12.19 所示的 3D 面板。

3D 面板会显示每一个选中的 3D 图层中 3D 物体的网络、材料和光源，我们可以在此面板中对这些属性进行灵活控制。

注　意

只有启用 OpenGL 后才可以使用【切换地面】按钮 和【切换光源】按钮 。

12.3.2　3D 场景

3D 场景是一个 3D 图层中各个 3D 对象所包含的各种属性的总称，其控制中心就是 3D 面板，单击 3D 面板顶部的【场景】按钮 即可查看一个 3D 场景所包含的各种 3D 对象的属性。

12.3.3　网格

任何 3D 物体都是由网络构成的，如图 12.20 所示，网格类似于由成千上万个单独的多边形框架结构组成的线框，3D 模型通常至少包含一个网络，但可能包含多个网格。

图 12.19　3D 面板

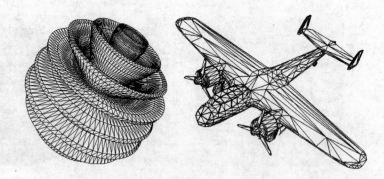

图 12.20　显示网络的 3D 物体

要对网格进行操作，可以选择【窗口】|【3D】命令或在【图层】面板中双击【3D 图层】按钮 ，都可以显示图 12.19 所示的 3D 面板，在其顶部单击【网格】按钮 ，使 3D 面板仅显示当前 3D 物体的网络，如图 12.21 所示。

如果一个 3D 物体具有多个网络组件，可以通过在 3D 面板上方的网络列表中单击的方法，

<288>

确定该网格在 3D 物体中的具体位置，单击后 3D 面板下方的预视窗口将显示一个红色线框，指示当前选择的网格的位置，如图 12.22 所示。

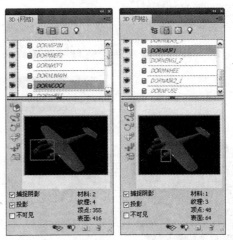

图 12.21　仅显示 3D 物体网格的状态　　　图 12.22　通过预设窗口观察网格组件的位置

如果当前操作的 3D 物体是由其他三维软件生成后导入 PS 中的，则面板上方列出的各个网格对象的名称实际上就是这些模型在三维软件中创建时的名称，可以通过单击网格名称左侧的 按钮，决定是否显示此网格对象。

图 12.23 展示了一个完全显示各个网格组件物体的 3D 模型状态，图 12.24 所示为通过单击 按钮隐藏两个螺旋桨网格物体后的 3D 模型状态。

图 12.23　完全显示的状态　　　　　　　图 12.24　隐藏螺旋桨后的状态

12.3.4　材料

在 PS 中一个 3D 物体可以具有一种或多种材料属性，这些材料将控制整个 3D 物体的外观或局部外观。

每一个材料又可以通过设置多种纹理映射属性使该材料的外观发生变化，包括设置该材料的自发光、漫射、光泽度、不透明度等属性。

如果需要还可以为每一种纹理映射叠加纹理贴图，从而再次丰富材料的效果。

PS 就是主要依靠材料、纹理映射属性、纹理映射贴图三个层级，控制一个 3D 物体的外观效果。

要更好地认识 3D 物体的材料属性，可以在 3D 面板中单击【材料】按钮 ，使 3D 面板

<289>

仅显示当前 3D 物体的材料属性,如图 12.25 所示为一个立方体 3D 物体及其材料属性显示情况,图 12.26 所示为在【图层】面板中显示的各个面的材料详细情况。

注 意

有关材料、纹理映射及纹理映射贴图的概念将在后面的章节中详细讲解。

图 12.25 立方体 3D 物体及其材料属性显示情况

图 12.26 各个面的材料详细情况

12.3.5 光源

在 Photoshop 中可以为 3D 物体设置不同的光源,包括无限光、聚光灯和点光,还可以移动和调整不同光源的颜色和强度,从而使 3D 物体表现出新的视觉效果,而这些效果在以前的软件中均无法实现。

可以在 3D 面板中单击【光源】按钮 💡 ,使 3D 面板仅显示当前 3D 物体的光源,如图 12.27 所示为一个球体 3D 物体,图 12.28 所示其光源显示情况。

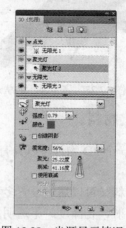

图 12.27 球体 3D 物体

图 12.28 光源显示情况

注 意

有关光源属性、编辑操作方法等概念将在后面的章节中详细讲解。

<290>

12.4　3D 物体调整与编辑

12.4.1　使用 3D 轴调整 3D 物体

3D 轴是 CS4 提供的最新用于控制 3D 物体的功能，使用它可以在 3D 空间中移动、旋转和缩放 3D 模型。要显示 3D 轴，需要选中一个 3D 图层，则可显示如图 12.29 所示的 3D 轴。

注　意

必须启用 OpenGL 以显示 3D 轴。

1. 使用 3D 轴移动、旋转或缩放模型

要使用 3D 轴，可以将左键移至轴组件上方，使其高亮显示，然后进行拖动，根据光标所在的组件的不同，操作得到的效果也各不相同，详细操作如下所述。

◈　要沿着 X、Y 或 Z 轴移动 3D 物体，将光标放在任意轴的锥尖，使其高亮显示，拖动左键即可以在任意方向沿轴拖动，状态如图 12.30 所示。

◈　要旋转 3D 物体，单击轴尖内弯曲的旋转线段，此时会显示旋转平面的黄色圆环。围绕 3D 轴中心沿顺时针或逆时针方向拖动圆环，状态如图 12.31 所示，即可完成旋转操作。要进行幅度更大的旋转，应该向远离 3D 轴的方向拖动光标。

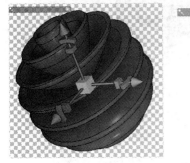

图 12.29　3D 轴

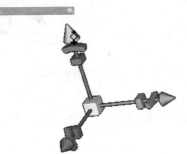

图 12.30　移动 3D 物体

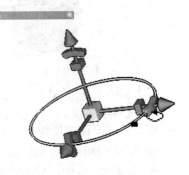

图 12.31　旋转 3D 物体

◈　要缩放 3D 物体，将光标放在 3D 轴中间位置的黄色立方体上，然后向上或向下拖动，图 12.32 所示为操作前后的效果。

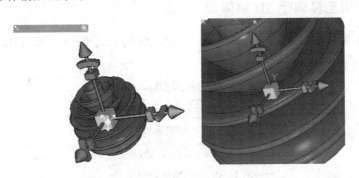

图 12.32　缩放 3D 物体操作示例

<291>

◆ 要沿轴压缩或拉长 3D 物体，将光标放在轴尖内弯曲的旋转线段后方的小立方体上，待其变化为黄色激活状态后，水平拖动即可完成操作，如图 12.33 所示。

◆ 要将移动限制在某个对象平面，将光标放在 3D 轴中间位置，待此位置出现黄色扁立方体后，向中心立方体拖动，或远离中心立方体拖动即可完成操作，如图 12.34 所示。

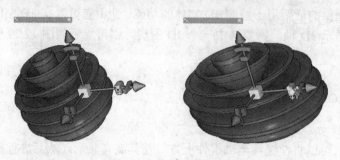

图 12.33 沿轴压缩或拉长 3D 物体

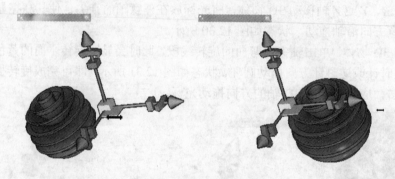

图 12.34 沿轴移动 3D 物体

2. 3D 轴控制

可以通过下面的操作对 3D 轴进行灵活控制。

◆ 移动 3D 轴，拖动控制栏。

◆ 要缩放 3D 轴，单击控制栏左侧的【比例】按钮 进行拖动。

◆ 最小化 3D 轴，单击【最小化】图标 。

◆ 要恢复 3D 轴到正常大小，单击已最小化的 3D 轴 。

12.4.2 使用工具调整 3D 物体

除了使用 3D 轴对 3D 物体进行控制外，还可以使用工具箱中的 3D 物体控制工具，如图 12.35 所示，对其进行控制。

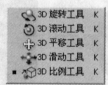

图 12.35 3D 物体控制工具

<292>

选择任何一个 3D 物体控制工具后，工具选项条显示为如图 12.36 所示的状态。

图 12.36　三维模型修改状态工具选项条

工具箱中的 5 个控制工具与工具选项条左侧显示的 5 个工具图标相同，其功能及意义也完全相同，下面分别讲解。

◆【返回到初始对象位置】按钮：对于编辑过的对象，想返回到初始状态，单击此按钮即可。

　◆ 旋转 3D 对象工具：选择此工具拖动可以将对象进行旋转。

　◆ 滚动 3D 对象工具：是以对象中心点为参考点进行旋转。

　◆ 拖动 3D 对象工具：使用此工具可以将对象拖动来修改对象的位置。

　◆ 滑动 3D 对象工具：使用此工具可以将对象向前或向后拖动，从而可以放大或缩小对象。

　◆【缩放 3D 对象】按钮：单击此按钮可以通过精确的参数来控制对象。

12.5　调整三维视角

如果希望改变 3D 物体的观察角度，可以使用工具箱中的如图 12.37 所示的 5 种调整三维视角的工具。

图 12.37　三维视角调整工具

选择其中的任何一种工具后，工具选项条如图 12.38 所示。

图 12.38　工具选项条的状态

工具箱中的 5 个控制工具与工具选项条左侧显示的 5 个工具图标相同，其功能及意义也完全相同，下面分别讲解。

　◆ 返回到初始相机位置：对于编辑过的相机，要返回到初始状态，单击此按钮。

　◆ 环绕移动 3D 相机工具：选择此工具拖动可以围绕 3D 物体旋转相机。

　◆ 滚动移动 3D 相机工具：以 3D 物体中心点为参考点旋转 3D 相机。

　◆ 拖动 3D 相机工具：使用此工具可以修改 3D 物体在相机中的平面位置。

　◆ 与 3D 相机一齐移动工具：使用此工具可以在 3D 相机视野内移动 3D 物体。

　◆ 变焦 3D 相机工具：单击此工具可以通过相机变焦控制，缩放 3D 物体的大小。

<293>

图 12.39 所示为使用不同工具对三维模型的视角进行改变后的不同状态。

图 12.39　使用不同工具对三维模型的视角进行改变后的不同状态

12.6　改变模型光照

灯光系统也是 PS CS4 新增强的功能之一，在 PS 中不仅可以利用导入 3D 模型时，模型自带的灯光，还可以以全新的方式创建三类不同的灯光，从而得到复杂的照明效果。

12.6.1　显示并了解灯光类型

一个 3D 场景在默认的情况下，不会显示灯光，如图 12.40 所示，但如果在 3D 面板中单击【切换光源】按钮🖰，则可以显示当前场景所使用的灯光，如图 12.41 所示。

图 12.40　未显示灯光

图 12.41　显示灯光

PS 提供了三类灯光类型，点光、聚光灯、无限光。

◆　点光发光的原因类似于灯泡，向各个方向均匀发散式照射。

◆　聚光灯照射出可调整的锥形光线，类似于影视作品中常见的探照灯。

◆　无限光类似于远处的太阳光，从一个方向平面照射。

12.6.2　添加或删除各个光源

要添加光源，单击 3D 面板中的【创建新光源】按钮🖰，然后选取光源类型（点光、聚光灯或无限光），如图 12.42 所示。

图 12.42　创建新的灯光

<294>

要删除光源，在 3D 面板上方的灯光列表中选择要删除的光源，单击面板底部的【删除】按钮 🗑。

12.6.3 改变灯光类型

每一个 3D 场景中的灯光都可以被任意设置成为三种灯光类型中的一种，要完成这一操作，可以按下面的步骤操作。

①在 3D 面板上方的灯光列表中选择要调整的灯光。

②在 3D 面板下方的灯光类型下拉列表菜单中选择一种灯光类型。

12.6.4 调整光源位置

每一个灯光都可以被灵活地移动、旋转和推拉，要完成此类光源位置调整工作，可以使用下面讲解的工具。

◇ 【旋转】工具 🔄：此工具用于旋转聚光灯和无限光，同时保持其在 3D 空间的位置。

◇ 【拖移】工具 ✛：此工具用于将聚光灯和点光移动至同一 3D 平面中的其他位置。

◇ 【滑动】工具 ✛：此工具用于将聚光灯和点光移动到其他 3D 平面。

◇ 原点处的点光 🔘：选择某一聚光灯后单击此图标，可以使灯光正对模型中心。

◇ 移至当前视图 🔘：选择某一灯光后单击此图标，可以将灯光放置于与相机相同的位置上。

图 12.43 所示为修改三个灯光位置后，取得的全新照片效果及对应的灯光位置。

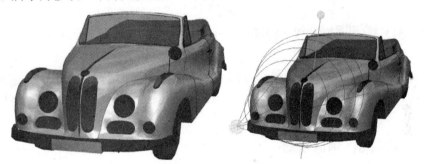

图 12.43 调整灯光后的全新照片效果及对应的灯光位置

12.6.5 调整灯光属性

除物理位置外，每一个灯光的属性也都能够调整，例如照明的强度、灯光的颜色等。要调整这些灯光的属性，首先在 3D 面板的灯光列表中，选择要调整的灯光。然后，在 3D 面板下半部分的参数设置区域对不同的参数进行设置。

◇ 【强度】：此数值调整灯光的照明亮度，数值越大，亮度越高。

◇ 【颜色】：此处定义灯光的颜色。

◇ 【创建阴影】：如果当前 3D 物体具有多个网络组件，选择此选项，可以创建从一个网格投射到另一个网格上的阴影。

◇ 【软化度】：此处数值控制阴影的边缘模糊效果，产生逐渐的衰减。

◇ 【聚光（仅限聚光灯）】：设置光源明亮中心的宽度。

◇ 【衰减（仅限聚光灯）】：设置光源的外部宽度，此数值与【聚光】数值的差值越大，得

<295>

到的光照效果边缘越柔和，图 12.44 所示为不同的参数设置得到的不同灯光照明效果。

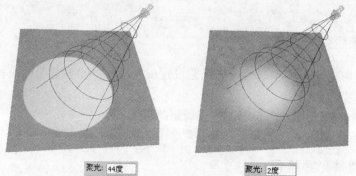

图 12.44　参数为 聚光：44度 衰减：45度 的灯光效果及参数为 聚光：2度 衰减：45度 的灯光效果

◇　使用衰减（针对光点与聚光灯）：【内径】和【外径】选项决定衰减锥形，以及灯光强度随对象距离的增加而减弱的速度。对象接近【内径】数值时，光源强度最大。对象接近【外径】数值时，光源强度为零。处于中间距离时，光源从最大强度线性衰减为零。

技巧

将鼠标指针悬停在【聚光】、【衰减】、【内径】和【外径】选项上。右侧图标中的红色轮廓指示受影响的光源元素。

12.7　3D 模型贴图纹理编辑

PS 的 3D 模型贴图与纹理功能在 CS4 版本中得到极大增强，如前所述，PS 主要依靠材料、纹理映射属性、纹理映射贴图三个层级来控制对象，下面分别讲解这三个层级所涉及的知识与操作技能。

12.7.1　认识 3D 物体材料

通常，由 PS 创建的基本 3D 物体都具有默认的材料，例如一个立方体的每个面都具有一个材料，共有 6 个材料，如图 12.45 所示。而一个易拉罐只具有 2 个材料，如图 12.46 所示。

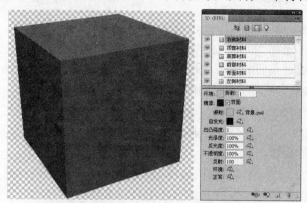

图 12.45　具有 6 个材料的立方体

<296>

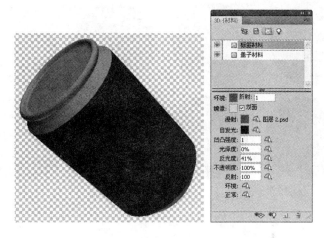

图 12.46　具有 2 个材料的易拉罐

如果导入的是由其他三维软件生成的 3D 模型，并在创建时已经为不同的部分设置了贴图，则 3D 面板将全部显示这些材料，如图 12.47 所示。

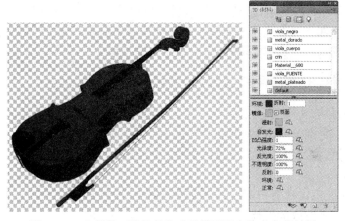

图 12.47　由其他三维软件生成的模型具有的自定义材料

12.7.2　替换与保存材料

经过参数设置的 3D 物体材料可保存成为一个材料文件，这样可以通过替换材料的操作方法，快速将材料所具有各种映射纹理属性及映射纹理贴图赋予给一个 3D 物体。

例如，一个有砖墙外观的 3D 球体，可以通过调用金属效果的材料快速具有金属外观效果，而不必再次设置相关参数。

PS 已经提供了若干种默认的材料，可以通过下面的操作步骤完成替换材料的操作。

①在【图层】面板中单击选择一个 3D 图层。

②在 3D 面板中单击█按钮，以显示当前选择的 3D 图层中 3D 物体的材料。

③单击选择某一个材料，单击█按钮，在弹出的菜单中选择【替换材料】命令。

④在弹出的对话框中选择一种默认材料文件即可，图 12.48 展示了为一个 3D 球体设置不同的默认材料时，所获得的效果。

图 12.48　8 种不同的预设材料效果

注　意

此操作仅针对于使用 PS 创建的 3D 物体，导入 PS 中的 3D 物体无法更换材料。

如前所述，通过设置材料的纹理映射及相关贴图，可以使材料的外观发生很大的变化，如果希望后面工作中使用的 3D 物体也能够应用这种材料，而不必再次调整相关参数，可以将此材料保存成为预设，此操作实际上是将材料保存成为一个后缀名为 p3m 的文件。

要将材料保存预设，可以单击 按钮，在弹出的菜单中选择【存储材料预设】命令。

12.7.3　纹理映射属性详解

每一个材料都有 11 种纹理映射属性，综合调整这些纹理映射属性能够使不同的材料展现出千变万化的效果，下面分别讲解属性的意义。

◈【环境】：设置在反射表面上可见的环境光的颜色，该颜色与用于整个场景的全局环境色相互作用。

◈【折射】：在此可以设置折射率，在【表面样式】渲染设置为【光线跟踪】时，【折射】选项被选中。默认值是空气的近似值 1.0。

注　意

折射是指两种折射率不同的介质（如空气和水）相交时，光线方向发生改变的现象。

◈【镜像】：在此可以定义镜面属性显示的颜色（例如，高光光泽度和反光度）。

◈【漫射】：在此定义 3D 物体的基本颜色，如果为此属性添加了漫射纹理映射贴图，则该贴图将包裹整个 3D 物体，图 12.49 展示了两组对应的效果。

图 12.49　两组贴图及应用贴图后的 3D 物体渲染效果

◆【自发光】：此处的颜色用于设置由 3D 物体自身发出的光线的颜色。

◆【凹凸强度】：在材料表面创建凹凸效果，此属性需要借助于凹凸映射纹理贴图，凹凸映射纹理贴图是一种灰度图像，其中较亮的值创建突出的表面区域，较暗的值创建平坦的表面区域。

◆【光泽度】：在此定义来自光源的光线经表面反射，折回到人眼中的光线数量。如果为此属性添加了光泽度映射纹理贴图，则贴图图像中的颜色强度控制材料中的光泽度，其中黑色区域创建完全的光泽度，白色区域去除光泽度，而中间值减少高光大小。

◆【反光度】：定义【光泽度】设置所产生的反射光的散射。低反光度（高散射）产生更明显的光照，而焦点不足。高反光度（低散射）产生较不明显、更亮、更耀眼的高光，此参数通常与光泽度组合使用，以产生更不光洁的效果，图 12.50 所示为不同的参数组合所取得的不同效果。

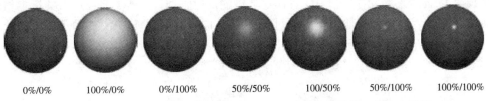

| 0%/0% | 100%/0% | 0%/100% | 50%/50% | 100/50% | 50%/100% | 100%/100% |

图 12.50　不同光泽度（左侧数值）与反光度（右侧数值）的组合效果

◆【不透明度】：此处的数值用于定义材料的不透明度，数值越大，3D 物体的透明度越高，如图 12.51 所示。而 3D 物体不透明区域则由此参数右侧的贴图文件决定，贴图文件中的白色使 3D 物体具有完全不透明度，而黑色则使其具有完全透明度，中间的过渡色取得不同级别的不透明度。图 12.52 所示为一个透明的球体及应用的对应的贴图文件，改变贴图文件后，3D 球体的透明效果也相应发生变化，其效果如图 12.53 所示。

图 12.51　车体的材料的透明度分别为 80%、50%、20% 时的效果

图 12.52　透明的 3D 球体及对应的贴图文件　　　　图 12.53　改变贴图后的效果及 3D 球体效果

<299>

◆【环境】：环境映射模拟将当前 3D 物体放在一个有贴图效果的球体内，3D 模型的反射区域中能够反映出环境映射贴图的效果，图 12.54 所示为笔者为此贴图映射使用的一个厨房场景的 HDR 贴图，图 12.55 所示为 3D 物体上光滑的反射区域显现出来的贴图效果。

图 12.54　贴图效果

图 12.55　3D 物体反射效果的映射效果

◆【反射】：此处参数用于控制 3D 物体对环境的反射强弱，根据需要通过为其指定相对应的映射贴图以模拟对环境或其他物体的反射效果，图 12.56 所示是某个材料的【环境】纹理映射贴图，图 12.57 所示为将【反射】值分别设置为 10、30、60 时的效果。

图 12.56　环境纹理映射贴图

图 12.57　【反射】值分别为 10、30、60 时的效果

◆【正常】：像凹凸映射纹理一样，正常映射用于为 3D 物体表面增加细节。与基于灰度图像的凹凸纹理映射不同，正常映射基于 RGB 图像，每个颜色通道的值代表模型表面上正常映射的 x、y 和 z 分量。正常映射可使低多边形网格的表面变得平滑。

12.7.4　纹理映射贴图操作详解

如前所述，3D 面板中的纹理映射几乎都可以再次叠加纹理贴图，从而形成更加复杂的 3D 物体外观效果，下面讲解有关纹理映射所使用的纹理贴图的操作。

1. 创建纹理映射

要为某一个纹理映射新建一个纹理映射贴图，可以按下面的步骤操作。

<300>

①单击要创建的纹理映射类型旁边的纹理映射菜单图标。

②选择【新建纹理】命令。

③在弹出的对话框中，输入新映射贴图文件的名称、尺寸、分辨率和颜色模式，然后单击【确定】按钮。

技　巧

如果要匹配现有纹理映射的长宽比，可通过将光标放在【图层】面板中的纹理映射名称上来查看其尺寸，如图 12.58 所示。

新纹理映射的名称会显示在【材料】面板中纹理映射类型的旁边。该名称还会添加到【图层】面板中 3D 图层下的纹理列表中。默认名称为材料名称附加纹理映射类型。

2. 打开纹理映射进行编辑

每一个纹理映射的贴图文件都可以直接在 PS 中打开进行编辑操作，其操作方法如下所述。

①在 3D 面板中，单击【纹理映射菜单】按钮。

②在弹出的菜单中选择【打开纹理】命令。

③纹理映射贴图文件将作为【智能对象】在其自身文档窗口中打开，使用各种图像调整和编辑命令编辑纹理后，激活 3D 模型文档窗口即可看到模型发生的变化。

3. 载入纹理映射贴图文件

如果贴图文件已经完成了制作，可以按下面的步骤操作载入相关文件。

①在 3D 面板中，单击纹理类型旁边的纹理映射菜单图标。

②选择【载入纹理】命令。

③选择并打开 2D 纹理文件。

4. 删除纹理映射贴图文件

如果要删除纹理映射贴图文件，可以按下面的步骤操作。

①单击纹理类型旁边的纹理映射菜单图标。

②选择【移去纹理】命令。

如果希望再次恢复被移去的纹理贴图，可以根据纹理贴图的属性采用不同的操作方法。

◆　如果已删除的纹理贴图是外部文件，可以使用纹理映射菜单中的【载入纹理】命令将其重新载入。

◆　对于 3D 文件内部使用的纹理，选择【还原】命令或【后退一步】命令恢复纹理贴图。

5. 编辑纹理贴图属性

通过编辑纹理贴图的属性，可以改变该贴图在 3D 物体上的水平、垂直贴图数量及位置，从而将贴图赋予 3D 模型的特定表面区域。

①单击一个已经有纹理贴图的纹理映射类型右侧的纹理映射菜单图标。

②选择【编辑属性】命令。

③在弹出的图 12.59 所示的对话框中，选择目标图层并设置 UV 比例和位移值。

◆【目标】：在此下拉列表菜单中选择是将参数设置应用于特定图层还是复合图像。

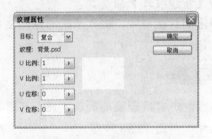

图 12.58　查看贴图纹理信息　　　　　　　图 12.59　【纹理属性】对话框

◆ U 和 V 比例：此处的数值用于调整贴图的大小。

◆ U 和 V 位移：此处的数值用于调整映射纹理贴图的位置。

图 12.60 所示为一个 3D 球体【漫射】映射纹理贴图，图 12.61 所示为该球体的渲染效果。

按图 12.62 所示的参数设置【纹理属性】对话框后，球体的渲染效果如图 12.63 所示，可以看出来在垂直方向上贴图的数值提高了。

图 12.60　【漫射】映射纹理贴图　　　　　图 12.61　球体的渲染效果

图 12.62　设置【纹理属性】对话框中的参数　　　图 12.63　球体渲染效果

12.7.5　查看材料与网格的对应关系

对于一个从三维软件中生成的复杂 3D 模型而言，如果以图 12.64 所示的模式显示材料，则很难搞清楚每一个材料被赋予哪一个网格对象，但如果在 3D 面板中单击 按钮，以场景模式显示 3D 面板，如图 12.65 所示，则很容易看清楚这一点。

<302>

图 12.64 材料显示模式　　　图 12.65 场景显示模式

12.7.6 直接在 3D 对象上绘制纹理贴图

在 PS 中使用任何一种绘画工具直接在 3D 模型上绘画，这种操作就像在平面图像上绘画一样。要在 3D 模型上绘画，可以按下面的基本步骤操作。

① 使用 3D 位置工具可为模型定向，以使要绘画的区域朝前。

② 执行下列操作之一，完成绘画纹理映射类型设置操作。

◆ 选择【3D】|【3D 绘画模式】命令，在其子菜单中选择一种绘画映射类型。

◆ 在 3D 面板中，单击 按钮，以显示当前 3D 物体的场景状态，从【绘制于】菜单中选择绘制后绘图的映射类型，如图 12.66 所示。

③ 使用任意选择工具，在 3D 模型上像为平面图像创建选区一样，为 3D 模型创建选区，以限制绘画操作影响的区域。

④ 使用【画笔】或其他能够绘图、润饰的工具如【油漆桶】、【涂抹】、【减淡】、【加深】或【模糊】工具，进行绘画或贴图修饰操作。

完成绘画后，如果要查看纹理映射自身的绘画效果，可以在 3D 面板中单击纹理映射的菜单按钮 ，并选择【打开纹理】命令。

12.7.7 理解 3D 绘画映射

在默认情况下，直接在 3D 物体上绘画后，绘画生成包裹于 3D 物体的漫射映射纹理贴图，图 12.67 所示为绘画操作前的立方体，图 12.68 所示为使用渐变工具 进行绘画操作后的效果，可以看出漫画操作使该 3D 物体的外观具有了渐变效果。

但也可以将绘画操作生成和图像定义为其他类型纹理映射的贴图文件，例如凹凸映射或不透明度映射，从而使 3D 物体根据绘画操作得到不规则的凹凸或不透明效果。

仍然以立方体绘图为例，按下面的步骤操作即通过绘画操作使立方体根据绘画制作呈现出不规则的透明效果。

① 选择立方体 3D 图层，显示 3D 面板。

② 单击 按钮，分别单击面板上方的各个材料名称，为不同材料的【不透明度】映射纹理分别新建【不透明度】纹理贴图，如图 12.69 所示。

<303>

图 12.66　选择映射类型　　　　图 12.67　绘画操作前的立方体　　　　图 12.68　绘画操作后的效果

注　意

新建纹理贴图的操作请参考前面章节所讲述的具体操作步骤。

③选择渐变工具 ，设置其工具选项条为 。
④使用渐变工具 在立方体上拖动进行绘画，即可得到图 12.70 所示的透明效果。

图 12.69　绘画效果　　　　　　图 12.70　旋转 3D 模型后的效果

12.7.8　标识可绘画区域

在为 3D 模型绘画时，有时绘画操作无法成功实现，其原因除了可能是由于没有为当前绘画定义的映射类型创建映射纹理贴图外，还有可能是当前绘画的区域是无效的绘画区域，换言之，不是所有可见的 3D 模型都能够进行有效绘画。

要正确地在 3D 模型中找出可绘画的区域，可以采取下面的方法。

◇ 选择【3D】|【选择可绘画区域】命令，则 PS 将框选当前 3D 模型中可绘画的最佳区域。

◇ 显示 3D 面板的【场景】部分，从【预设】下拉列表菜单中选择【绘画蒙版】选项，则 PS 将以红色与白色标识出可绘画的区域，如图 12.71 所示。在此模式下，白色代表该区域为最佳绘画区域，蓝色代表取样不足的区域，红色显示过度取样的区域。

注　意

【绘画蒙版】渲染模式下不可进行绘画，应该将渲染预设模式更改为支持绘画的渲染模式，如【实色】渲染模式。

<304>

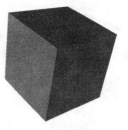

图 12.71　以绘画蒙版状态标识出可绘画区域

12.8　更改 3D 模型的渲染设置

类似于 3D 类软件，PS 也提供了多种模型的渲染效果设置选项，以帮助使用者渲染出不同效果的三维模型，下面讲解如何设置并更改这些设置。

注 意

渲染设置是针对每一个 3D 图层进行的，因此一次设置只能够修改一个 3D 图层中的模型的渲染效果。

12.8.1　选择渲染预设

PS 提供了多达 17 种标准渲染预设，要使用这些预设，只需要选择 3D 图层后，在 3D 面板中【预设】下拉列表菜单中选择不同的预设值即可。图 12.72 展示了不同的预设所得到的不同渲染效果。

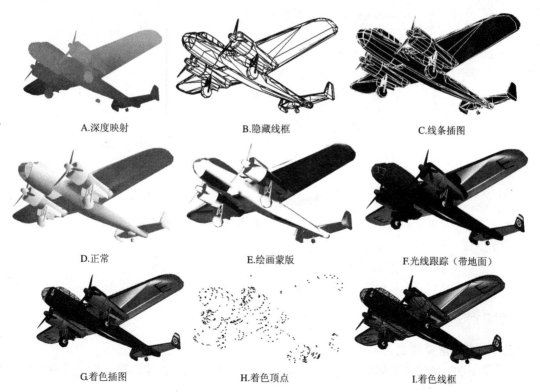

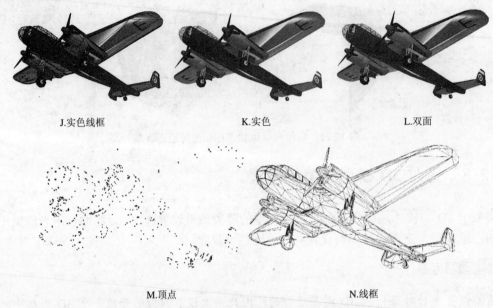

J.实色线框　　　　　　　　　K.实色　　　　　　　　　L.双面

M.顶点　　　　　　　　　　　　　　　N.线框

图 12.72　不同的预设所得到的不同渲染效果

12.8.2　自定渲染设置

除了使用预设的标准渲染设置，也可以在 3D 面板顶部，单击【场景】按钮 🔲，然后单击【渲染设置】按钮，在弹出的图 12.73 所示的对话框中自定义当前的渲染参数，从而取得全新的渲染效果。

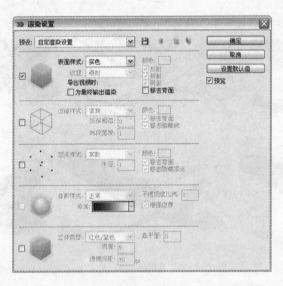

图 12.73　【3D 渲染设置】对话框

下面分别讲解其中最常用 3 个选项的意义。

1. 启用表面渲染选项

如果希望 3D 物体以实体面的形式渲染出来，应该启用表面渲染选项，设置【表面样式】

<306>

选项，此参数选项是表面渲染模式时最重要的选项，在其下拉列表菜单中可以选择下面的选项，如图 12.74 所示，以确定如何渲染 3D 物体。

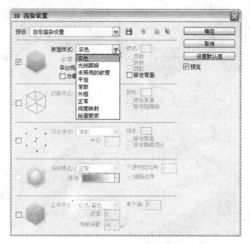

图 12.74　启用表面渲染选项

◆【实色】：使用 OpenGL 显卡上的 GPU 绘制没有阴影或反射的表面。

◆【光线跟踪】：使用 CPU 绘制具有阴影、反射和折射的模型效果，此时其右侧的【反射】、【折射】、【阴影】等选项处于激活状态，可以根据需要取消或选中这些选项，以确定是否需要渲染这些效果。

◆【未照亮的纹理】：选中此选项，PS 将渲染没有光照的表面，而不仅仅渲染选中的【纹理】下拉列表菜单中的纹理。

◆【平坦】：选择此选项，能够渲染出由四边形面片组成的模型外观。

◆【常数】：选择此选项后，可以通过单击右侧的【颜色】色块，在弹出的对话框中选择一种颜色，以将当前模型渲染成为实色填充平面效果，使用此选项，可以快速得到不同效果的 3D 物体插画效果，如图 12.75 所示。

图 12.75　不同状态的平面插画效果 3D 物体渲染结果

◆【正常】：以不同的 RGB 颜色显示模型表面标准的 X、Y 和 Z 维度。

◆【深度映射】：以灰度模式显示模型，图像中的明度反映 3D 物体的受光程度，如图 12.76 所示。

◆【绘画蒙版】：选择此选项，PS 在 3D 物体中将可绘制区域以白色显示，过度取样的区域以红色显示，取样不足的区域以蓝色显示，如图 12.77 所示。

选择【为最终输出渲染】选项，可以对已导出的视频动画，生成更平滑的阴影和逼真的颜色溢出效果。

<307>

图 12.76　深度映射渲染效果

图 12.77　绘画蒙版渲染效果

注　意

在此所指的颜色溢出是指 3D 物体受环境颜色影响后，使本身的颜色发生变化的情况。

选择【移去背面】选项，隐藏双面模型背面的表面，此选项对于 3D 物体有透明区域时的影响明显。

2. 启用线渲染选项

如果希望 3D 物体以线框的形式渲染出来，应该启用线渲染选项，设置【边缘样式】选项，此参数选项是表面渲染模式时最重要的选项，在其下拉列表菜单中可以选择下面的选项，如图 12.78 所示，以确定如何渲染 3D 物体。

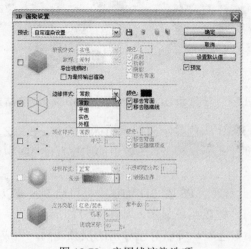

图 12.78　启用线渲染选项

<308>

由于此选项中的【常数】、【平滑】、【实色】和【外框】选项与前面所讲述过的同名选项意义相同，故不再重述。

◆ 【折痕阈值】参数决定了构成整个 3D 模型的线条的出现状态。当模型中的两个多边形在某个特定角度相接时，会形成一条折痕或线，如果边缘在小于【折痕阈值】设置（0°～180°）的某个角度相接，则 PS 会隐藏其形成的线，反之则会显示这条折痕或线，若此参数设置为 0，则显示整个线框。图 12.79 所示为此数值为 0 时的渲染效果，图 12.80 所示为此数值被设置为 5 时的渲染效果。

图 12.79　数值为 0 时的渲染效果　　　　　　图 12.80　数值为 5 时的渲染效果

◆ 【线段宽度】指定渲染时线条的宽度（以像素为单位）。

3. 启用顶点渲染选项

如果希望 3D 物体以点的形式渲染出来，应该启用顶点渲染选项，设置【顶点样式】选项，在其下拉列表菜单中可以选择下面的选项，如图 12.81 所示，以确定如何渲染 3D 物体。

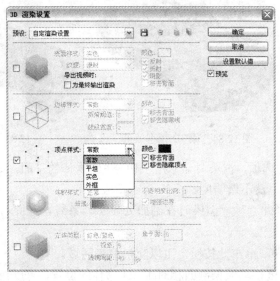

图 12.81　启用点渲染选项

由于此选项中的【常数】、【平滑】、【实色】和【外框】选项，与前面所讲述过的同名选项意义相同，故不再重述。

【半径】数值决定每个顶点的像素半径，图 12.82 所示为不同的数值取得的不同渲染效果。

<309>

图 12.82　不同的数值取得的不同渲染效果

12.8.3　渲染横截面效果

如果希望展示 3D 物体的结构，最好的方法是启用横截面渲染效果，在 3D 面板顶部，单击【场景】按钮 ，然后单击选中【横截面】选项，设置如图 12.83 所示的【横截面】渲染选项参数即可。

图 12.84 所示为原 3D 模型效果，图 12.85 所示为横截面渲染效果。

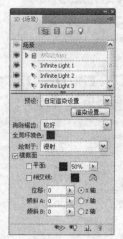

图 12.83　横截面渲染选项　　　图 12.84　原 3D 模型效果　　　图 12.85　横截面渲染效果

◆【平面】：选择此选项，渲染时显示用于切分 3D 物体的平面，如图 12.86 所示。在此右侧可以控制该平面的颜色及不透明度。

◆【相交线】：选择此选项，渲染时在剖面处显示一条线，在此右侧可以控制该平面的颜色，如图 12.87 所示。

◆ 交换渲染区域 ：单击此按钮，可以交换渲染区域。

◆【位移】：如果希望移动渲染剖面相对于 3D 物体的位置，可以在此参数右侧输入数值或拖动滑块条，图 12.88 为不同位移数值的不同渲染效果。

◆【倾斜】：如果希望以倾斜的角度渲染 3D 物体的剖面，可以控制【倾斜 A】及【倾斜 B】处的参数，图 12.89 为设置不同参数的不同渲染效果。

◆ 轴向：如果希望改变剖面的轴向，可以单击选择【X 轴】、【Y 轴】、【Z 轴】三个选项。

<310>

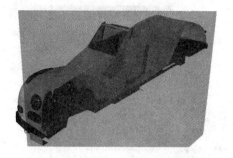

图 12.86　显示切分平面

图 12.87　显示白色的剖面线

图 12.88　不同位移数值的不同渲染效果

图 12.89　不同参数的不同渲染效果

12.9　栅格化三维模型

3D 图层是一类特殊的图层，在此类图层中无法进行绘画等编辑操作，因此如果要进行此类操作，必须将此类图层栅格化。

选择【图层】|【栅格化】|【3D】命令，或直接在此类图层中单击右键，在弹出的快捷菜单中选择【栅格化】命令，均可将此类图层栅格化。

12.10　3D 功能应用实例

下面通过一个简单的实例，展示如何修改导入到 Photoshop 中三维模型的贴图。

①选择【文件】|【打开】命令，打开随书所附光盘中的文件【d12z\12.10-素材.tif】。

②选择【3D】|【从 3D 文件新建图层】命令，弹出【打开】对话框，选择随书所附光盘中的文件【d12z\12.1.2-素材.3ds】，打开 3D 文件，图 12.90 为导入后的状态，图 12.91 为【图层】面板的状态。

<311>

图 12.90 打开三维模型后的状态

图 12.91 【图层】面板的状态

③选择【背景】图层，按 Ctrl+A 组合键全选图像，按 Ctrl+C 组合键拷贝图像，双击图层【12.1.2-素材】下面的名称为【56】的纹理通道。以打开此贴图的图像文件，在其中新建一个图层按 Ctrl+V 组合键粘贴，配合移动工具 调整图像至画布中心。

④按 Ctrl+S 组合键保存文件，按 Ctrl+W 组合键关闭文件，得到如图 12.92 所示的状态，可以看出来三维模型上的贴图已经发生了变化。

图 12.92 编辑图像后的状态

注意：下面我们将为此场景添加渐变平面，使其更真实、美观。

⑤新建一个图层得到【图层 1】，将其调整到【背景】图层的上面并隐藏【背景】图层，选择【图层 1】使用渐变工具 绘制一个渐变的背景，状态如图 12.93 所示。

⑥选择图层【12.1.2-素材】，选择多边套索工具 ，沿下面制作倒影的对象绘制选区，状态如图 12.94 所示，单击【创建新的填充或调整图层】按钮 ，在弹出的菜单选择【色阶】命令，在弹出的面板中相向拖动输出色阶渐变条上的黑白滑块，如图 12.95 所示，得到的效果如图 12.96 所示。

图 12.93 绘制渐变背景

图 12.94 绘制选区

<312>

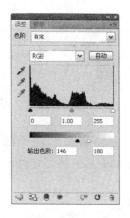

图 12.95 【色阶】调整面板

图 12.96 调整色阶的状态

⑦选择图层【12.1.2-素材】和【色阶 1】，按 Ctrl+G 组合键创建组，将其放在一个组内，得到【组 1】。

⑧单击【添加蒙版】按钮 为【组 1】添加蒙版，将前景色设置为黑色，使用画笔工具 ，在包装盒的倒影下部蒙版上涂抹，以制作出倒影渐隐的效果，如图 12.97 所示，图 12.98 为【图层】面板的状态。

图 12.97 最终的效果

图 12.98 【图层】面板

注 意

本例最终效果文件为随书所附光盘中的文件【d12z\13.10\13.10.psd】。

<313>

第13章 综合案例

在前面的 12 章中已经讲解了 Photoshop CS4 的基础知识，本章讲解了 10 个综合案例，每个案例都有不同的知识侧重点，希望读者在认真阅读【核心技能】后，练习这些案例，相信能够帮助读者融会贯通前面所学习的工具、命令与重要概念。

13.1 追击目标视觉表现

例前导读：

本例是以追击目标为主题的视觉表现作品。在制作的过程中，主要以处理人物身上的喷溅效果为核心。通过云彩图像的组合模拟一种云霄中的感觉，从人物造型的设定到背景图像的选择，均给人以梦幻、时尚前卫的视觉感受。

核心技能：

应用渐变填充图层的功能制作图像的渐变效果。

应用【亮度/对比度】命令调整图像的亮度及对比度。

应用【色彩平衡】命令调整图像的色彩。

应用【混合选项】命令调整图像的不透明度。

通过设置图层属性以融合图像。

应用【内阴影】命令，制作图像的阴影效果。

应用【颜色叠加】命令，改变图像的色彩。

应用添加图层蒙版的功能隐藏不需要的图像。

结合画笔工具 ✐ 及画笔素材制作特殊的图像效果。

应用【径向模糊】命令制作图像的模糊效果。

操作步骤：

按 Ctrl+N 组合键新建一个文件，设置弹出的对话框如图 13.1 所示，单击【确定】按钮退出对话框，以创建一个新的空白文件。

单击【创建新的填充或调整图层】按钮 ⬤，在弹出的菜单中选择【渐变】命令，设置弹出的对话框如图 13.2 所示，得到如图 13.3 所示的效果，同时得到图层【渐变填充 1】。

提 示 ▨▨

在【渐变填充】对话框中，渐变类型各色标值从左至右分别为【f7ad68、b27338 和 432719】。至此，背景图像已制作完成。下面来制作主题人物图像。

打开随书所附光盘中的文件【d13z\13.1\素材 1.psd】，使用移动工具 ▸⊹ 将其拖至刚才制作

<314>

的文件中，得到【图层 1】。按 Ctrl+T 组合键调出自由变换控制框，按 Shift 键向外拖动控制句柄以放大图像及移动位置，按 Enter 键确认操作，得到的效果如图 13.4 所示。

图 13.1　【新建】对话框　　　　　　　　　　　图 13.2　【渐变填充】对话框

选择【图层】|【新建调整图层】|【亮度/对比度】命令，在弹出的对话框中选中【使用前一图层创建剪贴蒙版】选项，单击【确定】按钮退出对话框，设置接下来弹出的面板如图 13.5 所示，得到如图 13.6 所示的效果，同时得到【亮度/对比度 1】。

图 13.3　渐变效果　　　　　图 13.4　调整图像　　　　图 13.5　【亮度/对比度】面板

按照上一步的操作方法创建【色彩平衡】调整图层，设置其面板如图 13.7 所示，得到如图 13.8 所示的效果，同时得到【色彩平衡 1】。

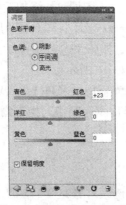

图 13.6　应用【亮度/对比度】后的效果　图 13.7　【色彩平衡】面板　图 13.8　应用【色彩平衡】后的效果

<315>

选择【图层 1】按 Shift 键选择【色彩平衡 1】以选中它们相连的图层，按 Ctrl+G 组合键执行【图层编组】操作，得到【组 1】，并将其重命名为【人物】。【图层】面板如图 13.9 所示。

提 示

为了方便图层的管理，笔者在此对制作人物的图层进行编组操作，在下面的操作中，笔者也对各部分进行了编组的操作，在步骤中不再叙述。至此，人物图像已制作完成。下面来制作画面中的云以及绳子图像。

选择【渐变填充 1】，打开随书所附光盘中的文件【d13z\13.1\素材 2.psd】，使用移动工具将其拖至刚制作的文件中，得到【图层 2】。应用自由变换控制框调整图像的大小、角度（逆时针旋转 90°）及位置，得到的效果如图 13.10 所示。

单击【添加图层样式】按钮 *fx.*，在弹出的菜单中选择【混合选项】命令，设置弹出的对话框如图 13.11 所示，得到如图 13.12 所示的效果。.

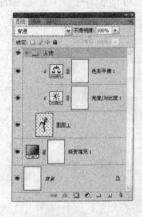  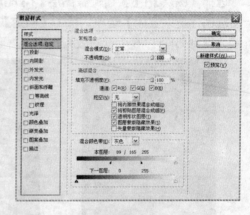

图 13.9　【图层】面板　　　图 13.10　调整图像　　　图 13.11　【混合选项】对话框

提 示

在【图层样式】对话框中下方的混合颜色带，只有按 Alt 键才能分开三角滑块。

单击【添加图层蒙版】按钮 为【图层 2】添加蒙版，设置前景色为黑色，选择画笔工具，在其工具选项条中设置适当的画笔大小及不透明度，在图层蒙版中进行涂抹，以将左右两侧的部分图像隐藏起来，直至得到如图 13.13 所示的效果。设置当前图层的混合模式为【滤色】，以提亮图像，得到的效果如图 13.14 所示。

根据前面所讲的，利用随书所附光盘中的文件【d13z\13.1\素材 3.psd】，结合混合选项、图层蒙版、混合模式，以及调整图层等功能，制作人物右侧的云彩图像，如图 13.15 所示。同时得到【图层 3】和【亮度/对比度 2】。

提 示

本步中关于混合选项，以及调整图层对话框中的参数设置请参考最终效果源文件。另外设置了【图层 3】的混合模式为【滤色】。此时，观看右侧的云彩效果偏亮，下面将利用编辑蒙版

<316>

的功能来解决这个问题。

图 13.12　应用【混合选项】后的效果　　图 13.13　添加蒙版后的效果　　图 13.14　设置混合模式后的效果

在【亮度/对比度 2】图层蒙版激活的状态下，设置前景色为黑色，选择画笔工具 ，在其工具选项条中设置适当的画笔大小及不透明度，在图层蒙版中进行涂抹，以将右侧偏亮的区域渐隐，得到的效果如图 13.16 所示。

选择【渐变填充 1】，利用随书所附光盘中的文件【d13z\13.1\素材 4.psd】，结合移动工具 ，以及【黑白】调整图层等功能，制作画面中的绳子图像，如图 13.17 所示。同时得到【图层 4】，以及【黑白 1】。

图 13.15　添加云彩效果　　　图 13.16　编辑蒙版后的效果　　　图 13.17　制作绳子图像

提 示

关于【黑白】对话框中的参数设置请参考最终效果源文件。下面来制作绳子的阴影效果。

选择【图层 4】，单击【添加图层样式】按钮 ，在弹出的菜单中选择【内阴影】命令，设置弹出的对话框如图 13.18 所示，得到如图 13.19 所示的效果。【图层】面板如图 13.20 所示。

<317>

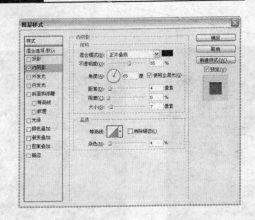

图 13.18　【内阴影】对话框　　　　　　图 13.19　添加图层样式后的效果

> 提示

至此，云及绳子图像已制作完成。下面来制作人物身上的喷溅效果。

选择组【人物】，利用随书所附光盘中的文件【d13z\13.1\素材 5.psd】，结合移动工具，以及图层样式等功能，制作人物右膝盖处的喷溅效果，如图 13.21 所示。同时得到【图层 5】。

> 提示

本步中关于【颜色叠加】对话框中的参数设置请参考最终效果源文件。在后面的操作中，会多次应用到图层样式的操作，笔者不再做相关参数的提示。

复制【图层 5】得到【图层 5 副本】，应用自由变换控制框调整图像的角度及位置，双击图层效果名称，在弹出的【颜色叠加】对话框中，更改颜色值得到的效果如图 13.22 所示。

图 13.20　【图层】面板　　　　图 13.21　制作喷溅效果　　　图 13.22　复制及调整图像

> 提示

本步中关于颜色值的更改请参考最终效果源文件。

<318>

选择组【人物】。利用随书所附光盘中的文件【d13z\13.1\素材 6.psd】，结合移动工具 、图层样式，以及图层蒙版等功能，制作右膝盖处的喷溅效果，如图 13.23 所示。同时得到【图层 6】。【图层】面板如图 13.24 所示。

提 示

下面结合选区，以及图层蒙版等功能，制作人物身上的喷溅效果。

选择【图层 1】，单击【添加图层蒙版】按钮 ，按 Ctrl 键单击【图层 5 副本】图层缩览图以载入其选区，选择任一选区工具并将光标移至选区内，调整选区的位置如图 13.25 所示。设置前景色为黑色，按 Alt+Delete 组合键以前景色填充选区，得到效果如图 13.26 所示。

图 13.23 制作喷溅效果

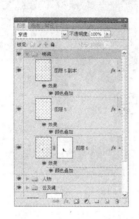

图 13.24 【图层】面板

图 13.25 调整选区

保持选区，按照上一步的操作方法多次移动选区的位置并填充黑色，按 Ctrl+D 组合键取消选区，得到的效果如图 13.27 所示。接着，按 Ctrl 键单击【图层 6】图层缩览图以载入其选区，调整选区的位置（人物的臀部）并填充黑色，取消选区后的效果如图 13.28 所示。

图 13.26 填充效果

图 13.27 多次填充后的效果

图 13.28 取消选区后的效果

接着，设置前景色为白色，选择画笔工具 ，在其工具选项条中设置适当的画笔大小及不透明度，在【图层 1】蒙版中进行涂抹，以将人物臀部左侧生硬的区域显示出来，直至得到类似如图 13.29 所示的效果。

<319>

提 示 ▓▓▓

此时，观看人物左手臂与绳子的交接处，手臂在绳子的上方，而我们想得到手臂穿过绳子的效果，就需要手臂在绳子的下方，下面将继续利用编辑蒙版的功能来解决这个问题。注意确定下面的操作是在【图层 1】蒙版中进行。

选择多边形套索工具 ，在人物的左手臂处绘制如图 13.30 所示的选区，设置前景色为黑色，按 Alt+Delete 组合键以前景色填充选区，取消选区后的效果如图 13.31 所示。此时蒙版中的状态如图 13.32 所示。

图 13.29　编辑蒙版后的效果

图 13.30　绘制选区

图 13.31　填充并取消选区后的效果

提 示 ▓▓▓

至此，人物身上的喷溅效果已制作完成。下面来制作人物身上的云彩及拖影图像。

选择画笔工具 ，按 F5 键调出【画笔】面板，单击其右上方的按钮，在弹出的菜单中选择【载入画笔】命令，在弹出的对话框中选择随书所附光盘中的文件【d13z\13.1\素材 7.abr】，单击【载入】按钮退出对话框。

选择组【喷溅】，新建【图层 7】，设置前景色为白色，选择上一步载入的画笔，在人物的左腿处进行涂抹，直至得到类似如图 13.33 所示的效果。

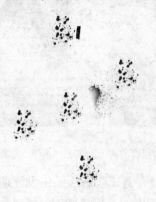
图 13.32　蒙版中的状态

图 13.33　涂抹效果 1

<320>

保持前景色不变，按照第 21 步～第 22 步的操作方法，载入随书所附光盘中的文件【d13z\13.1\素材 8.abr】，并应用载入的画笔在人物的右脚处单击，得到的效果如图 13.34 所示。同时得到【图层 8】。应用自由变换控制框调整图像的角度及位置，得到的效果如图 13.35 所示。

选择【滤镜】|【模糊】|【径向模糊】命令，设置弹出的对话框如图 13.36 所示，得到如图 3.37 所示的效果。复制【图层 8】得到【图层 8 副本】，使用移动工具 向上移动图像的位置，得到的效果如图 13.38 所示。

图 13.34 涂抹效果 2　　　　图 13.35 调整图像　　　　图 13.36 【径向模糊】对话框

图 13.37 径向模糊后的效果　　　　图 13.38 复制及移动位置

【提 示】

下面利用素材图像，制作人物周围的装饰图像，完成制作。

打开随书所附光盘中的文件【d13z\13.1\素材 9.psd】，如图 13.39 所示。使用移动工具 将其拖至刚制作的文件中，并分布在人物的周围，得到如图 13.40 所示的最终效果。【图层】面板如图 13.41 所示。

【提 示】

本步笔者是以组的形式给出的素材，由于其操作非常简单，在叙述上略显繁琐，读者可以

<321>

参考最终效果源文件进行参数设置，展开组即可观看到操作的过程。另外，组【装饰】中的【点画笔】可参考随书所附光盘中的文件【d13z\13.1\素材 10.abr】。在制作的过程中，还需要注意各个组的顺序。

本例最终效果文件为随书所附光盘中的文件【d13z\13.1\13.1.psd】。

图 13.39　素材图像

图 13.40　最终效果

图 13.41　【图层】面板

13.2　ROBIM 彩页视觉表现

例前导读：

本例画面颜色对比强烈，在画面分割上清晰独特。通过调色命令、图层混合模式、智能滤镜来处理文件背景，通过图层样式和图层蒙版来制作画面的分割效果，都是本例学习的重点。

核心技能：

应用调整图层的功能，调整图像的对比度、色彩等效果。

应用【盖印】命令合并可见图层中的图像。

利用【高斯模糊】命令模糊图像。

应用蒙版的功能隐藏不需要的图像。

通过添加图层样式，制作图像的渐变、描边等效果。

应用形状工具绘制形状。

操作步骤：

下面开始制作文件的背景，打开随书所附光盘中的文件【d13z\13.2\素材.tif】，如图 13.42 所示，作为【背景】图层。按 Ctrl+Shift+U 组合键应用【去色】命令，以去除图像的色彩，得到如图 13.43 所示的效果。

单击【创建新的填充或调整图层】按钮　，在弹出的菜单中选择【曲线】命令，设置弹出的面板如图 13.44 所示，调整图像对比度，得到如图 13.45 所示的效果，同时得到图层【曲线 1】。

单击【创建新的填充或调整图层】按钮　，在弹出的菜单中选择【通道混合器】命令，设置弹出的面板如图 13.46 和图 13.47 所示，将图像调整成蛋黄色，得到如图 13.48 所示的效

<322>

果，同时得到图层【通道混合器 1】。

图 13.42　素材图像

图 13.43　应用【去色】命令

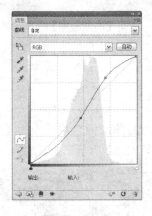

图 13.44　【曲线】面板

图 13.45　应用【曲线】命令后的效果

图 13.46　【红】通道

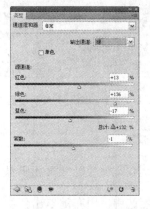

图 13.47　【绿】通道

提　示 ≫≫

下面为图像制作一种柔光效果。

按 Ctrl+Alt+Shift+E 组合键执行【盖印】操作，从而将当前所有可见的图像合并至一个新

<323>

图层中，并将其重命名为【图层 1】。

选择【滤镜】|【模糊】|【高斯模糊】命令，在弹出的对话框中设置【半径】数值为 3，得到如图 13.49 所示的效果。设置【图层 1】的混合模式为【变亮】，图层不透明度为 60%，得到如图 13.50 所示的柔光效果。

图 13.48　应用【通道混合器】命令后的效果　　　　图 13.49　应用【高斯模糊】命令后的效果

提　示

下面将要加深背景的颜色。

按 Ctrl+J 组合键复制【图层 1】得到【图层 1 副本】，将图层混合模式改为【颜色加深】，得到如图 13.51 所示的效果，此时的【图层】面板状态如图 13.52 所示。

图 13.50　设置【变亮】和图层不透明度后的效果　　　图 13.51　　修改图层混合模式后的效果

提　示

下面将要制作文件中的矩形图像效果。

将所有图层选中，用右键单击任意一个图层名称，在弹出的快捷菜单中选择【转换为智能对象】选项，从而将选中的图层转换成为智能对象图层，将得到的智能对象图层重命名为【图层 1】。

选中【图层 1】，选择【滤镜】|【模糊】|【高斯模糊】命令，在弹出的对话框中设置【半径】数值为 30，得到如图 13.53 所示的效果，此时的【图层】面板状态如图 13.54 所示。

按 Ctrl+J 组合键复制【图层 1】得到【图层 1 副本】，选择【图层 1】，【图层 1 副本】在下面的操作中将要用到，所以先隐藏【图层 1 副本】。

　　单击【图层 1】的智能滤镜蒙版缩览图，使用线性渐变工具，设置前景色为黑色，背景色的颜色值为 959595，并设置渐变类型为从前景色到背景色，按住 Shift 键从右至左绘制一条渐变将图像的模糊效果渐隐起来，得到如图 13.55 所示的效果，此时的图层蒙版如图 13.56 所示。

图 13.52　【图层】面板

图 13.53　应用【高斯模糊】命令后的效果

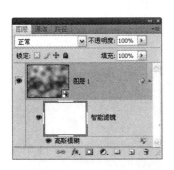

图 13.54　【图层】面板

图 13.55　应用滤镜蒙版后的效果

　　选择矩形选框工具，在文件下方绘制如图 13.57 所示的矩形，单击【添加到选区】按钮，继续在文件的左上角绘制两个矩形选区如图 13.58 所示。

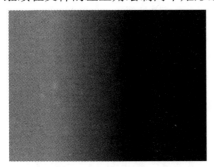

图 13.56　滤镜蒙版中的状态

图 13.57　绘制选区

　　单击【图层 1】的滤镜蒙版缩览图，设置前景色为白色，按 Alt+Delete 组合键填充前景色，得到如图 13.59 所示的矩形图像效果。

<325>

图 13.58　添加选区　　　　　　　　　图 13.59　在滤镜蒙版中填充白色后的效果

提　示

下面要调整整体图像和矩形图像的颜色。

切换到【通道】面板，单击【将选区储存为通道】按钮，得到【Alpha 1】，按 Ctrl+D 组合键取消选区。

切换到【图层】面板，单击【创建新的填充或调整图层】按钮，在弹出的菜单中选择【曲线】命令，设置弹出的【曲线】面板如图 13.60 所示，将图像颜色调深，得到如图 13.61 所示的效果，同时得到图层【曲线 1】。

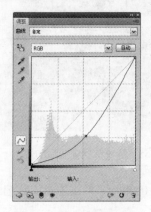 

图 13.60　【曲线】面板　　　　　　　　图 13.61　应用【曲线】命令后的效果

切换到【通道】面板，按 Ctrl 键单击【Alpha 1】载入其选区，切换到【图层】面板，单击【创建新的填充或调整图层】按钮，在弹出的菜单中选择【亮度/对比度】命令，设置弹出的面板如图 13.62 所示，降低矩形图像的亮度提高对比度，得到如图 13.63 所示的效果，同时得到图层【亮度/对比度 1】。

提　示

下面将要制作圆形图像效果。

选择椭圆工具，单击形状图层命令按钮，按住 Shift 键在文件左边绘制如图 13.64 所示的正圆，得到【形状 1】，设置【形状 1】的【填充】数值为 0%。

<326>

图 13.62 【亮度/对比度】面板　　　　图 13.63 应用【亮度/对比度】命令后的效果

单击【添加图层样式】按钮 *fx.*, 在弹出的菜单中选择【渐变叠加】命令，设置弹出的对话框如图 13.65 所示，然后在【图层样式】对话框中继续选择【描边】选项，设置其对话框如图 13.66 所示，得到如图 13.67 所示的效果。

提　示

设置【渐变叠加】对话框中渐变类型选择框的渐变类型为从黑到白。

图 13.64 绘制正圆

图 13.65 【渐变叠加】对话框

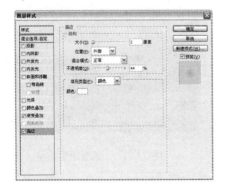

图 13.66 【描边】对话框

图 13.67 添加图层样式后的效果

<327>

单击【添加图层样式】按钮 _fx._，在弹出的菜单中选择【混合选项】命令，在弹出的对话框中，将图层混合选项中的【图层蒙版隐藏效果】选项勾选，单击【添加图层蒙版】按钮 ▣ 为【形状 1】添加蒙版，按 Ctrl 键单击【亮度/对比度 1】图层蒙版缩览图载入其选区，设置前景色为黑色，按 Alt+Delete 组合键填充前景色，按 Ctrl+D 组合键取消选区，将矩形图像上的圆形图层样式隐藏，得到如图 13.68 所示的效果。

提 示

勾选【图层蒙版隐藏效果】选项就可以用图层蒙版隐藏图层样式中的效果。

选择并显示【图层 1 副本】，按住 Alt 键将【形状 1】矢量蒙版缩览图拖动到【图层 1 副本】的图层名称上，复制【形状 1】的矢量蒙版，将【图层 1 副本】限定在圆形路径内，得到如图 13.69 所示的效果。

图 13.68　取消选区后的效果　　　　　　　图 13.69　复制矢量蒙版后的效果

单击【添加图层蒙版】按钮 ▣ 为【图层 1 副本】添加蒙版，按 Ctrl 键单击【亮度/对比度 1】图层蒙版缩览图载入其选区，设置前景色为黑色，按 Alt+Delete 组合键填充前景色，按 Ctrl+D 组合键取消选区，将矩形图像完全显示出来，得到如图 13.70 所示的效果。

选择矩形选框工具 ▢，在文件左边绘制如图 13.71 所示的矩形选区，设置前景色为黑色，按 Alt+Delete 组合键填充前景色，按 Ctrl+D 组合键取消选区，将【图层 1 副本】图像左边的半个圆隐藏，得到如图 13.72 所示的效果，此时的图层蒙版如图 13.73 所示。

图 13.70　添加蒙版后的效果　　　　　　　图 13.71　绘制矩形选区

单击【创建新的填充或调整图层】按钮 ◑.，在弹出的菜单中选择【色相/饱和度】命令，设置弹出的面板如图 13.74 所示，按 Ctrl+Alt+G 组合键执行【创建剪贴蒙版】操作，得到如图

13.75 所示的效果，同时得到图层【色相/饱和度 1】，此时的【图层】面板如图 13.76 所示。

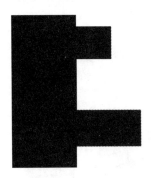

图 13.72 编辑蒙版后的效果 　　　　　　　　　　图 13.73 图层蒙版中的状态

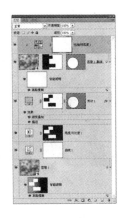

图 13.74 【色相/饱和度】面板　　图 13.75 应用【色相/饱和度】命令后的效果　　图 13.76 【图层】面板

提 示

下面制作矩形长条分割文件左边的图像。

选择矩形工具　，单击形状图层命令按钮，在文件上方绘制和最上方矩形图像高度相同的矩形形状如图 13.77 所示，得到【形状 2】，单击【添加图层样式】按钮 _fx_，在弹出的菜单中选择【渐变叠加】命令，设置弹出的对话框如图 13.78 所示，得到如图 13.79 所示的效果。

提 示

设置【渐变叠加】对话框中渐变类型选择框的渐变类型为从黑到白。

继续使用矩形工具　，在文件中绘制和下方两个矩形图像高度相同的两个矩形形状如图 13.80 所示，分别得到【形状 3】和【形状 4】。

用右键单击【形状 2】图层名称，在弹出的快捷菜单中选择【拷贝图层样式】选项，选择【形状 3】图层名称，单击右侧在弹出的下拉菜单中选择【粘贴图层样式】选项，再选择【形状 4】图层名称，单击右侧在弹出的下拉菜单中选择【粘贴图层样式】选项，得到如图 13.81 所示的效果。

图 13.77 绘制矩形

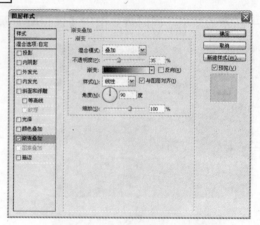

图 13.78 【渐变叠加】对话框

图 13.79 应用图层样式后的效果

图 13.80 绘制【形状 3】、【形状 4】

提 示

　　因为【形状 3】、【形状 4】的图层样式与【形状 2】是一样的，所以拷贝粘贴图层样式就可以了，不用再重新设置图层样式了。下面制作图像右边的矩形分割效果。

　　选择矩形工具，单击形状图层命令按钮，在文件右边绘制矩形形状如图 13.82 所示，得到【形状 5】，单击【添加图层样式】按钮 *fx*，单击【添加图层样式】按钮 *fx*，在弹出的菜单中选择【渐变叠加】命令，设置弹出的对话框如图 13.83 所示，然后在【图层样式】对话框中继续选择【描边】选项，设置其对话框如图 13.84 所示，得到如图 13.85 所示的效果。

图 13.81 【拷贝图层样式】后的效果

图 13.82 绘制矩形

<330>

提 示

设置【渐变叠加】对话框中渐变颜色为从 ffb136 到黑。

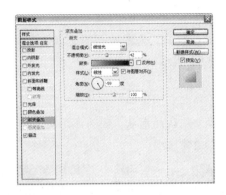
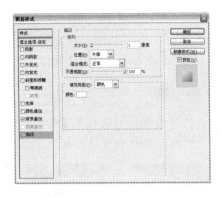

图 13.83 【渐变叠加】对话框　　　　　　　图 13.84 【描边】对话框

将图层混合选项中的【图层蒙版隐藏效果】选项勾选，单击【添加图层蒙版】按钮 为
【形状 5】添加蒙版，设置前景色为黑色，选择画笔工具 ，在其工具选项条中设置适当的
画笔大小及不透明度，在图层蒙版中进行涂抹，以将【形状 5】下方的图层样式隐藏起来，直
至得到如图 13.86 所示的效果，此时的图层蒙版如图 13.87 所示。

图 13.85 应用图层样式后的效果　　图 13.86 添加图层蒙版后的效果　　图 13.87 图层蒙版中的状态

选择矩形工具 ，单击形状图层命令按钮，在文件右边绘制矩形形状，得到【形状 6】，
用制作【形状 5】的方法制作【形状 6】得到如图 13.88 所示的效果，图 13.89 为放大效果，
此时的【图层】面板如图 13.90 所示。

图 13.88 添加图层蒙版后的效果　　　　　　图 13.89 放大效果

提 示

【形状 6】的制作方法和【形状 5】的制作方法大体相同，这里就不再重述了，具体设置可以参看源文件，下面将要制作图像的文字部分。

选择横排文字工具 T 结合自定形状工具 和图层样式，为图像添加文字效果，达到如图 13.91 所示的最终效果，此时的【图层】面板如图 13.92 所示。

提 示

图中的文字右侧的形状都是【自定形状】拾色器中默认的形状，因为添加文字的制作方法较为简单这里就不再详细叙述，具体的制作细节请参看源文件。

图 13.90 【图层】面板

图 13.91 最终效果

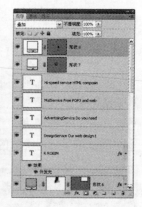

图 13.92 【图层】面板

提 示

本例最终效果文件为随书所附光盘中的文件【d13z\13.2\13.2.psd】。

13.3 超酷音乐海报设计

例前导读：
本范例中的学习重点是通过混合模式将图像混合叠加，从而产生不一样的效果，在制作很多特效图像时，混合模式的设置是尤为重要的技术，调整图层及图层蒙版的应用也是学习的重点。

核心技能：
通过设置图层属性以融合图像。
应用调整图层的功能，调整图像的色相、色彩等效果。
利用剪贴蒙版限制图像的显示范围。
通过转换模式得到所需要的图像效果。
应用添加图层蒙版的功能隐藏不需要的图像。

<332>

结合画笔工具  及画笔素材制作特殊的图像效果。

应用形状工具绘制形状。

操作步骤:

1. 按 Ctrl+N 组合键新建一个文件,设置弹出的【新建】对话框如图 13.93 所示,单击【确定】按钮退出对话框以创建一个空白文件。

> **提 示** ⟫⟫⟫

下面我们将利用混合模式将两张图像混合在一起从而组成一张全新的图像来做整幅作品的背景。

2. 打开随书所附光盘中的文件【d13z\13.3\素材 1.tif】,如图 13.94 所示。使用移动工具 ⊕ 将其移至第 1 步新建的文件当中,得到【图层 1】,将其重命名为【底纹 1】,按 Ctrl+T 组合键调出自由变换控制框,缩小图像并使其填满整个画布,按 Enter 键确认变换操作。

图 13.93　【新建】对话框

图 13.94　素材图像

3. 打开随书所附光盘中的文件【d13z\13.3\素材 2.tif】,如图 13.95 所示。重复上一步的操作方法,将图像移到第 1 步新建的文件当中去并通过变换使其填满整个画布,需要将图层名称重命名为【底纹 2】,设置【底纹 2】的混合模式为【正片叠底】,得到如图 13.96 所示的效果。

> **提 示** ⟫⟫⟫

下面我们将利用调整图层来制作高亮黑白效果。

4. 单击【创建新的填充或调整图层】按钮 ◔,在弹出的菜单中选择【色相/饱和度】命令,设置弹出的面板如图 13.97 所示,得到如图 13.98 所示的效果。同时得到图层【色相/饱和度 1】。

5. 单击【创建新的填充或调整图层】按钮 ◔,在弹出的菜单中选择【色阶】命令,设置弹出的面板如图 13.99 所示,得到如图 13.100 所示的效果。同时得到图层【色阶 1】。

6. 打开随书所附光盘中的文件【d13z\13.3\素材 3.psd】,如图 13.101 所示。使用移动工具 ⊕ 将其移至第 1 步新建的文件当中,得到【图层 1】,将其重命名为【女孩】,按 Ctrl+T 组合键调

<333>

出自由变换控制框，按住 Shift 键缩小图像并将其移至画布的中上方，如图 13.102 所示，按 Enter
键确认变换操作。

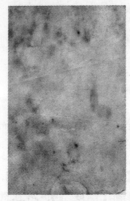
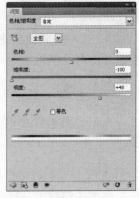

图 13.95　素材图像　　　图 13.96　设置混合模式后的效果　　图 13.97　【色相/饱和度】面板

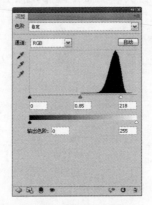

图 13.98　调色后的效果　　　图 13.99　【色阶】面板　　　图 13.100　应用【色阶】命令后的效果

7. 设置【女孩】的混合模式为【正片叠底】，得到如图 13.103 所示的效果。

图 13.101　素材图像　　　图 13.102　变换图像　　　图 13.103　设置混合模式后的效果

提　示

下面将通过使用调整图层来为人物制作高亮度的黑白效果。

<334>

8. 单击【创建新的填充或调整图层】按钮，在弹出的菜单中选择【色阶】命令，设置弹出的面板如图 13.104 所示，按 Ctrl+Alt+G 组合键应用【创建剪贴蒙版】命令，得到如图 13.105 所示的效果。同时得到图层【色阶 2】。

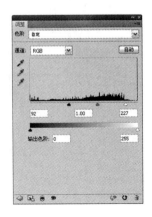

图 13.104　【色阶】面板　　　　　　　　图 13.105　应用【色阶】命令后的效果

9. 单击【创建新的填充或调整图层】按钮，在弹出的菜单中选择【通道混合器】命令，设置弹出的面板如图 13.106 所示，按 Ctrl+Alt+G 组合键应用【创建剪贴蒙版】命令，得到如图 13.107 所示的效果，得到图层【通道混合器 1】。【图层】面板的状态如图 13.108 所示。

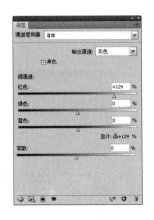

图 13.106【通道混合器】面板　　图 13.107　应用【通道混合器】命令后的效果　　图 13.108　　【图层】面板

提 示

注意上图在【通道混合器】对话框中选择了【单色】选项，下面将通过复制文件并设置图像的模式来制作人物的颗粒感，从而加强图像的效果。

10. 选择【图像】|【复制】命令以复制一个同样的新的文件，按住 Alt 键单击【女孩】图层的缩览图前面的小眼睛图标，以隐藏除【女孩】图层以外的所有图层，

11. 选择【图像】|【模式】|【灰度】命令，在弹出的对话框中直接单击【确定】按钮，此时图像的状态如图 13.109 所示，再选择【图像】|【模式】|【位图】命令，在弹出的对话框中

直接单击【确定】按钮并设置接下来弹出的【位图】对话框如图 13.110 所示，单击【确定】按钮，得到如图 13.111 所示的效果。

图 13.109　转换为【灰度】　　　　图 13.110　　【位图】对话框　　　　图 13.111　转换为【位图】
　　　　　　模式后的效果　　　　　　　　　　　　　　　　　　　　　　　　　　　　　　后的效果

　　12. 按 Ctrl+A 组合键执行【全选】操作，按 Ctrl+C 组合键执行【拷贝】操作，返回第 1 步新建的文件中，新建一个图层得到【图层 1】，将其拖至【通道混合器 1】的上方，按 Ctrl+Alt+G 组合键执行【创建剪贴蒙版】操作并将其重命名为【颗粒效果】，按 Ctrl+V 组合键执行【粘贴】操作，得到如图 13.112 所示的效果。

　　13. 设置【颗粒效果】的混合模式为【柔光】，得到如图 13.113 所示的效果，【图层】面板的状态如图 13.114 所示。

图 13.112　执行【创建剪贴蒙版】操作后的效果　图 13.113　设置混合模式后的效果　图 13.114　　【图层】面板

提　示

　　下面将给任务添加一个翅膀，使画面更加具有视觉冲击力。

　　14. 打开随书所附光盘中的文件【d13z\13.3\素材 4.psd】，如图 13.115 所示。使用移动工具将其移至第 1 步新建的文件当中，得到【图层 1】，将其重命名为【翅膀】，按 Ctrl+T 组合

<336>

键调出自由变换控制框，按住 Shift 键成比例缩小图像并顺时针旋转 7.2°，将其移到人物的上方至如图 13.116 所示的位置，按 Enter 键确认变换操作。

图 13.115 素材图像　　　　　　　　　　图 13.116 变换图像

15. 在选择【翅膀】的状态下按住 Ctrl 键单击【女孩】图层的缩览图以载入其选区，按住 Alt 键单击【添加图层蒙版】按钮  为【翅膀】图层添加蒙版，得到如图 13.117 所示的效果，图层蒙版的状态如图 13.118 所示。

图 13.117 添加图层蒙版后的效果　　　　　　图 13.118 图层蒙版的状态

提示

为了使【翅膀】更加具有印在画面中的感觉，我们将使用【阈值】调整图层来完成。

16. 单击【创建新的填充或调整图层】按钮 ，在弹出的菜单中选择【阈值】命令，在弹出的对话框中设置【阈值色阶】为 115，单击【确定】按钮退出对话框的同时得到图层【阈值 1】，按 Ctrl+Alt+G 组合键执行【创建剪贴蒙版】操作，得到如图 13.119 所示的效果，【图层】面板的状态如图 13.120 所示。

17. 设置【阈值 1】的【不透明度】为 30%，得到如图 13.121 所示的效果。

提示

下面将添加金属碎片效果，加强作品的视觉效果。

18. 打开随书所附光盘中的文件【d13z\13.3\素材 5.tif】，如图 13.122 所示。使用移动工具将其移至第 1 步新建的文件当中，得到【图层 1】，并将其重命名为【金属碎片】，按 Ctrl+T 组合键调出自由变换控制框，按住 Shift 键成比例缩小图像之后再逆时针旋转 35°，将其移至人物的上方的位置，如图 13.123 所示，按 Enter 键确认变换操作。

图 13.119 应用【阈值】命令后的效果

图 13.120 【图层】面板

图 13.121 设置不透明度后的效果

图 13.122 素材图像

19. 设置【金属碎片】图层的混合模式为【正片叠底】，得到如图 13.124 所示的效果。

图 13.123 变换图像

图 13.124 设置混合模式后的效果

20. 在选择【金属碎片】图层的情况下，按住 Ctrl 键单击【女孩】图层的缩览图以载入其选区，再按住 Ctrl+Shift 组合键单击【翅膀】图层的缩览图以添加其选区，按住 Alt 键单击【添加图层蒙版】按钮 为【金属碎片】添加图层蒙版，得到如图 13.125 所示的效果，图 13.126

<338>

为蒙版状态。

图 13.125　添加图层蒙版后的效果

图 13.126　图层蒙版的状态

21. 在【金属碎片】图层的图层蒙版被选择的状态下，设置前景色的颜色为黑色，选择画笔工具 ，并在其工具选项条中设置适当的画笔大小并设置【硬度】为 100%，按照如图 13.127 所示的效果将过长或影响美观的图像涂抹掉，图层蒙版的状态如图 13.128 所示。

图 13.127　编辑图层蒙版后的效果

图 13.128　图层蒙版的状态

提　示

我们下面将用【色相/饱和度】命令将【金属碎片】的颜色去掉。

22. 单击【创建新的填充或调整图层】按钮 ，在弹出的菜单中选择【色相/饱和度】命令，在弹出的对话框中设置【饱和度】为-90，单击【确定】按钮退出对话框的同时得到图层【色相/饱和度 2】，按 Ctrl+Alt+G 组合键执行【创建剪贴蒙版】操作，得到如图 13.129 所示的效果。

提　示

下面我们将使用画笔工具 来制作泼溅效果的墨点。

23. 新建一个图层并将该图层重命名为【墨点】，设置前景色的颜色为黑色，选择画笔工具 ，按 F5 键调出【画笔】面板，单击面板右上角的按钮，在弹出的菜单中选择【载入画笔】命令，载入随书所附的光盘中的画笔素材【d13z\13.3\素材 6.abr】，在人物上面单击，得到如图 13.130 所示的效果。

<339>

24. 重复第 20 步的操作方法，在选择【墨点】图层为当前操作状态的情况下载入【女孩】图层和【翅膀】图层的选区，并为【墨点】图层添加图层蒙版，得到如图 13.131 所示的效果，图层蒙版的状态如图 13.132 所示。

图 13.129　应用【色相/饱和度】命令后的效果

图 13.130　用画笔工具绘制的效果

图 13.131　添加图层蒙版后的效果

图 13.132　图层蒙版的状态

25. 依然保持对【墨点】图层的图层蒙版的操作状态，设置前景色的颜色为黑色，选择画笔工具 ✐ ，并在其工具选项条中设置适当的画笔大小，按照如图 13.133 所示的效果将【墨点】图层影响【金属碎片】图层的图像并将离主体图像过远的部位的图像涂抹掉，图层蒙版的状态如图 13.134 所示。

图 13.133　添加图层蒙版后的效果

图 13.134　图层蒙版的状态

下面将利用设置混合模式的方法来将墨点融入到画面当中，使墨点有被印入画面的效果。

<340>

26. 设置【墨点】图层的混合模式为【叠加】，复制【墨点】图层得到【墨点 副本】图层，设置【墨点 副本】图层的混合模式为【正常】，【不透明度】为 60%，得到如图 13.135 所示的效果，【图层】面板的状态如图 13.136 所示。

图 13.135　复制图层后的效果　　　　　图 13.136　【图层】面板

提　示

下面我们将利用形状工具以及路径运算命令来制作一组组合的形状，为图像来添加矢量的感觉，这幅作品的风格即矢量与图像结合的风格，这也是近来比较流行的风格。

27. 设置前景色的颜色为黑色，选择椭圆工具，并在其工具选项条中单击形状图层命令按钮，按住 Shift 键在人物的下方绘制一个如图 13.137 所示的正圆形状，得到【形状 1】。

28. 在对【形状 1】的矢量蒙版保持操作状态的情况下，依然使用椭圆工具并在工具选项条中单击【从形状区域减去】按钮，按住 Alt+Shift 组合键以圆形的圆心为基点绘制一个稍小一点的圆形将刚才绘制出的圆形减去，得到如图 13.138 所示的效果。

图 13.137　绘制正圆形状　　　　　图 13.138　从形状区域中减去后的效果

29. 再使用椭圆工具，在其工具选项条中单击【添加到形状区域】按钮，在椭圆的左上方按照如图 13.139 所示的效果绘制一个圆形，再重复上一步的操作绘制一个掏空的圆形，得到如图 13.140 所示的效果。

30. 明白了道理就可以按照如图 13.141 所示的流程图将矢量形状制作完成。

图 13.139　添加到形状区域后的效果　　　　图 13.140　再次运算路径

图 13.141　矢量形状制作流程图

提　示

图中的特殊形状是使用自定形状工具　　绘制的，它们都是 PS 中自带的形状，如果在默认情况下没有找到合适的形状，读者可以在画布中单击鼠标右键，在弹出的形状类型选择框中单击右上角的小三角按钮　，在菜单中选择【全部】选项，总可以找到合适的形状。

31. 下面我们再利用横排文字工具 T，按照如图 13.142 所示的效果在形状的旁边输入两个起着装饰效果的文字，并分别得到两个与文字内容相同的文字图层。

32. 同样是利用文字工具，在图像的下方按照如图 13.143 所示的效果及版式输入文字，再利用第 27 步～第 30 步中讲的形状的应用方法来制作一个如图 13.144 所示的装饰图案，【图层】面板的状态如图 13.145 所示。

图 13.142　输入文字 1　　　　　　图 13.143　输入文字 2

<342>

图 13.144　绘制形状　　　　　　　　　图 13.145　【图层】面板

33. 打开随书所附光盘中的文件【d13z\13.3\素材 7.psd】，如图 13.146 所示。按照如图 13.147 所示的效果将它应用到第 1 步打开的文件当中，将它们的图层名称命名为【cool 图形 1】和【cool 图形 2】，这幅作品就完成了，【图层】面板的状态如图 13.148 所示。

图 13.146　素材图像　　　　图 13.147　应用素材后的效果　　　图 13.148　【图层】面板的状态

提　示

本例最终效果文件为随书所附光盘中的文件【d13z\13.3\13.3.psd】。

13.4　足迹特效表现

例前导读：

本例特效的重点就是使用图层样式制作背景线条和玻璃质感的脚印。其中应用了图层样式中的大部分命令、图层蒙版、形状图层等。

核心技能：

应用渐变填充图层的功能制作图像的渐变效果。

使用形状工具绘制形状。

<343>

利用添加图层样式的功能制作图像的立体、渐变等效果。

应用添加图层蒙版的功能隐藏不需要的图像。

应用【盖印】命令合并可见图层中的图像。

利用【高斯模糊】命令制作图像的模糊效果。

通过设置图层属性以融合图像。

操作步骤：

1. 按 Ctrl+N 组合键新建一个文件，设置弹出的【新建】对话框如图 13.149 所示，单击【确定】按钮退出对话框，以创建一个新的空白文件。

提示

下面将要制作文件的背景渐变效果和背景中的线条。

2. 单击【创建新的填充或调整图层】按钮 ，在弹出的菜单中选择【渐变】命令，在弹出的对话框中，单击渐变类型选择框，调出【渐变编辑器】对话框，设置弹出的【渐变编辑器】对话框如图 13.150 所示，单击【确定】按钮返回到【渐变填充】对话框，如图 13.151 所示，单击【确定】按钮确定设置，得到【渐变填充 1】，其效果如图 13.152 所示。

图 13.149 【新建】对话框　　　图 13.150 【渐变编辑器】对话框　　　图 13.151 【渐变填充】对话框

提示

在【渐变编辑器】对话框中，其颜色块上的颜色值从左至右分别为 5e4108、935f0b 和 dfa245。

3. 选择钢笔工具 ，在工具选项条上选择形状图层命令按钮，设置前景色为白色，在文件的右侧和下方边缘绘制如图 13.153 所示的形状，得到【形状 1】。

4. 选择【形状 1】图层，设置图层【填充】数值为 0%，单击【添加图层样式】按钮 ，在弹出的菜单中选择【斜面和浮雕】命令，设置弹出的对话框如图 13.154 所示，然后在【图层样式】对话框中继续选择【渐变叠加】选项，设置其对话框如图 13.155 所示，得到如图 13.156 所示的效果。

提示

在【渐变叠加】对话框中单击渐变类型选择框，设置弹出的【渐变编辑器】对话框如图 13.157 所示，其颜色块上的颜色为从黑到白。

图 13.152　添加渐变后的效果

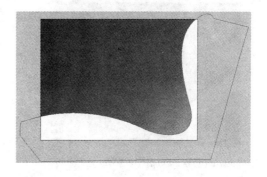

图 13.153　绘制形状

图 13.154　【斜面和浮雕】对话框

图 13.155　【渐变叠加】对话框

图 13.156　添加图层样式后的效果

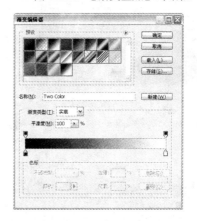

图 13.157　【渐变编辑器】对话框

5．单击【添加图层样式】按钮 $fx.$，在弹出的菜单中选择【混合选项】命令，在弹出的对话框中，将图层混合选项中的【图层蒙版隐藏效果】选项勾选，单击【添加图层蒙版】按钮 为【形状 1】添加蒙版，设置前景色为黑色，选择画笔工具 ，在其工具选项条中设置适当的画笔大小及不透明度，在图层蒙版中进行涂抹，以将右上方的图像隐藏起来，直至得到如图 13.158 所示的效果，此时图层蒙版中的状态如图 13.159 所示。

提示

勾选【图层蒙版隐藏效果】选项就可以用图层蒙版隐藏图层样式中的效果。

<345>

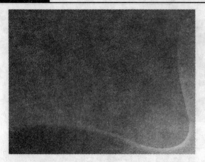

图 13.158　添加图层蒙版后的效果　　　　　　图 13.159　图层蒙版中的状态

6．选择钢笔工具 ，在工具选项条上选择形状图层命令按钮，设置前景色为白色，在文件中绘制如图 13.160 所示的形状，得到【形状 2】。

7．选择【形状 2】图层，用右键单击【形状 1】图层名称，在弹出的快捷菜单中选择【拷贝图层样式】命令，再选择【形状 2】图层名称，单击右侧在弹出的下拉菜单中选择【粘贴图层样式】命令，然后修改【斜面和浮雕】和【渐变叠加】中的参数如图 13.161 和图 13.162 所示，得到如图 13.163 所示的效果。

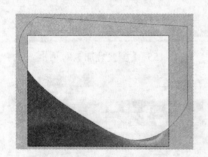

图 13.160　绘制形状

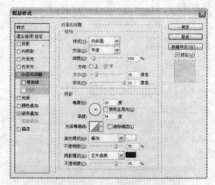

图 13.161　【斜面和浮雕】对话框

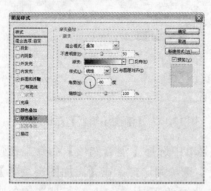

图 13.162　【渐变叠加】对话框

图 13.163　添加图层样式后的效果

8．单击【添加图层样式】按钮 ，在弹出的菜单中选择【混合选项】命令，在弹出的对话框中，将图层混合选项中的【图层蒙版隐藏效果】选项勾选，单击【添加图层蒙版】按钮 为【形状 2】添加蒙版，设置前景色为黑色，选择画笔工具 ，在其工具选项条中设置适当的画笔大小及不透明度，在图层蒙版中进行涂抹，以将右下方的图像隐藏起来，直至得到

<346>

如图 13.164 所示的效果，图 13.165 所示为蒙版状态。

图 13.164　添加图层蒙版后的效果

图 13.165　图层蒙版中的状态

提　示

按照上面所述的方法制作其他的线条效果如图 13.166 所示，得到相应的形状图层，因为方法上大体相同只是修改了其中的参数，所以这里就不再重述了，具体方法请参看源文件，此时的【图层】面板如图 13.167 所示。

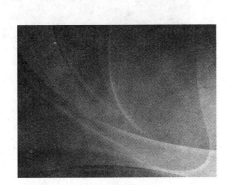

图 13.166　继续绘制其他线条效果

图 13.167　【图层】面板

提　示

下面将要对线条添加柔化效果。

9．按 Ctrl+Alt+Shift+E 组合键执行【盖印】操作，从而将当前所有可见的图像合并至一个新图层中，并将其重命名为【图层 1】。设置【图层 1】的混合模式为【叠加】，得到如图 13.168 所示的效果。

10．单击【添加图层蒙版】按钮 为【图层 1】添加蒙版，设置前景色为黑色，选择画笔工具，在其工具选项条中设置适当的画笔大小及不透明度，在图层蒙版中进行涂抹，以将叠加过强的地方隐藏起来，直至得到如图 13.169 所示的效果，图 13.170 为蒙版状态。

<347>

图 13.168　设置【叠加】后的效果

图 13.169　添加图层蒙版后的效果

11．将除【背景】图层以外的所有图层选中，用右键单击选中的任意一个图层名称，在弹出的快捷菜单中选择【转换为智能对象】选项，从而将选中的图层转换成为智能对象图层，得到智能对象【图层 1】。

12．选中【图层 1】，选择【滤镜】|【模糊】|【高斯模糊】命令，在弹出的对话框中设置【半径】数值为 2，得到如图 13.171 所示的效果，此时的【图层】面板状态如图 13.172 所示。

图 13.170　图层蒙版中的状态

图 13.171　应用【高斯模糊】后的效果

13．单击【图层 1】的滤镜蒙版缩览图，选择画笔工具 ，在其工具选项条中设置适当的画笔大小及不透明度，在图层蒙版中进行涂抹，以将图像右下方的模糊程度降低，直至得到如图 13.173 所示的效果。此时的滤镜蒙版中的状态如图 13.174 所示。

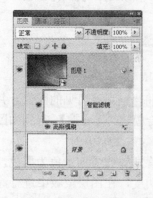

图 13.172　【图层】面板的状态

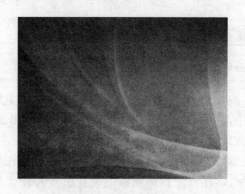

图 13.173　添加滤镜蒙版后的效果

<348>

提　示

下面将要制作脚印效果。

14. 打开随书所附光盘中的文件【d13z\13.4\素材.psd】，如图 13.175 所示。选择移动工具 ，将其拖入第 1 步新建的文件中，得到【形状 1】，将其移动到文件的左边如图 13.176 所示的位置。

图 13.174　滤镜蒙版中的状态

图 13.175　素材图像

15. 单击【添加图层样式】按钮 ，在弹出的菜单中选择【投影】命令，设置弹出的对话框如图 13.177 所示，然后在【图层样式】对话框中继续选择【内阴影】选项和【内发光】选项，分别设置其对话框如图 13.178 和图 13.179 所示，此时的效果如图 13.180 所示。

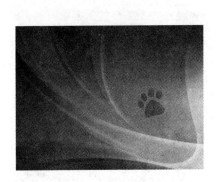

图 13.176　移动素材图像到文件中

图 13.177　【投影】对话框

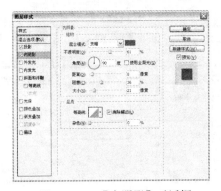

图 13.178　【内阴影】对话框

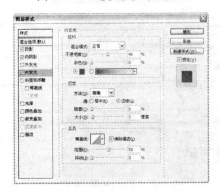

图 13.179　【内发光】对话框

提 示

内阴影的颜色值为 984610，内发光的颜色值为 8e411f。

16．然后继续选择【斜面和浮雕】选项、【等高线】选项和【光泽】选项，分别设置其对话框如图 13.181、图 13.182 和图 13.183 所示，此时的效果如图 13.184 所示。

提 示

【斜面和浮雕】选项中的阴影模式颜色值为 8e411f，图 13.185 为斜面和浮雕等高线设置，图 13.186 为光泽等高线设置。

图 13.180　添加图层样式后的效果

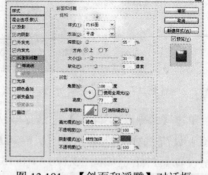

图 13.181　【斜面和浮雕】对话框

图 13.182　【等高线】对话框

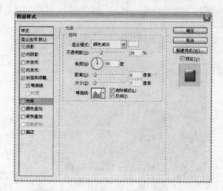

图 13.183　【光泽】对话框

图 13.184　添加图层样式后的效果

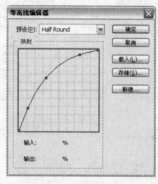

图 13.185　斜面和浮雕等高线

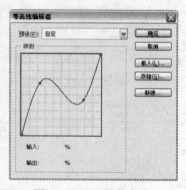

图 13.186　光泽等高线

<350>

17. 继续选择【颜色叠加】选项和【渐变叠加】选项，分别设置其对话框如图 13.187 和图 13.188 所示，得到如图 13.189 所示的最终图层样式效果。

颜色叠加的颜色值为 c3a335，在【渐变叠加】对话框中单击渐变类型选择框，设置弹出的【渐变编辑器】对话框如图 13.190 所示，其颜色块上的颜色值为从白到 e5701c，此时的【图层】面板如图 13.191 所示。

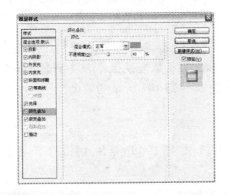 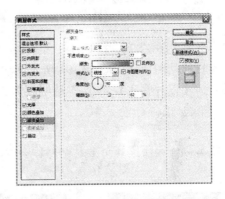

图 13.187　【颜色叠加】对话框　　　　　　图 13.188　【渐变叠加】对话框

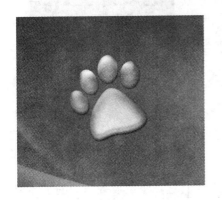 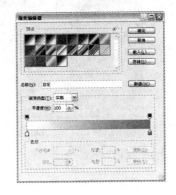 

图 13.189　添加图层样式后的效果　　图 13.190　【渐变编辑器】对话框　　图 13.191　【图层】面板

下面将要为脚印添加光泽。

18. 选择钢笔工具 ，在工具选项条上选择形状图层命令按钮，设置前景色为白色，在脚印图像上绘制如图 13.192 所示的形状，按 Ctrl 键单击【形状 1】图层蒙版缩览图载入其选区，单击【添加图层蒙版】按钮 为【形状 1】图层添加蒙版，将白色形状限定在脚印图像内。

19. 设置【形状 2】图层的混合模式为【叠加】，图层不透明度为 30%，得到如图 13.193 所示的效果。

20. 选中【形状 1】图层和【形状 2】图层，按 Ctrl+Alt+E 组合键执行【盖印】操作，从而将选中图层中的图像合并至一个新图层中，并将其重命名为【图层 2】。

图 13.192　绘制白色形状　　　　　　　图 13.193　设置图层属性后的效果

21. 选中【图层 2】，按 Ctrl+T 组合键调出自由变换控制框，按住 Shift 键将图像缩小，然后水平旋转移动图像到如图 13.194 所示的状态，按 Enter 键确认变换操作。设置【图层 2】的混合模式为【正片叠底】，图层不透明度为 50%，得到如图 13.195 所示的效果。

提　示

　　按照类似的方法继续向上复制制作脚印，直至达到如图 13.196 所示的效果，下面将要添加主题文字。

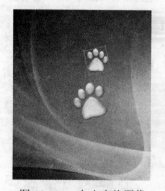

图 13.194　自由变换图像　　　图 13.195　设置图层属性后的效果　　　图 13.196　继续向上复制制作脚印

22. 选择横排文字工具 T.，设置前景色为白色，并在其工具选项条上设置适当的字体和字号，在最下方的脚印下方输入文字，得到相应的文字图层，其最终效果如图 13.197 所示，此时的【图层】面板如图 13.198 所示。

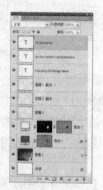

图 13.197　最终效果　　　　　　　图 13.198　【图层】面板

提 示

本例最终效果文件为随书所附光盘中的文件【d13z\13.4\13.4.psd】。

13.5 艺术之眼特效表现

例前导读:

本范例中眼球的制作是最大的亮点,通过绘制渐变并应用滤镜等操作制作一个逼真的眼球,智能对象的编辑也是读者需要学习的重点,希望读者能够把握住这一技术,在日后的设计中能够发挥重要的作用。

核心技能:

应用渐变工具 绘制渐变。

通过添加图层样式,制作图像的发光、投影等效果。

应用画笔工具 绘制图像。

应用【径向模糊】命令,以及【高斯模糊】命令制作图像的模糊效果。

通过设置图层属性以融合图像。

利用再次变换并复制的操作制作规则的图像。

应用【色相/饱和度】命令调整图像的色相及饱和度。

操作步骤:

第一部分 制作眼球即场景

1. 按 Ctrl+N 组合键新建一个文件,设置弹出的对话框如图 13.199 所示,单击【确定】按钮退出对话框以新建一个新的空白文件。

图 13.199 【新建】对话框

2. 选择线性渐变工具 ,单击渐变显示框,设置弹出的【渐变编辑器】对话框如图 13.200 所示,从画布的左上角向右下角绘制渐变,得到如图 13.201 所示的效果。

提 示

下面我们将利用椭圆选框工具 ,以及径向渐变工具 来制作眼球中的白色眼球。

<353>

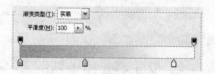

图 13.200 【渐变编辑器】对话框　　　　　图 13.201 填充渐变后的效果

3. 新建一个图层得到【图层 1】，将其重命名为【眼球】，选择椭圆选框工具 ⬭，绘制如图 13.202 所示的选区，再设置前景色为白色，背景色的颜色值为 808080，选择径向渐变工具 ▣，并设置渐变类型为从前景色至背景色，从选区的右上角至左下角绘制一条渐变，按 Ctrl+D 组合键取消选区，得到如图 13.203 所示的球体效果。

图 13.202 绘制正圆选区　　　　　　　图 13.203 绘制渐变后的效果

提　示

我们看到了眼球的边缘还过于单薄，没有球体的立体感，这样我们可以使用【内发光】来给图像的边缘补充一些颜色，使球体得到很好的立体感。

4. 单击【添加图层样式】按钮 fx.，在弹出的菜单中选择【内发光】命令，设置弹出的对话框如图 13.204 所示，得到如图 13.205 所示的效果。

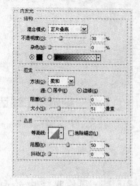

图 13.204 【内发光】对话框　　　　图 13.205 应用【内发光】命令后的效果

在【内发光】对话框中，色块的颜色值为 002937。我们下面将通过使用椭圆工具 ⬭ 来制作眼珠，眼珠是在眼球的一个平面上，所以我们直接用形状工具来制作就可以。

5．新建一个图层并将其重命名为【眼珠】，设置前景色值为 003e52，选择椭圆工具 ⬭ ，并在其工具选项条中单击【填充像素】按钮 ▣ ，按住 Shift 键绘制一个黑色正圆，并将其置于球体的中间处，如图 13.206 所示。

【眼珠】和【眼球】的结合过于生硬，不够真实，因此我们将使用【投影】命令来将【眼珠】和【眼球】的交接的位置柔和一下。

6．单击【添加图层样式】按钮 fx. ，在弹出的菜单中选择【投影】命令，设置弹出的对话框如图 13.207 所示，得到如图 13.208 所示的效果。

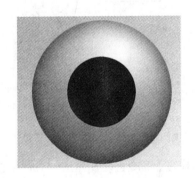

图 13.206　绘制正圆图形

图 13.207　【投影】对话框

在【投影】对话框中色块的颜色值为 024053。眼睛是需要有光才可以变得炯炯有神，我们下面将利用画笔工具 ✎ 来制作眼球上的反光效果。

7．新建一个图层并将其重命名为【反光】，选择画笔工具 ✎ ，并在文件中单击鼠标右键，在弹出的菜单中设置【硬度】数值为 100％，设置不同的【主直径】数值，在黑色正圆内单击，得到如图 13.209 所示的效果。设置【反光】的不透明度为 30％，得到如图 13.210 所示的效果。

下面是让这个眼球成为真正意义上的眼球最重要的一步，将通过使用滤镜中的命令来制作眼珠中的瞳孔。

<355>

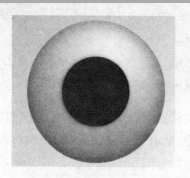

图 13.208 应用【投影】命令后的效果

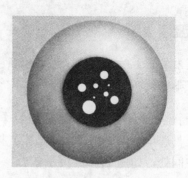

图 13.209 用画笔工具绘制后的效果

8. 复制【反光】图层得到【反光 副本】图层，将得到的图层重命名为【瞳孔】，并设置该图层的不透明度为 100%，按 Ctrl 键单击【图层 2】的图层缩览图以调出其选区，选择【滤镜】|【模糊】|【径向模糊】命令，设置弹出的对话框如图 13.211 所示，得到如图 13.212 所示的效果。

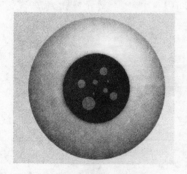

图 13.210 设置【不透明度】后的效果

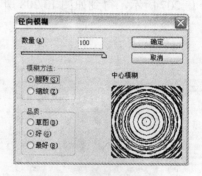

图 13.211 【径向模糊】对话框 1

9. 保持选区不变，选择【滤镜】|【模糊】|【径向模糊】命令，设置弹出的对话框如图 13.213 所示，得到如图 13.214 所示的效果。

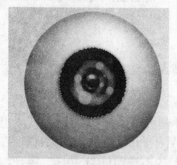

图 13.212 应用【径向模糊】命令后的效果 1

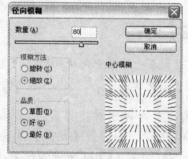

图 13.213 【径向模糊】对话框 2

10. 复制【反光】图层得到【反光 副本】图层，将【反光 副本】图层移至【瞳孔】图层的上方，选择【滤镜】|【模糊】|【径向模糊】命令，设置弹出的对话框如图 13.215 所示，得到如图 13.216 所示的效果。按 Ctrl+D 组合键取消选区，设置【反光 副本】图层的【不透明度】为 50%，得到如图 13.217 所示的效果。

<356>

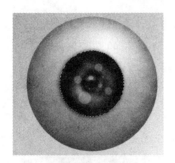

图 13.214 应用【径向模糊】命令后的效果 2

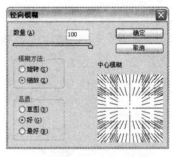

图 13.215 【径向模糊】对话框 3

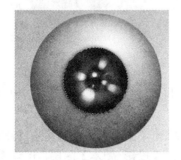

图 13.216 应用【径向模糊】命令后的效果 3

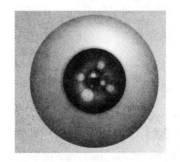

图 13.217 设置【不透明度】后的效果

11. 新建一个图层，将其重命名为【高光】，重复第 6 步的操作方法，用画笔工具 在眼球的右上角单击一下以得到高光效果，眼球的制作就完成了，效果如图 13.218 所示，【图层】面板的状态如图 13.219 所示。

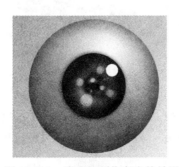

图 13.218 用画笔制作高光的效果

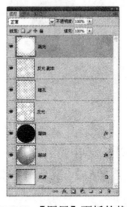

图 13.219 【图层】面板的状态

12. 按 Ctrl+Alt+A 组合键选中除【背景】层以外的所有图层，在被选中的任意一个层的图层名称上单击鼠标右键，在弹出的快捷菜单中选择【转换为智能对象】命令，这样图像就得到了一个智能对象图层，我们将其重命名为【眼球】，这样可以保证文件的可再编辑性。

13. 按 Ctrl+T 组合键调出自由变换控制框，按住 Shift 键成比例缩小图像并将图像移至画布的右侧，如图 13.220 所示，按 Enter 键确认变换操作。

提示 ▶▶▶

下面我们将利用选区工具来为眼球添加阴影，从而使整幅作品成为一个三维的场景。

<357>

14．新建一个图层，将图层重命名为【投影】后将其拖至【眼球】智能对象图层的下方，选择椭圆选框工具 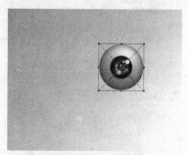，在圆的下方绘制一条如图 13.221 所示的椭圆形选区，按 Shift+F6 组合键执行【羽化】命令，在设置弹出的对话框中设置半径为 12 px。

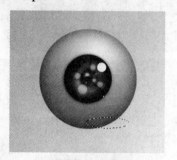

图 13.220　变换图像　　　　　　　　　　　　图 13.221　绘制选区

15．设置前景色的颜色为黑色，按 Alt+Delete 组合键用前景色填充选区，按 Ctrl+D 组合键取消选区，得到如图 13.222 所示的效果。

16．按 Ctrl+Alt+T 组合键调出自由变换并复制控制框，横向拖动控制框的句柄将投影至如图 13.223 所示的状态，按 Enter 键确认变换操作，得到【投影 副本】图层，设置【投影 副本】图层的【不透明度】为 55%，得到如图 13.224 所示的效果。

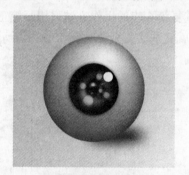

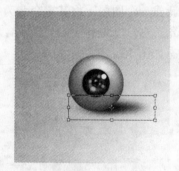

图 13.222　填充选区后的效果　　　　　　　　图 13.223　变换图像 1

17．再用同上一步相同的方法，用复制并变换控制框调整投影至如图 13.225 所示的状态，之后再改变【不透明度】，得到【投影 副本 2】图层，设置【不透明度】为 30%，得到如图 13.226 所示的效果。

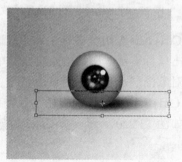

图 13.224　设置【不透明度】后的效果 1　　　　图 13.225　变换图像 2

<358>

18. 选择【投影 副本 2】图层为当前操作状态，再按住 Ctrl 键单击【投影】图层和【投影 副本】图层的图层名称以将其选中，重复第 11 步将【眼球】转换为智能对象图层的方法将阴影转换为智能对象并把智能对象图层命名为【投影】，此时【图层】面板的状态如图 13.227 所示。

图 13.226　设置【不透明度】后的效果 1　　　　图 13.227　【图层】面板

提 示

下面我们将通过调整投影的角度来改变场景地面的角度。

19. 保持对【投影】智能对象的选择状态下，按 Ctrl+T 组合键调出自由变换控制框，逆时针旋转 26.6° 并按照如图 13.228 所示移至眼球的下面，按 Enter 键确认变换操作。

提 示

下面我们将复制眼球的智能对象图层。

20. 在智能对象【眼球】的图层名称上单击鼠标右键，在弹出的菜单中选择【通过拷贝新建智能对象】命令，从而得到【眼球 副本】图层，双击该智能对象图层的缩览图以调出智能对象链接的文件，如图 13.229 所示，该文件中的图层和我们第 11 步选中的图层是一样的，【图层】面板如图 13.230 所示。

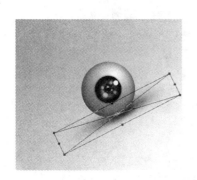

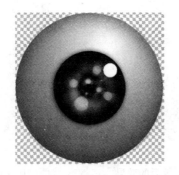

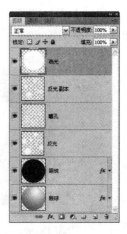

图 13.228　变换图像　　　图 13.229　智能对象链接文件的状态　　　图 13.230　【图层】面板

<359>

之所以用【通过拷贝新建智能对象】命令而不直接复制智能对象图层是因为如果直接复制【眼球】智能对象图层，被复制的图层将和复制得到的图层使用同一个链接的文件，即在复制的智能对象的链接文件中进行修改，同时也会影响被链接的被复制的智能对象图层。

21. 选择【眼珠】图层为当前操作状态，按住 Shift 键单击【高光】图层的缩览图以将该图层，以及两图层之间的所有图层选中，按 Ctrl+E 组合键执行合并图层操作，将得到的图层命名为【眼珠】。

22. 按 Ctrl+T 组合键调出自由变换控制框，在变换控制框中单击右键，在弹出的快捷菜单中选择【水平旋转】命令，再向变换控制框内部拖动控制句柄，以缩小图像，直至得到如图 13.231 所示的效果，再顺时针旋转 36°并放置眼球的左上角，如图 13.232 所示，按 Enter 键确认变换操作。

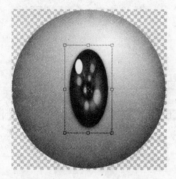
图 13.231　变换图像

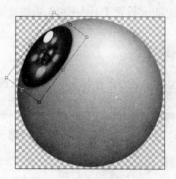
图 13.232　旋转图像

之所以水平旋转图像是为了当把眼珠挪到眼球的右上角时会使高光在图像的上方。

23. 按住 Ctrl 键单击【眼球】图层的缩览图以调出其选区，单击【添加图层蒙版】按钮 为【眼珠】添加蒙版，得到如图 13.233 所示的效果，按 Ctrl+S 组合键保存文件并关闭该文件，回到第 1 步建立的文件，此时图像的状态如图 13.234 所示。

图 13.233　添加图层蒙版后的效果

图 13.234　文件的状态

<360>

24. 将【眼球 副本】图层拖至【眼球】图层的下方，按 Ctrl+T 组合键调出自由变换控制框，按住 Shift 键等比例缩放图像，并将其向右上方移至如图 13.235 所示的位置，按 Enter 键确认变换操作。

提 示

　智能滤镜，即当为智能对象使用滤镜命令时，可以控制再编辑性，以及调整蒙版，这大大方便了从事平面设计人员工作的便捷程度。

25. 选择【滤镜】|【模糊】|【高斯模糊】命令，在设置弹出的对话框中设置【半径】为 4，单击【确定】按钮退出对话框，得到如图 13.236 所示的效果，此时【图层】面板如图 13.237 所示。

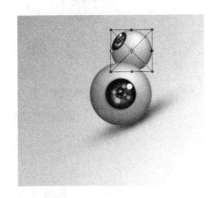

图 13.235　变换图像　　　　　　　　图 13.236　应用【高斯模糊】命令后的效果

提 示

　此时再单击【图层】面板下的【智能滤镜】的滤镜名称即可调出该滤镜的对话框并从中进行编辑。

26. 单击【创建新的填充或调整图层】按钮，在弹出的菜单中选择【色相/饱和度】命令，设置弹出的面板如图 13.238 所示，得到如图 13.239 所示的效果，同时得到图层【色相/饱和度 1】。

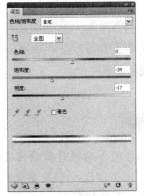

图 13.237　【图层】面板　　　　　　图 13.238　【色相/饱和度】面板

27．按住 Alt 键拖动【眼球 副本】图层的名称至【色相/饱和度 1】图层的上方，释放鼠标后得到【眼球 副本 2】图层。

28．对【眼球 副本 2】图层进行变换至如图 13.240 所示的状态后更改它的【智能滤镜】的值，再重复第 26 步的操作方法应用【色相/饱和度】命令，得到如图 13.241 所示的效果，再复制【投影】并变换缩小到两个小眼球的下面，得到如图 13.242 所示的效果，【图层】面板的状态如图 13.243 所示。

图 13.239　应用【色相/饱和度】命令后的效果

图 13.240　变换图像

图 13.241　应用【色相/饱和度】命令后的效果　图 13.242　制作其他眼球阴影　图 13.243　【图层】面板

第二部分　制作矢量的效果

1．选择【背景】图层为当前操作状态，设置前景色的颜色值为 909fb1，利用钢笔工具 ，以及矩形工具 等形状工具，按照如图 13.244 所示的形状在画布的右侧进行绘制，得到【形状 1】。

提　示

在绘制完一条闭合路径时需要单击【添加到形状区域】按钮 才能再绘制下一条路径，这时可以将所有路径放在一个矢量蒙版当中，当然要进行其他运算也可以按其他的按钮比如【从形状区域减去】按钮 。

<362>

2．和第 1 步的操作方法相同，设置前景色的颜色值为 6e7a8e，按照如图 13.245 所示的效果进行绘制，得到【形状 2】。

图 13.244　绘制形状 1

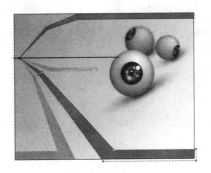

图 13.245　绘制形状 2

3．选择【形状 2】绘制的矢量蒙版为当前操作状态，选择自定形状工具，并在其工具选项条中单击【添加到形状区域】按钮，在画布中单击鼠标右键，在弹出的形状类型选择框中选择如图 13.246 所示的形状，在画布的下方绘制一条如图 13.247 所示的形状，配合自由变换控制框调整到如图 13.248 所示的状态。

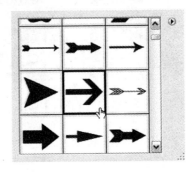

图 13.246　形状类型选择框

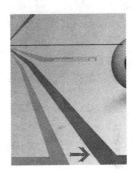

图 13.247　绘制箭头

提 示

如果读者没有在选择框中找到该形状，可单击选择框右侧的小三角按钮，在弹出的菜单中选择【全部】选项。

4．按 Ctrl+Alt+T 组合键调出自由变换并复制控制框，按住 Shift 键等比例缩放图像并向左上方移至如图 13.249 所示的位置，按 Enter 键确认变换操作，按 Alt+Ctrl+Shift+T 组合键 5 次执行再次变换并复制操作，得到如图 13.250 所示的效果。

5．最后再在浅颜色形状的右方输入如图 13.251 所示的形状即完成了这幅作品，【图层】面板的状态如图 13.252 所示。

提 示

本例最终效果文件为随书所附光盘中的文件【d13z\13.5\13.5.psd】。

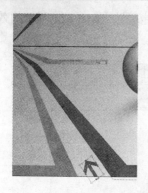

图 13.248　变换形状

图 13.249　变换复制形状

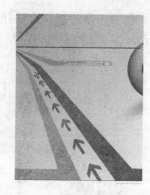

图 13.250　连续变换并复制后的效果

图 13.251　最终效果

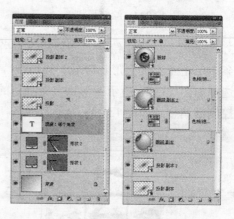

图 13.252　【图层】面板

13.6　心的魅力特效表现

例前导读：

本例是以心的魅力为主题的视觉表现作品。在制作的过程中，主要以处理心型的立体水晶效果为核心内容。缠绕心型的线条，以及左上方的烟雾效果也是本例的重点。另外，心型上面的蝴蝶及螵虫等图像也起着很好的美化效果。

核心技能：

结合路径及渐变填充图层的功能制作图像的渐变效果。

利用添加图层样式的功能制作图像的立体效果。

利用剪贴蒙版限制图像的显示范围。

使用钢笔工具 绘制形状。

应用添加图层蒙版的功能隐藏不需要的图像。

通过设置图层属性以融合图像。

结合路径及用画笔描边路径的功能制作线条效果。

应用【高斯模糊】及【径向模糊】命令制作图像的模糊效果。

结合画笔工具 及画笔素材制作特殊的图像效果。

操作步骤：

1. 按 Ctrl+N 组合键新建一个文件，设置弹出的对话框如图 13.253 所示，单击【确定】按钮退出对话框，以创建一个新的空白文件。

2. 单击【创建新的填充或调整图层】按钮，在弹出的菜单中选择【渐变】命令，设置弹出的对话框如图 13.254 所示，得到如图 13.255 所示的效果，同时得到图层【渐变填充 1】。

图 13.253 【新建】对话框

图 13.254 【渐变填充】对话框

提 示

在【渐变填充】对话框中，渐变类型为【从 7a7a7a 到 ffffff】。至此，背景图像已制作完成。下面来制作主题心型图像。

3. 选择钢笔工具，在工具选项条上选择路径按钮，在文件中绘制如图 13.256 所示的心型路径。单击【创建新的填充或调整图层】按钮，在弹出的菜单中选择【渐变】命令，设置弹出的对话框如图 13.257 所示，隐藏路径后的效果如图 13.258 所示，同时得到图层【渐变填充 2】。

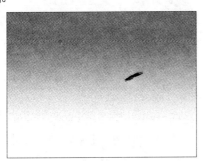

图 13.255 渐变效果

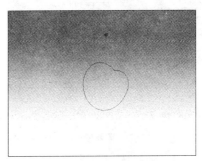

图 13.256 绘制路径

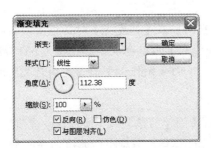

图 13.257 【渐变填充】对话框

图 13.258 渐变效果

<365>

在【渐变填充】对话框中，渐变类型为【从 f358c0 到 de0462】。

4．单击【添加图层样式】按钮 *fx.*，在弹出的菜单中选择【描边】命令，设置弹出的对话框如图 13.259 所示，然后在【图层样式】对话框中继续选择【投影】选项、【外发光】选项、【内发光】选项和【斜面和浮雕】选项，分别设置它们的对话框如图 13.260~图 13.263 所示，得到如图 13.264 所示的效果。

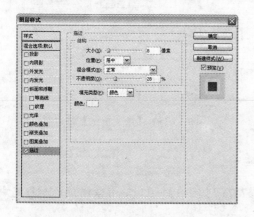

图 13.259 【描边】对话框

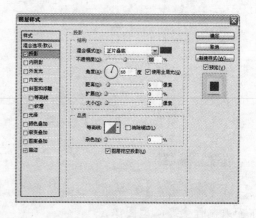

图 13.260 【投影】对话框

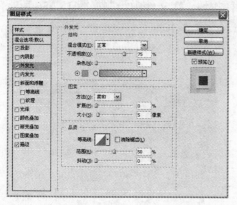

图 13.261 【外发光】对话框

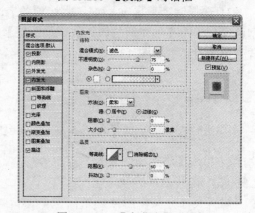

图 13.262 【内发光】对话框

在【投影】对话框中，颜色块的颜色值为 ce1787；在【外发光】对话框中，颜色块的颜色值为 ff8dc5；在【斜面和浮雕】对话框中，【阴影模式】后颜色块的颜色值为 e31777。

此时，观看心型图像的立体效果已略显出来，下面来制作心型面部的高光及阴影效果，增强立体感以模拟一种水晶效果。

5．新建【图层 1】，按 Ctrl+Alt+G 组合键执行【创建剪贴蒙版】操作，设置前景色为白色，选择画笔工具 ，并在其工具选项条中设置适当的画笔大小及不透明度，在心型的右上方进

<366>

行涂抹，直至得到类似如图 13.265 所示的效果。

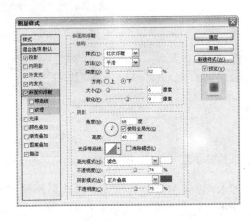

图 13.263　【斜面和浮雕】对话框　　　　　图 13.264　添加图层样式后的效果

6．设置前景色为白色，选择钢笔工具 ，在工具选项条上选择形状图层按钮，在心型图像上面绘制如图 13.266 所示的形状，得到【形状 1】。设置此图层的混合模式为【叠加】，不透明度为 85%，以融合图像，得到的效果如图 13.267 所示。

图 13.265　涂抹效果　　　　　图 13.266　绘制形状　　　　　图 13.267　设置图层属性后的效果

7．单击【添加图层蒙版】按钮 为【形状 1】添加蒙版，设置前景色为黑色，选择画笔工具 ，在其工具选项条中设置适当的画笔大小及不透明度，在图层蒙版中进行涂抹，以将左侧偏下大部分图像隐藏起来，直至得到如图 13.268 所示的效果，此时蒙版中的状态如图 13.269 所示。

8．根据前面所讲的，结合路径及渐变填充、图层蒙版，以及图层属性等功能，完善心型上面的高光及阴影效果，如图 13.270 所示。同时得到【渐变填充 3】图层~【渐变填充 5】图层。【图层】面板如图 13.271 所示。

提 示

本步中关于【渐变填充】对话框中的参数设置请参考最终效果源文件。在下面的操作中，会多次应用到渐变填充图层的操作，笔者不再做相关参数的提示。

在制作的过程中，还设置了【渐变填充 5】的混合模式为【柔光】，不透明度为 80%。至此，心型的水晶效果已制作完成，下面来制作心型的投影效果。

<367>

图 13.268　添加蒙版后的效果　　　图 13.269　蒙版中的状态　　　图 13.270　制作高光及阴影效果

9．选择【渐变填充 1】图层，新建【图层 2】，设置前景色为 ff5ba9，选择画笔工具 ，在其工具选项条中设置适当的画笔大小及不透明度，在心形的底部进行涂抹，直至得到类似如图 13.272 所示的效果。

10．选择【图层 2】按 Shift 键选择【渐变填充 5】以选中它们相连的图层，按 Ctrl+G 组合键执行【图层编组】操作，得到【组 1】，并将其重命名为【心型】。

为了方便图层的管理，笔者在此对制作心型的图层进行编组操作，在下面的操作中，笔者也对各部分进行了编组的操作，在步骤中不再叙述。下面来制作缠绕心型的线条图像。

11．选择钢笔工具 ，在工具选项条上选择路径按钮，在心型图像上面绘制如图 13.273 所示的路径。

图 13.271　【图层】面板　　　　图 13.272　涂抹效果　　　　图 13.273　绘制路径

12．选择组【心型】，新建【图层 3】，设置前景色为白色，选择画笔工具 ，并在其工具选项条中设置画笔为【尖角 1 像素】，不透明度为 100%，切换至【路径】面板，单击【用画笔描边路径】按钮 。隐藏路径后的效果如图 13.274 所示。

13．切换回【图层】面板，单击【添加图层蒙版】按钮 为【图层 3】添加蒙版，设置前景色为黑色，选择画笔工具 ，在其工具选项条中设置适当的画笔大小及不透明度，在图层蒙版中进行涂抹，以将两端的图像渐隐，直至得到如图 13.275 所示的效果。

<368>

14. 按照第 11 步~第 13 步的操作方法，结合路径及用画笔描边路径，以及图层蒙版等功能，制作其他线条图像，如图 13.276 所示。同时得到【图层 4】图层~【图层 6】图层。

图 13.274 描边效果 　图 13.275 添加蒙版后的效果 　图 13.276 制作其他线条图像

提示

本步所绘制的路径可参考【路径】面板中的【路径 5】~【路径 7】；另外，对于线条的粗细可适当地调整画笔的大小。下面来制作线条图像的发光效果以及投影效果。

15. 选择【图层 3】图层，单击【添加图层样式】按钮 **fx.**，在弹出的菜单中选择【外发光】命令，然后在弹出的对话框进行适当的参数设置，得到的效果如图 13.277 所示。

提示

本步中关于【外发光】对话框中的参数设置请参考最终效果源文件。

16. 按住 Alt 键将【图层 3】图层样式依次拖至【图层 4】图层~【图层 6】图层上以复制图层样式，得到的效果如图 13.278 所示。

17. 选择钢笔工具 ，在工具选项条上选择路径按钮，以及【添加到路径区域】按钮 ，根据白色线条的轮廓绘制路径，如图 13.279 所示。

图 13.277 发光效果 　图 13.278 整体线条的发光效果 　图 13.279 绘制路径

18. 选择组【心型】，新建【图层 7】图层。设置前景色为黑色，选择画笔工具 ，并在其工具选项条中设置画笔为【柔角 10 像素】，不透明度为 100%。切换至【路径】面板，按 Alt 键单击【用画笔描边路径】按钮 。在弹出的对话框中将【模拟压力】复选框选中，隐藏路

<369>

径后的效果如图 13.280 所示。切换回【图层】面板。

【提 示】

选中【模拟压力】选项的目的就在于，让描边路径后得到的线条图像具有两端细中间粗的效果。但需要注意的是，此时必须在【画笔】面板的【形状动态】区域中，设置【大小抖动】下方【控制】下拉菜单中的选项为【钢笔压力】，否则将无法得到这样的效果。

19. 选择【滤镜】|【模糊】|【高斯模糊】命令，在弹出的对话框中设置【半径】数值为 4.6，得到如图 13.281 所示的效果。

20. 单击【添加图层蒙版】按钮 为【图层 7】添加蒙版，设置前景色为黑色，选择画笔工具 ，在其工具选项条中设置适当的画笔大小及不透明度，在图层蒙版中进行涂抹，以将部分图像隐藏起来，直至得到如图 13.282 所示的效果。设置当前图层的不透明度为 10%，以降低图像的不透明度，【图层】面板如图 13.283 所示。

图 13.280　描边效果　　　　图 13.281　模糊后的效果　　　图 13.282　添加蒙版后的效果

【提 示】

至此，线条图像已制作完成。下面来制作心型左上方的烟图像。

21. 选择组【线条】，结合路径及渐变填充图层，图层蒙版，以及图层属性等功能，制作心型左上方的粉红色渐变效果，如图 13.284 所示。此时【图层】面板如图 13.285 所示。

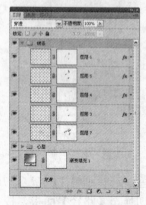

图 13.283　【图层】面板 1　　　图 13.284　制作渐变效果　　　图 13.285　【图层】面板 2

<370>

本步中设置了【渐变填充 6】图层~【渐变填充 8】图层的混合模式为【叠加】。

22. 再次结合路径及渐变填充图层的功能，添加粉红色渐变效果，如图 13.286 所示。同时得到【渐变填充 9】图层~【渐变填充 12】图层。图 13.287 为单独显示本步及【背景】图层时的图像状态。

23. 选择【渐变填充 9】图层，在此图层的名称上单击右键，在弹出的菜单中选择【转换为智能对象】命令，从而将其转换成为智能对象图层。

转换成智能对象图层的目的是，在后面将对【渐变填充 9】图层中的图像执行滤镜操作，而智能对象图层则可以记录下所有的参数设置，以便于我们进行反复的调整。

24. 选择【滤镜】|【模糊】|【径向模糊】命令，设置弹出的对话框如图 13.288 所示，得到如图 13.289 所示的效果。

图 13.286　制作粉红色效果　　图 13.287　单独显示图像状态　　图 13.288　【径向模糊】对话框

25. 按照第 23 步的操作方法，将【渐变填充 10】图层~【渐变填充 12】图层转换为智能对象图层，按 Alt 键将【渐变填充 9】图层的滤镜效果依次拖至【渐变填充 10】图层~【渐变填充 12】图层上以复制滤镜效果，得到的效果如图 13.290 所示。

下面结合画笔工具，以及混合模式的功能制作朦胧的烟效果。

26. 选择组【线条】，新建【图层 8】，设置前景色为 ffddf1，选择画笔工具，在其工具选项条中设置适当的画笔大小及不透明度，在心型的左上方进行涂抹，直至得到如图 13.291 所示的效果。设置此图层的混合模式为【强光】，以提亮图像。【图层】面板如图 13.292 所示。

至此，烟图像已制作完成。下面来制作画面中的装饰图像，完成制作。

<371>

图 13.289　模糊后的效果

图 13.290　复制滤镜后的效果

图 13.291　涂抹效果

27．选择画笔工具 ，按 F5 键调出【画笔】面板，单击其右上方的按钮，在弹出的菜单中选择【载入画笔】命令，在弹出的对话框中选择随书所附光盘中的文件【d13z\13.6\素材 1.abr】，单击【载入】按钮退出对话框。

28．选择组【烟】，新建【图层 9】，设置前景色为白色，选择上一步载入的画笔，在心型的左上方进行涂抹，直至得到类似如图 13.293 所示的效果。

提　示

在涂抹的过程中，要随时调整画笔的大小以得到所需要的图像效果。

29．选择【渐变填充 1】图层，按照第 27 步~第 28 步的操作方法，载入随书所附光盘中的文件【d13z\13.6\素材 2.abr】，新建【图层 10】图层，设置前景色为 f27fc2，使用刚载入的画笔在心型的左上方进行涂抹，直至得到类似如图 13.294 所示的效果。

提　示

由于本书是黑白印刷，而本步得到的效果限于色彩显示的原因，而导致效果不是很明显，但此效果在整个画面中又起到美化作用，读者可以打开最终效果源文件观看效果图。

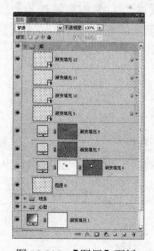
图 13.292　【图层】面板

图 13.293　涂抹效果 1

图 13.294　涂抹效果 2

<372>

30. 打开随书所附光盘中的文件【d13z\13.6\素材 3.psd】，使用移动工具 将其拖至刚制作的文件中，并使其分布在心型的上方及下方，如图 13.295 所示。【图层】面板如图 13.296 所示。

图 13.295 最终效果

图 13.296 【图层】面板

提 示

在制作的过程中，还需要注意各个图层间的顺序。其中文字图像是以组的形式给出的，由于其操作非常简单，在叙述上略显繁琐，读者可以参考最终效果源文件进行参数设置，展开组即可观看到操作的过程。

本例最终效果文件为随书所附光盘中的文件【d13z\13.6\13.6.psd】。

13.7 【迎春】酒广告设计

例前导读：

本例是以【迎春】酒为主题的广告设计作品。在制作的过程中，以民间古典风格与现代风格的混合，深入剖析了该酒的特点并结合文字得以体现。

核心技能：

通过设置图层属性以融合图像。
应用颜色填充图层的功能制作调整图像的色彩。
利用剪贴蒙版限制图像的显示范围。
结合通道，以及调整命令创建特殊的选区。
应用渐变填充图层的功能制作图像的渐变效果。

操作步骤：

1. 按 Ctrl+N 组合键新建一个文件，设置弹出的对话框如图 13.297 所示，设置前景色的颜色值为 f1d085，按 Alt+Delete 组合键用前景色填充【背景】图层。

2. 打开随书所附光盘中的文件【d13z\13.7\素材 1.tif】，如图 13.298 所示，使用移动工具将其拖至第 1 步新建的文件中，得到一个新的图层为【图层 1】。

图 13.297　【新建】对话框　　　　　　　　　　　图 13.298　素材图像

3．按 Ctrl+T 组合键调出自由变换控制框，按住 Shfit 键拖动自由变换控制句柄以缩小图像至当前画布大小，按 Enter 键确认变换操作。并设置其图层混合模式为【正片叠底】，不透明度为 5%，得到如图 13.299 所示的效果。

提　示

在这里设置图层混合模式和不透明度是为了使素材图像与景融合。

4．打开随书所附光盘中的文件【d13z\13.7\素材 2.psd】，如图 13.300 所示，使用移动工具 将其拖至第 1 步新建的文件中，得到一个新的图层为【图层 2】。

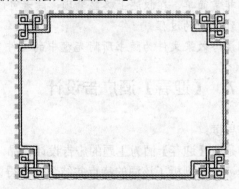

图 13.299　设置混合模式后的效果　　　　　　　　　图 13.300　素材图像

5．按 Ctrl+T 组合键调出自由变换控制框，按住 Shfit 键拖动自由变换控制句柄以缩小图像，按 Enter 键确认变换操作，并使用移动工具 将其置于如图 13.301 所示的位置。

6．单击【创建新的填充或调整图层】按钮 ，在弹出的菜单中选择【纯色】命令，在弹出的对话框中设置其颜色值为 ea7f0c，按 Ctrl+Alt+G 组合键执行【创建剪贴蒙版】操作，得到如图 13.302 所示的效果。

7．选择【图层 2】图层，使用魔棒工具 ，并在其工具选项条中单击连续的选项框以将其选取，在图像的中间单击以得到其选区，如图 13.303 所示。

8．在所有图层上方新建一个图层得到【图层 3】，设置前景色的颜色值为白色，按 Alt+Delete 组合键用前景色填充选区，按 Ctrl+D 组合键取消选区，得到如图 13.304 所示的效果。

<374>

9. 打开随书所附光盘中的文件【d13z\13.7\素材 3.tif】，如图 13.305 所示，使用移动工具 ，将其拖至第 1 步新建的文件中，得到一个新的图层为【图层 4】。

图 13.301 调整后的效果

图 13.302 执行【创建剪贴蒙版操作】后的效果

图 13.303 选区状态

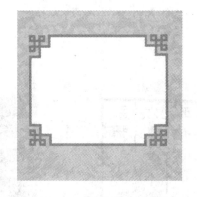

图 13.304 填充后的效果

10. 按 Ctrl+T 组合键调出自由变换控制框，按住 Shfit 键拖动自由变换控制句柄以缩小图像，按 Enter 键确认变换操作，并使用移动工具 将其置于如图 13.306 所示的位置。

图 13.305 素材图像

图 13.306 调整后的效果

11. 按 Ctrl+Alt+G 组合键执行【创建剪贴蒙版】操作，得到如图 13.307 所示的效果。分别打开随书所附光盘中的文件【d13z\13.7\素材 4.psd】、【d13z\13.7\素材 5.psd】和【d13z\13.7\素材 6.psd】，如图 13.308、图 13.309 和图 13.310 所示，并按照第 9 步~第 10 步的操作方法将

<375>

其拖至第 1 步新建的文件中，并调整好其位置及大小，得到如图 13.311 所示的效果，此时的【图层】面板如图 13.312 所示。

图 13.307　执行【创建剪贴蒙版】
　　　　　操作后的效果

图 13.308　素材图像

图 13.309　另一幅素材

图 13.310　素材图像

图 13.311　调整后的效果

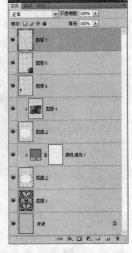

图 13.312　【图层】面板

12．选择【图层 4】图层，切换至【通道】面板并选择【绿】通道，使用矩形选框工具，绘制一个选区以将文字选取，按 Ctrl+C 组合键执行【拷贝】操作。

13．新建一个【通道】得到 Alpha 1，按 Ctrl+V 组合键执行【粘贴】操作，按 Ctrl+T 组合键调出自由变换控制句柄，按住 Shift 键拖动自由变换控制框以放大图像，按 Enter 键确认变换操作，按 Ctrl+D 组合键取消选区，得到如图 13.313 所示的效果。

提　示

在这里拷贝并放大图像主要是为了在接下来的步骤中将文字选择出来。

14．按 Ctrl+L 组合键应用【色阶】命令，设置弹出的对话框如图 13.314 所示，得到如图 13.315 所示的效果。

15．设置前景色的颜色值为黑色，选择画笔工具，并在其工具选项条中设置适当的画笔大小，在字以外的图像上涂抹以将其隐藏，得到如图 13.316 所示的效果。

<376>

16. 按 Ctrl+L 组合键应用【色阶】命令，设置弹出的对话框如图 13.317 所示，得到如图 13.318 所示的效果。

图 13.313 调整后的效果

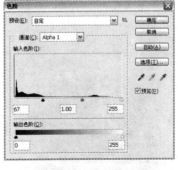

图 13.314 【色阶】对话框

图 13.315 应用【色阶】命令后的效果

图 13.316 涂抹后的效果

图 13.317 【色阶】对话框

图 13.318 应用【色阶】命令后的效果

17. 按住 Ctrl 键单击 Alpha 1 的图层缩览图以载入其选区，返回至【图层】面板在所有图层上方新建一个图层得到【图层 8】，设置前景色的颜色为白色，按 Alt+Delete 组合键用前景色填充选区，按 Ctrl+D 组合键取消选区，得到如图 13.319 所示的效果。

18. 使用移动工具 将其置于图像的左上角，得到如图 13.320 所示的效果，使用套索工具 ，绘制一个如图 13.321 所示的选区以将【春】字选取出来，使用移动工具 将其拖至如图 13.322 所示的位置，按 Ctrl+D 组合键取消选区。

<377>

19．单击【创建新的填充或调整图层】按钮，在弹出的菜单中选择【渐变】命令，设置弹出的对话框如图 13.323 所示，按 Ctrl+Alt+G 组合键执行【创建剪贴蒙版】操作，得到如图 13.324 所示的效果。

图 13.319　填充后的效果

图 13.320　调整后的效果

图 13.321　绘制选区

图 13.322　移动后的效果

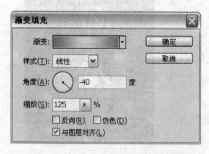

图 13.323　【渐变填充】对话框

图 13.324　应用【渐变填充】命令后的效果

提　示

在【渐变编辑器】对话框中的颜色块的颜色值从左至右分别为 ff6e02 和 ffff00。

20．在所有图层上方新建一个图层得到【图层 9】，设置前景色的颜色为黑色，选择直线工具，并在其工具选项条中单击【填充像素】按钮，并设置其粗细为 1，在图像的右上

<378>

方绘制如图 13.325 所示的直线。

21．结合使用直排文字工具 T 和横排文字工具 T，并在其工具选项条中设置适当的字体和字号，输入如图 13.326 和图 13.327 所示的说明文字，得到如图 13.328 所示的最终效果。【图层】面板如图 13.329 所示。

图 13.325 绘制直线

图 13.326 输入文字

图 13.327 输入文字

图 13.328 最终效果

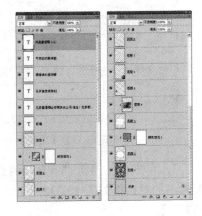

图 13.329 【图层】面板

提 示

本例最终效果文件为随书所附光盘中的文件【d13z\13.7\13.7.psd】。

13.8 辉煌八周年宣传设计

例前导读：

本例是以辉煌八周年为主题的宣传设计作品。在制作的过程中，设计师融合了几种饱和度较高且具有动感色彩的方格图像作为底图。醒目的主题文字位于画布的中心，文字两侧的翅膀，以及小丝带等为画面增添了几分节日的气氛。

核心技能：

结合路径及渐变填充图层的功能制作图像的渐变效果。

利用剪贴蒙版限制图像的显示范围。

<379>

应用画笔工具 绘制图像。

应用【动感模糊】命令制作图像的模糊效果。

应用形状工具绘制形状。

应用【变形】命令使图像变形。

应用【投影】命令制作图像的投影效果。

操作步骤：

1. 按 Ctrl+N 组合键新建一个文件，设置弹出的对话框如图 13.330 所示，单击【确定】按钮退出对话框，以创建一个新的空白文件。设置前景色为 fdec00，按 Alt+Delete 组合键以前景色填充【背景】图层。

2. 选择矩形工具 ，在工具选项条上选择路径按钮，在文件左上方绘制如图 13.331 所示的路径。

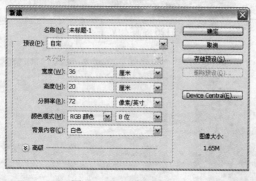

图 13.330 【新建】对话框

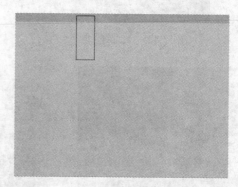

图 13.331 绘制路径

3. 单击【创建新的填充或调整图层】按钮 ，在弹出的菜单中选择【渐变】命令，设置弹出的对话框如图 13.332 所示，隐藏路径后的效果如图 13.333 所示，同时得到图层【渐变填充 1】。

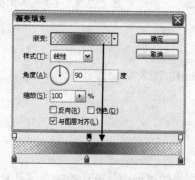

图 13.332 【渐变填充】对话框

图 13.333 应用【渐变填充】后的效果

提示

在【渐变填充】对话框中，渐变类型的色标值均为 5e9434。下面来制作背景中的方格图像。

4. 复制【渐变填充 1】图层得到【渐变填充 1 副本】图层，按 Ctrl+T 组合键调出自由变

<380>

换控制框，在控制框内单击右键，在弹出的菜单中选择【旋转 90 度（顺时针）】命令，并移向文件的左下方，如图 13.334 所示。

5．双击【渐变填充 1 副本】图层缩览图，设置弹出的对话框如图 13.335 所示。隐藏路径后的效果如图 13.336 所示。

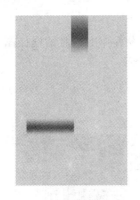
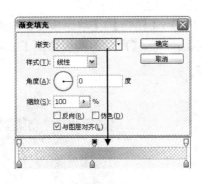

图 13.334　复制及调整图像　　图 13.335　【渐变填充】对话框　　图 13.336　应用【渐变填充】后的效果

提 示

在【渐变填充】对话框中，渐变类型的色标值均为 a0c845。

6．按照第 4 步~第 5 步的操作方法，复制【渐变填充 1】图层多次，结合变换，以及更改渐变填充的参数设置，制作画面中的其他渐变效果，其流程图如图 13.337 所示。同时得到【渐变填充 1 副本 2】图层~【渐变填充 1 副本 37】图层。

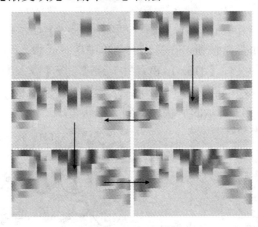

图 13.337　流程图

提 示

本步中关于【渐变填充】对话框中的参数设置请参考最终效果源文件。

7．按 Ctrl+Alt+A 组合键选择除【背景】图层以外的所有图层，按 Ctrl+G 组合键执行【图层编组】操作，得到【组 1】。并将其重命名为【方格】。按 Ctrl+Alt+E 组合键执行【盖印】操作，从而将选中组中的图像合并至一个新图层中，并将其重命名为【图层 1】。

为了方便图层的管理，笔者在此对制作方格的图层进行编组操作，在下面的操作中，笔者也对各部分进行了编组的操作，在步骤中不再叙述。

8. 隐藏组【方格】。选择【滤镜】|【模糊】|【动感模糊】命令，设置弹出的对话框如图13.338 所示，得到如图 13.339 所示的效果。【图层】面板如图 13.340 所示。

图 13.338 【动感模糊】对话框

图 13.339 模糊后的效果

至此，背景中的方格图像已制作完成。下面来制作主题文字图像。

9. 选择自定形状工具，在工具选项条中单击【形状】显示框后的三角按钮，在弹出的形状显示框中单击右上角三角按钮，在弹出的菜单中选择【载入形状】命令，在弹出的对话框中选择随书所附光盘中的文件【d13z\13.8\素材 1.csh】，按【载入】按钮退出对话框。

10. 选择组【背景】，设置前景色为 fff20c，选择上一步载入的形状，如图 13.341 所示。在画面的中心绘制如图 13.342 所示的形状，得到【形状 1】。

图 13.340 【图层】面板

图 13.341 选择形状

下面结合剪贴蒙版，以及画笔工具等功能制作文字的立体效果。

<382>

11. 新建【图层 2】图层，按 Ctrl+Alt+G 组合键执行【创建剪贴蒙版】操作，设置前景色为白色，选择画笔工具 🖊，并在其工具选项条中设置适当的画笔大小及不透明度，在文字上面进行涂抹，直至得到类似如图 13.343 所示的效果。

图 13.342　绘制形状　　　　　　　　　　　图 13.343　涂抹效果

12. 接着，设置前景色为 fbd300，并调整画笔的大小及不透明度，继续在文字上面进行涂抹，直至得到类似如图 13.344 所示的效果。

13. 按 Alt 键将【形状 1】图层拖至其下方得到【形状 1 副本】图层，并使用移动工具 ⊕ 将图像稍微向右下方移动，双击当前图层缩览图，并在弹出的对话框中设置颜色值为 ffec00。得到的效果如图 13.345 所示。

14. 按照第 11 步的操作方法，结合剪贴蒙版，以及画笔工具 🖊 制作文字的阴影效果，如图 13.346 所示。同时得到【图层 3】图层，【图层】面板如图 13.347 所示。

图 13.344　涂抹效果　　　　　图 13.345　复制及调整图像　　　　图 13.346　制作阴影效果

> **提 示**

至此，文字效果已制作完成。下面来制作文字两侧的翅膀图像。

15. 选择组【背景】，选择钢笔工具 🖋，在工具选项条上选择路径按钮，在文字的左侧绘制如图 13.348 所示的路径。

16. 单击【创建新的填充或调整图层】按钮 ⬤，在弹出的菜单中选择【渐变】命令，设置弹出的对话框如图 13.349 所示，隐藏路径后的效果如图 13.350 所示，同时得到图层【渐变填充 2】。

> **提 示**

在【渐变填充】对话框中，渐变类型为从 ffdc00 到 fffef2。

<383>

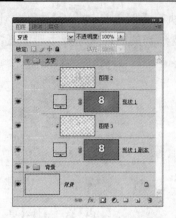

图 13.347 【图层】面板

图 13.348 绘制路径

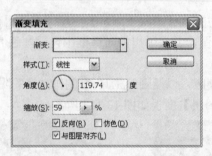

图 13.349 【渐变填充】对话框

图 13.350 应用【渐变填充】后的效果

17. 应用形状工具在上一步得到的渐变效果上绘制如图 13.351 所示的形状，同时得到【形状 2】图层和【形状 3】图层。【图层】面板如图 13.352 所示。

图 13.351 绘制形状

图 13.352 【图层】面板

提 示

在本步操作过程中，笔者没有给出图像的颜色值，读者可依自己的审美进行颜色搭配。在下面的操作中，笔者不再做颜色的提示。

<384>

在这里需注意的是，完成一个形状的绘制后，如果想继续绘制另外一个不同颜色的形状，在绘制前需按 ESC 键使先前绘制形状的矢量蒙版缩览图处于未选中的状态。

在绘制第一个图形后，将会得到一个对应的形状图层，为了保证后面所绘制的图形都是在该形状图层中进行，所以在绘制其他图形时，需要在工具选项条上选择适当的运算模式，例如添加到形状区域或从形状区域减去等。

18．按照第 15 步~第 17 步的操作方法，结合路径及渐变填充，以及形状工具制作文字右侧的翅膀图像，如图 13.353 所示。【图层】面板如图 13.354 所示。

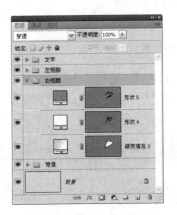

图 13.353　制作右侧翅膀图像　　　　　图 13.354　【图层】面板

提 示

本步中关于【渐变填充】对话框中的参数设置，请参考最终效果源文件，在下面的操作中，笔者不再做相关参数的提示。至此，文字两侧的翅膀图像已制作完成。下面来制作横幅图像。

19．选择组【文字】，结合形状工具、路径及渐变填充的功能，制作文字右下方的横条图像，如 13.355 所示。同时得到【形状 6】图层和【渐变填充 4】图层。

20．选择横排文字工具 **T**，设置前景色为白色，并在其工具选项条上设置适当的字体和字号，在上一步得到的图像上面输入文字【好礼嘉年华】，如图 13.356 所示，并得到相应的文字图层。

21．在文字图层【好礼嘉年华】的名称上单击右键，在弹出的菜单中选择【转换为智能对象】命令，从而将其转换成为智能对象图层。

提 示

转换成智能对象图层的目的是，在后面将对该图层中的图像进行变形操作，而智能对象图层则可以记录下所有的变形参数，以便于我们进行反复的调整。

22．按 Ctrl+T 组合键调出自由变换控制框，逆时针旋转 6°左右，在控制框内单击右键，在弹出的菜单中选择【变形】命令，在控制框内拖动使文字的状态与其下方的图像的轮廓一致，如图 13.357 所示。按 Enter 键确认操作。

<385>

图 13.355　制作横条图像　　　　图 13.356　　输入文字　　　　图 13.357　　变形状态

23．单击【添加图层样式】按钮 _fx_.，在弹出的菜单中选择【投影】命令，设置弹出的对话框如图 13.358 所示，得到如图 13.359 所示的效果。

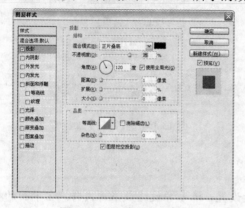

图 13.358　【投影】对话框　　　　　　　　　图 13.359　添加图层样式后的效果

24．按照第 19 步~第 23 步的操作方法，结合形状工具、路径及渐变填充、文字工具、变形，以及图层样式等功能，制作另外一组横幅图像，如图 13.360 所示。【图层】面板如图 13.361 所示。

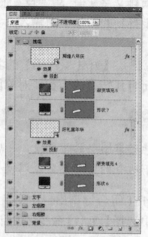

图 13.360　制作另外一组横幅图像　　　　图 13.361　【图层】面板

<386>

由于本步所添加的图层样式与第 23 步中的设置是一样的，为了提高工作效率，我们可以应用复制图层样式的方法来实现，按住 Alt 键将【好礼嘉年华】图层样式拖至【辉煌八年庆】图层上即可复制图层样式。

关于变形的状态，通过按 Ctrl+T 组合键调出自由变换控制框，在控制框内单击右键，在弹出的菜单中选择【变形】命令即可查看。下面利用素材图像，来制作画面中的小丝带及边框图像，完成制作。

25．打开随书所附光盘中的文件【d13z\13.8\素材 2.psd】，使用移动工具 将其拖至刚制作的文件中，并与当前画布相吻合，如图 13.362 所示。完成制作，最终【图层】面板如图 13.363 所示。

图 13.362　最终效果　　　　　　　　图 13.363　【图层】面板

本步笔者是以组的形式给的素材，由于其操作非常简单，在叙述上略显繁琐，读者可以参考最终效果源文件进行参数设置，展开组即可观看到操作的过程。在制作的过程中，还需要注意组之间的顺序。

本例最终效果文件为随书所附光盘中的文件【d13z\13.8\13.8.psd】。

13.9　【MARTELL】白兰地酒宣传设计

例前导读：

本例的整体颜色为绿色，表现了酒的自然品质，将山与酒进行对比达到一种震撼的效果。本特效的重点主要通过调色命令、图层蒙版、图层混合模式将几个不同的图像混合在一起，制作出一幅新的图像，还应用【径向模糊】命令制作光芒四射的效果。

核心技能：

应用调整图层的功能，调整图像的渐变、色彩等效果。

应用添加图层蒙版的功能隐藏不需要的图像。

<387>

应用【高斯模糊】命令，以及【径向模糊】命令制作图像的模糊效果。

通过设置图层属性以融合图像。

应用渐变填充图层的功能制作图像的渐变效果。

应用【盖印】命令合并可见图层中的图像。

操作步骤：

1. 打开随书所附光盘中的文件【d13z\13.9\素材 1.tif】，如图 13.364 所示，作为【背景】图层。单击【创建新的填充或调整图层】按钮 ，在弹出的菜单中选择【渐变映射】命令，设置弹出的面板如图 13.365 所示，得到如图 13.366 所示的效果，同时得到图层【渐变映射 1】。

提 示

在【渐变映射】面板中单击渐变类型选择框，设置弹出的【渐变编辑器】对话框如图 13.367 所示，其颜色块上的颜色从左到右依次为 080707、1c9c4b、edf2a0 和 ffffff，下面将要制作文件的背景。

图 13.364　素材图像

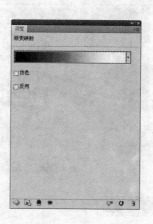

图 13.365　【渐变映射】面板

图 13.366　应用【渐变映射】后的效果

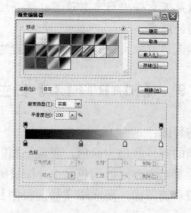

图 13.367　【渐变编辑器】对话框

2. 打开随书所附光盘中的文件【d13z\13.9\素材 2.tif】，如图 13.368 所示。选择移动工具 将其拖到第一步打开的文件中，得到【图层 1】图层，移动图像到如图 13.369 所示的位置。按

Ctrl+J 组合键复制【图层 1】图层得到【图层 1 副本】图层，先隐藏【图层 1 副本】图层因为下面将要用到。

图 13.368　素材图像

图 13.369　移动素材到文件中

3．选中【图层 1】图层，单击【添加图层蒙版】按钮 ⬜ 为【图层 1】图层添加蒙版，使用线性渐变工具 ⬛，设置前景色为黑色，背景色为白色，并设置渐变类型为从前景色到背景色，按住 Shift 键从上至下绘制一条渐变将图像渐隐，得到如图 13.370 所示的效果，此时的图层蒙版如图 13.371 所示。

图 13.370　添加图层蒙版后的效果

图 13.371　图层蒙版中的状态

4．单击【创建新的填充或调整图层】按钮 ⬤，在弹出的菜单中选择【渐变映射】命令，设置弹出的面板如图 13.372 所示，同时得到图层【渐变映射 2】，按 Ctrl+Alt+G 组合键执行【创建剪贴蒙版】操作，得到如图 13.373 所示的效果，此时的【图层】面板如图 13.374 所示。

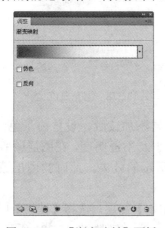

图 13.372　【渐变映射】面板

图 13.373　应用【渐变映射】后的效果

<389>

提示 ❈❈❈

在【渐变映射】面板中单击渐变类型选择框,设置弹出的【渐变编辑器】对话框如图 13.375 所示,其颜色块上的颜色从左到右依次为 166332、edee9c 和 ffffff。

5. 打开随书所附光盘中的文件【d13z\13.9\素材 3.psd】,如图 13.376 所示。选择移动工具 将其拖到第一步打开的文件中,得到【图层 2】图层,移动图像到如图 13.377 所示的位置。设置前景色为白色,按 Alt+Delete 组合键用前景色填充【图层 2】图层,得到图 13.378 所示的效果。

提示 ❈❈❈

素材图像中已经将图像的不透明度锁定,所以直接填充颜色就可以了。

图 13.374 【图层】面板

图 13.375 【渐变编辑器】对话框

图 13.376 素材图像

图 13.377 移动素材到文件中

图 13.378 填充白色

6. 单击【添加图层蒙版】按钮 为【图层 2】图层添加蒙版,设置前景色为黑色,选择画笔工具 ,在其工具选项条中设置适当的画笔大小及不透明度,在图层蒙版中进行涂抹,以将图层下方隐藏起来,直至得到如图 13.379 所示的效果,此时的图层蒙版如图 13.380 所示。

7. Ctrl+J 组合键复制【图层 2】图层得到【图层 2 副本】图层,选择【滤镜】|【模糊】|【高斯模糊】命令,在弹出的对话框中设置【半径】数值为 4,得到如图 13.381 所示的效果,

<390>

设置【图层 2 副本】图层的混合模式为【柔光】，得到如图 13.382 所示的效果。

图 13.379　添加图层蒙版后的效果

图 13.380　图层蒙版中的状态

图 13.381　应用【高斯模糊】后的效果

图 13.382　设置【柔光】后的效果

提 示

下面将要把渐变的效果调整为中间亮四周暗。

8．单击【创建新的填充或调整图层】按钮 ，在弹出的菜单中选择【渐变】命令，设置弹出的对话框如图 13.383 所示，得到如图 13.384 所示的效果，同时得到图层【渐变填充 1】，设置【渐变填充 1】图层的混合模式为【柔光】，得到如图 13.385 所示的效果。

提 示

在【渐变】对话框中单击渐变类型选择框，设置弹出的【渐变编辑器】对话框如图 13.386 所示，其颜色块上的颜色为从白到黑。

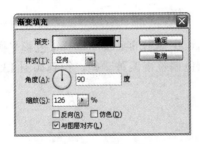

图 13.383　【渐变填充】对话框

图 13.384　应用【渐变填充】后的效果

<391>

下面将要制作主体酒瓶。

9. 打开随书所附光盘中的文件【d13z\13.9\素材 4.psd】，如图 13.387 所示。选择移动工具 将其拖到第一步打开的文件中，得到【图层 3】图层，移动图像到如图 13.388 所示的位置。

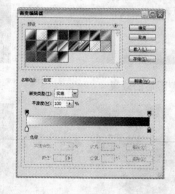

图 13.385　设置【柔光】后的效果　　　　图 13.386　【渐变编辑器】对话框　　　　图 13.387　素材图像

10. 按 Ctrl+J 组合键复制【图层 3】图层得到【图层 3 副本】图层，选择【滤镜】|【模糊】|【高斯模糊】命令，在弹出的对话框中设置【半径】数值为 3，得到如图 13.389 所示的效果。设置【图层 3 副本】图层的混合模式为【变亮】，得到如图 13.390 所示的效果。

图 13.388　移动素材到文件中　　　　　　图 13.389　应用【高斯模糊】后的效果

下面调整整体图像的颜色。

11. 单击【创建新的填充或调整图层】按钮 ，在弹出的菜单中选择【色彩平衡】命令，设置弹出的面板如图 13.391 和图 13.392 所示，将颜色调整得偏黄一些，得到如图 13.393 所示的效果。同时得到图层【色彩平衡 1】。

下面将要把酒瓶放到山的后面去。

<392>

图 13.390　设置【变亮】后的效果

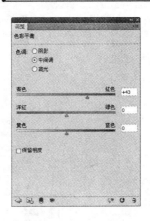

图 13.391　【中间调】面板

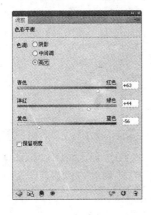

图 13.392　【高光】面板

图 13.393　应用【色彩平衡】后的效果

12．选择并显示【图层 1 副本】图层，单击【添加图层蒙版】按钮 为【图层 1 副本】图层添加蒙版，设置前景色为黑色，选择画笔工具 ，在其工具选项条中设置适当的画笔大小及不透明度，在图层蒙版中进行涂抹，以将【图层 1 副本】图层上方影响主体效果的多余图像隐藏起来，直至得到如图 13.394 所示的效果，此时的图层蒙版中的状态如图 13.395 所示。

图 13.394　添加图层蒙版后的效果

图 13.395　图层蒙版中的状态

13．按住 Alt 键拖动【渐变映射 1】图层的名称至【图层 1 副本】图层的上方，释放鼠标后得到【渐变映射 1 副本】图层。按 Ctrl+Alt+G 组合键执行【创建剪贴蒙版】操作，得到如

<393>

图 13.396 所示的效果，此时的【图层】面板如图 13.397 所示。

图 13.396 【创建剪贴蒙版】操作后的效果 　　　　图 13.397 【图层】面板

提　示

下面将要制作酒瓶下方的云雾效果。

14．打开随书所附光盘中的文件【d13z\13.9\素材 5.tif】，选择移动工具 将其拖到第一步打开的文件中，如图 13.398 所示，同时得到【图层 4】图层。单击【添加图层蒙版】按钮 为【图层 4】图层添加蒙版，设置前景色为黑色，选择画笔工具 ，在其工具选项条中设置适当的画笔大小及不透明度，在图层蒙版中进行涂抹，只保留酒瓶周围的云彩，直至得到如图 13.399 所示的效果，此时的图层蒙版中的状态如图 13.400 所示。

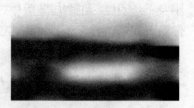

图 13.398 移动素材到文件中 　　图 13.399 添加图层蒙版后的效果 　　图 13.400 图层蒙版中的状态

提　示

下面将要降低云雾中蓝色的成分。

15．单击【创建新的填充或调整图层】按钮 ，在弹出的菜单中选择【色相/饱和度】命令，设置弹出的面板如图 13.401 所示，按 Ctrl+Alt+G 组合键执行【创建剪贴蒙版】操作，得到如图 13.402 所示的效果。同时得到图层【色相/饱和度 1】。

<394>

图 13.401　【色相/饱和度】面板

图 13.402　应用【色相/饱和度】后的效果

提示

下面将要制作光芒四射的效果。

16．按 Ctrl+Alt+Shift+E 组合键执行【盖印】操作，从而将当前所有可见的图像合并至一个新图层中，并将其重命名为【图层 5】。

17．选中【图层 5】图层，选择【滤镜】|【模糊】|【径向模糊】命令，设置弹出的对话框如图 13.403 所示，单击【确定】按钮退出对话框，按 Ctrl+F 组合键重复应用此命令 1 次，得到如图 13.404 所示的效果。

提示

重复应用【径向模糊】命令会使径向模糊的效果更好一些。

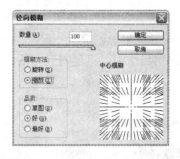

图 13.403　【径向模糊】对话框

图 13.404　应用【径向模糊】后的效果

18．设置【图层 5】图层的混合模式为【变亮】，得到如图 13.405 所示的效果，单击【添加图层蒙版】按钮 为【图层 5】图层添加蒙版，设置前景色为黑色，选择画笔工具 ，在其工具选项条中设置适当的画笔大小及不透明度，在图层蒙版中进行涂抹，隐藏酒瓶周围和文件下方的模糊效果，直至得到如图 13.406 所示的效果，此时的图层蒙版中的状态如图 13.407 所示。

19．按 Ctrl+J 组合键复制【图层 5】图层得到【图层 5 副本】图层，设置【图层 5 副本】图层的混合模式为【颜色加深】，图层不透明度为 75%，加深图像颜色，得到如图 13.408 所示的效果。

<395>

图 13.405　设置【变亮】后的效果

图 13.406　添加图层蒙版后的效果

图 13.407　图层蒙版中的状态

图 13.408　设置图层属性后的效果

提　示

调整整体颜色效果和添加文字。

20．单击【创建新的填充或调整图层】按钮 ，在弹出的菜单中选择【亮度/对比度】命令，设置弹出的面板如图 13.409 所示，得到如图 13.410 所示的效果，同时得到图层【亮度/对比度 1】。

21．单击【亮度/对比度 1】图层的蒙版缩览图，以确认下面是在蒙版中进行操作，设置前景色为黑色，选择画笔工具 ，在其工具选项条中设置适当的画笔大小及不透明度，在图层蒙版中进行涂抹，使【亮度/对比度】命令只对图像四周起作用，直至得到如图 13.411 所示的效果，此时的图层蒙版中的状态如图 13.412 所示。

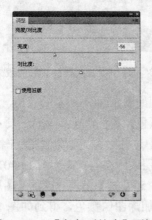

图 13.409　【亮度/对比度】面板

图 13.410　应用【亮度/对比度】后的效果

<396>

图 13.411　添加图层蒙版后的效果

图 13.412　图层蒙版中的状态

22．在文件上下两边绘制深绿色线条，选择横排文字工具 [T]结合图层样式，在瓶颈两侧和图像下方制作酒的广告词，得到如图 13.413 所示的最终效果，此时的图层面板如图 13.414 所示。

图 13.413　最终效果

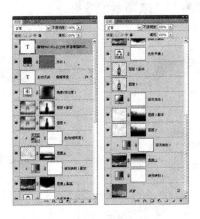

图 13.414　【图层】面板

提　示

本步关于绘制线条和输入文字的操作较为简单这里就不详细叙述了，具体细节请参看源文件。本例最终效果文件为随书所附光盘中的文件【d13z\13.9\13.9.psd】。

13.10　MOKIO 手机宣传设计

例前导读：

本例是以 MOKIO 手机为主题的宣传设计作品。在制作的过程中，主要应用了滤镜中的技术来制作特殊的花纹效果，并应用了融合图像的功能叠加出火焰效果，希望读者在完成本例后更多地去尝试滤镜的使用。

核心技能：

应用渐变工具 [■]绘制渐变。

通过设置图层属性以融合图像。

通过添加图层样式，制作图像的发光、投影等效果。

<397>

应用【渐变映射】命令制作图像的渐变效果。

应用钢笔工具 绘制路径。

结合路径及用画笔描边路径的功能为所绘制的路径进行描边。

应用【盖印】命令合并可见图层中的图像。

结合路径及画笔描边路径中的【模拟压力】选项，制作两端细中间粗的图像效果。

利用滤镜的功能制作特殊的图像效果。

操作步骤：

1. 打开随书所附光盘中的文件【d13z\13.10\素材 1.psd】，该文件中共包括 4 幅素材图像，其【图层】面板状态如图 13.415 所示。隐藏除【背景】图层以外的所有图层。

2. 首先制作渐变背景。新建一个图层得到【图层 1】，选择线性渐变工具 ，单击渐变显示框，设置弹出的【渐变编辑器】对话框如图 13.416 所示，在当前图像中从左至右绘制渐变，得到如图 13.417 所示的效果。

图 13.415 【图层】面板　　　图 13.416 【渐变编辑器】对话框　　　图 13.417 绘制渐变后的效果

提　示

在【渐变编辑器】对话框中，渐变类型的各色标颜色值从左至右分别为 dc5c01、6f1f01、410501 和 380001。

3. 显示【素材 1】图层，并将其重命名为【图层 2】，得到如图 13.418 所示的效果，设置其混合模式为【叠加】，【不透明度】为 76%，得到如图 13.419 所示的效果。

图 13.418 素材图像效果　　　　　　图 13.419 设置混合模式及不透明度后的效果

<398>

4．显示【素材 2】图层，并将其重命名为【图层 3】，得到如图 13.420 所示的效果，单击【添加图层样式】按钮 $fx.$，在弹出的菜单中选择【投影】命令，设置弹出的对话框如图 13.421 所示，然后在【图层样式】对话框中继续选择【外发光】选项，设置弹出的对话框如图 13.422 所示，得到如图 13.423 所示的效果。

图 13.420　素材图像效果

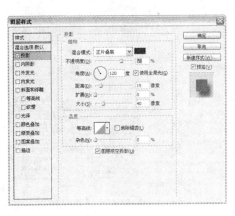

图 13.421　【投影】对话框

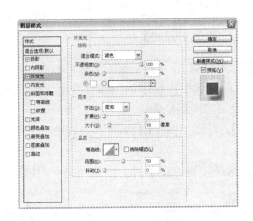

图 13.422　【外发光】对话框

图 13.423　添加图层样式后的效果

5．显示【素材 3】图层，并将其重命名为【图层 4】，得到如图 13.424 所示的效果，并设置其混合模式为【变亮】，得到如图 13.425 所示的效果。

图 13.424　素材图像效果

图 13.425　设置混合模式后的效果

<399>

6. 下面调整蝴蝶图像。单击【创建新的填充或调整图层】按钮 ，在弹出的菜单中选择【渐变映射】命令，设置弹出的面板如图 13.426 所示，得到如图 13.427 所示的效果，同时得到图层【渐变映射 1】。

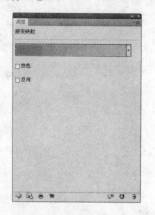

图 13.426 【渐变映射】面板   图 13.427 应用【渐变映射】命令后的效果

提 示

在【渐变映射】面板中，渐变类型为【从 de5d01 到 ffa729】。

7. 按住 Ctrl 键分别单击【渐变映射 1】图层和【图层 4】图层的名称，以将这两个图层选中，按 Ctrl+Alt+E 组合键执行【盖印】操作，从而将选中图层中的图像合并至一个新图层中，并将其重命名为【图层 5】，将刚刚被选中用于盖印的图层隐藏。

8. 设置【图层 5】图层的混合模式为【叠加】，得到如图 13.428 所示的效果。此时【图层】面板状态如图 13.429 所示。

9. 选择钢笔工具 ，在工具选项条上选择路径按钮，在手机上绘制围绕手机的路径，如图 13.430 所示。

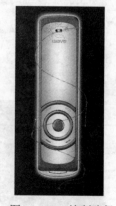

图 13.428 设置混合模式后的效果   图 13.429 【图层】面板   图 13.430 绘制路径

提 示

在绘制路径时，可以参照本例【路径】面板中的【路径 1】。

<400>